ちくま新書

まんが 人体の不思議

茨木 保
Ibaraki Tamotsu

1256

まんが　人体の不思議【目次】

はじめに

本書はヒトの体のしくみについて描いた本です。

「しくみ」という言葉にはふたつの意味があります。ひとつは「つくり＝構造」、もうひとつは「はたらき＝機能」。医学では、前者を研究する分野を「解剖学」、後者を研究する分野を「生理学」と呼びます。

解剖学と生理学はともに「基礎医学」に属し、医学生が内科や外科などの「臨床医学」を学ぶ前に習う、とても大切な科目です。とはいえ、本書は皆さんに堅苦しい医学の講義をするためのものではありません。日頃、医学とは縁の無い読者の方に、漫画を読みながら「ヒトの体って面白いなあ。よく出来ているなあ」と思っていただくことを目的としたものです。また、これから専門知識を学ぶ、医学生、看護学生の方にも、解剖・生理学の入門書（の入門書）として、お気楽に読んでいただければと思います。

本書の構成は十章に分かれていますが、これは医学部で習う解剖学の「器官系の分類」に沿ったものです。「ヒトとは何か」を学ぶためには、他の動物との比較や、進化の歴史を知ることが役立ちます。前者は水平方向、後者は垂直方向の考察と言えるでしょう。本書はそうした視点からも人体を見つめ、考えていただけるように描きました。
この本が皆さんにとって、自分の体を理解し、体を大切にしようと思うきっかけになれば、とてもうれしく思います。

茨木　保

第一章　細胞

生物の構成単位
では、はじめに皆さんに質問です！
「生物の構成単位」といえば、何でしょう？
いばらきです
いばらぎじゃないよ
分子だべ？
原子だよ！
あ、そういう答えはなしで…
看護師のウニコさん
飼い猫のナマコ君

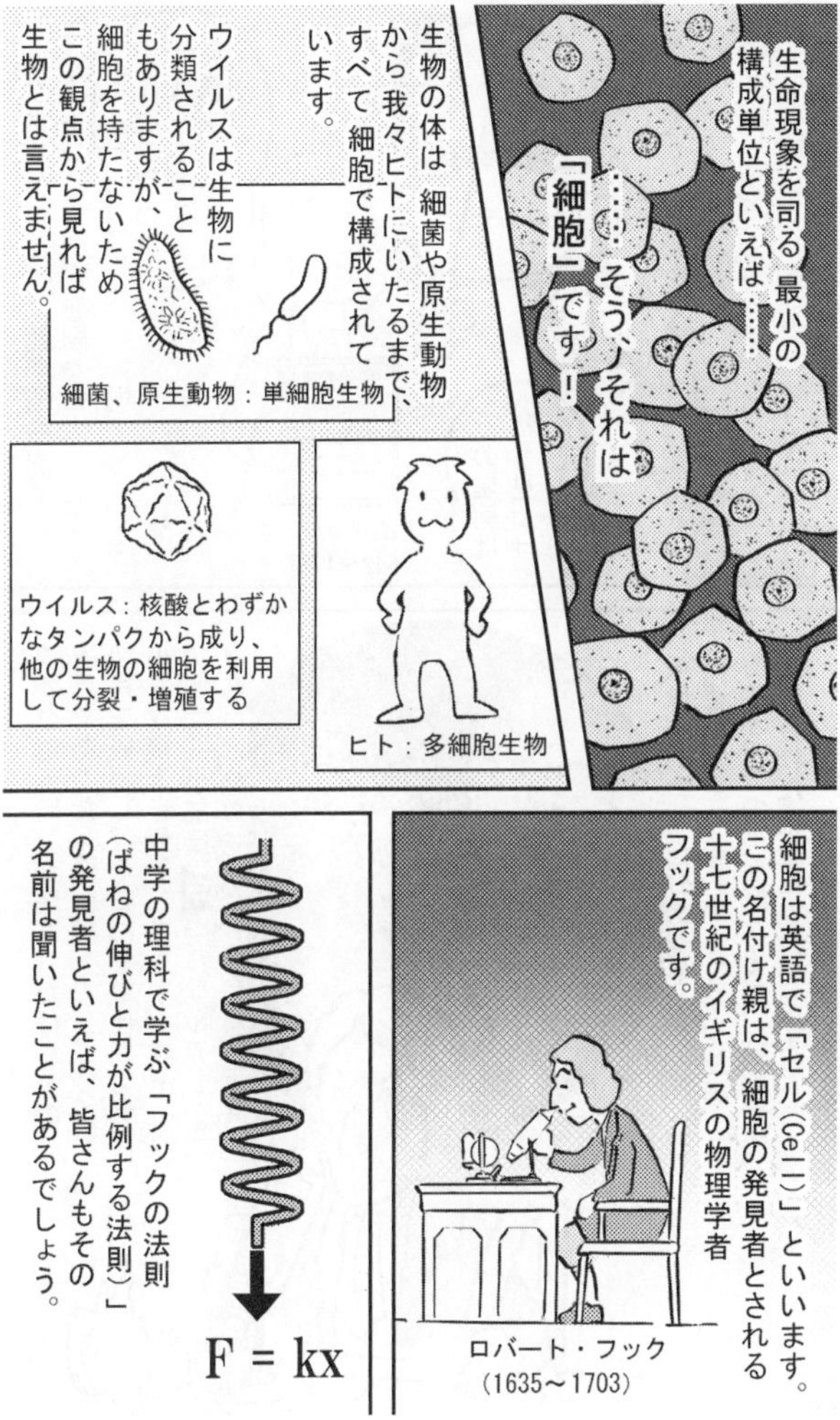
生命現象を司る 最小の構成単位といえば……
……そう、それは
「細胞」です！
生物の体は 細菌や原生動物から我々ヒトにいたるまで、すべて細胞で構成されています。
ウイルスは生物に分類されることもありますが、細胞を持たないため この観点から見れば生物とは言えません。
細菌、原生動物：単細胞生物
ヒト：多細胞生物
ウイルス：核酸とわずかなタンパクから成り、他の生物の細胞を利用して分裂・増殖する
細胞は英語で「セル(Cell)」といいます。この名付け親は、細胞の発見者とされる十七世紀のイギリスの物理学者フックです。
ロバート・フック
(1635～1703)
中学の理科で学ぶ「フックの法則(ばねの伸びと力が比例する法則)」の発見者といえば、皆さんもその名前は聞いたことがあるでしょう。
F = kx

フックは天体の運動に関する研究で、ニュートンとしのぎを削った大学者です。

フックは当時、発明されたばかりの道具であった「顕微鏡」で コルクの切片を観察し、そこに壁で仕切られた小さな構造を発見してラテン語の「Cella（小部屋）」にちなんで、「Cell」と名付け発表しました（一六六五年）。

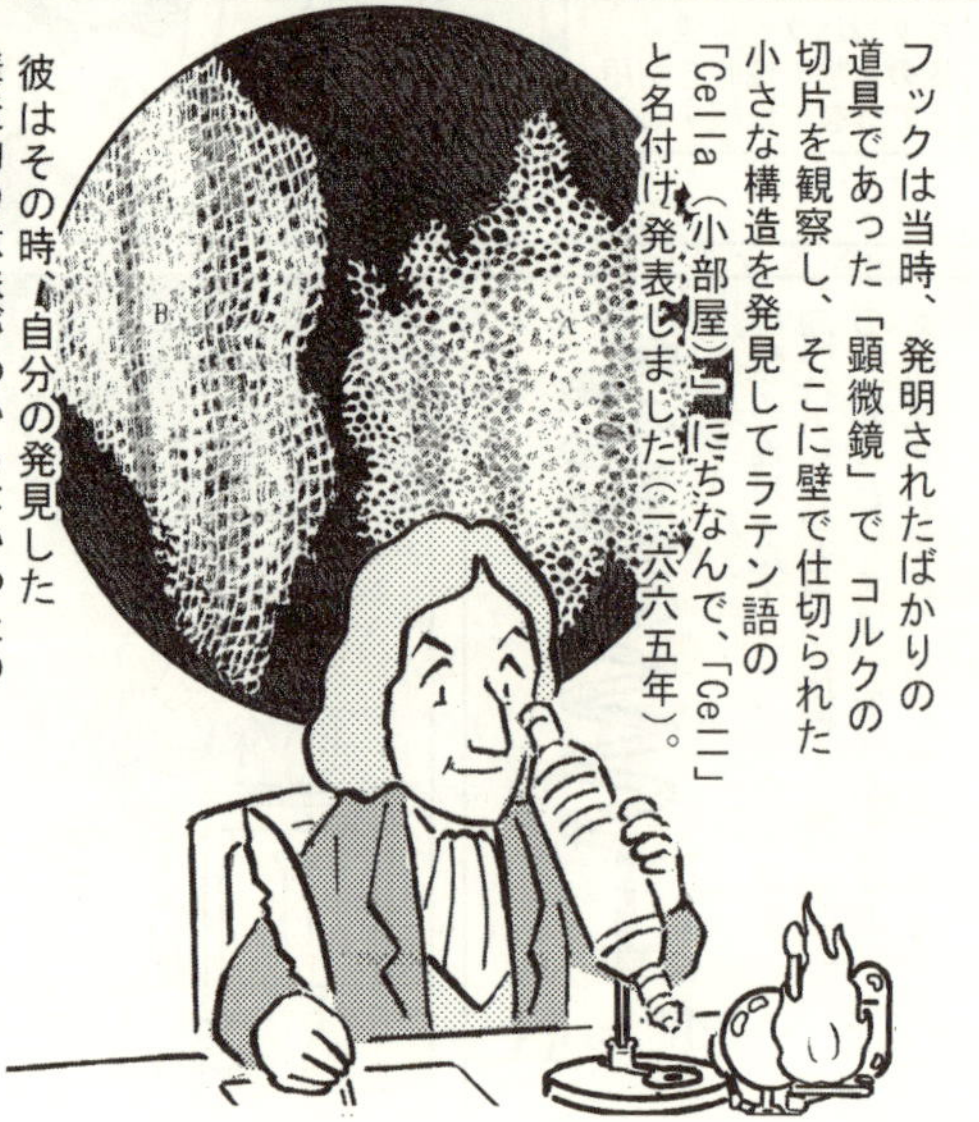

彼はその時、自分の発見した構造物の意味がわからなかったのですが、その小部屋こそが、細胞壁で仕切られた細胞だったのです。

その後十九世紀に入り、顕微鏡の進歩とともに、科学者は生物をさらに細かく観察することが出来るようになりました。

そして一八三八年、シュライデンが植物の、次いで一八三九年、シュワンが動物の体が、すべて細胞で構成されているのだという「細胞説」を提唱したのです

マチアス・シュライデン
（1804〜1881）

テオドール・シュワン
（1810〜1882）

この「シュライデンとシュワン」という名前は我々医者の世界では、

「王と長嶋」と同じくらいに、対になって記憶されています。

地球上の生物は、細胞の中に核膜のある核を持つ「真核生物」と、核膜を持たない「原核生物」に分けられます。

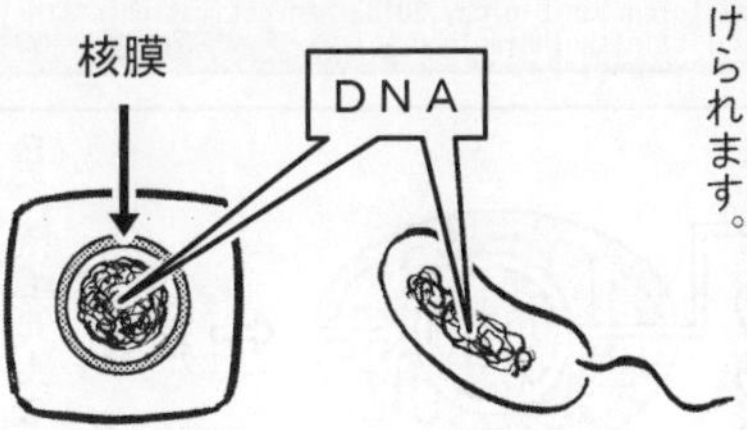

原核生物は細菌や藍藻《らんそう》などの原始的な生物で、我々ヒトを含む高等生物はすべて真核生物です。

細胞の構造

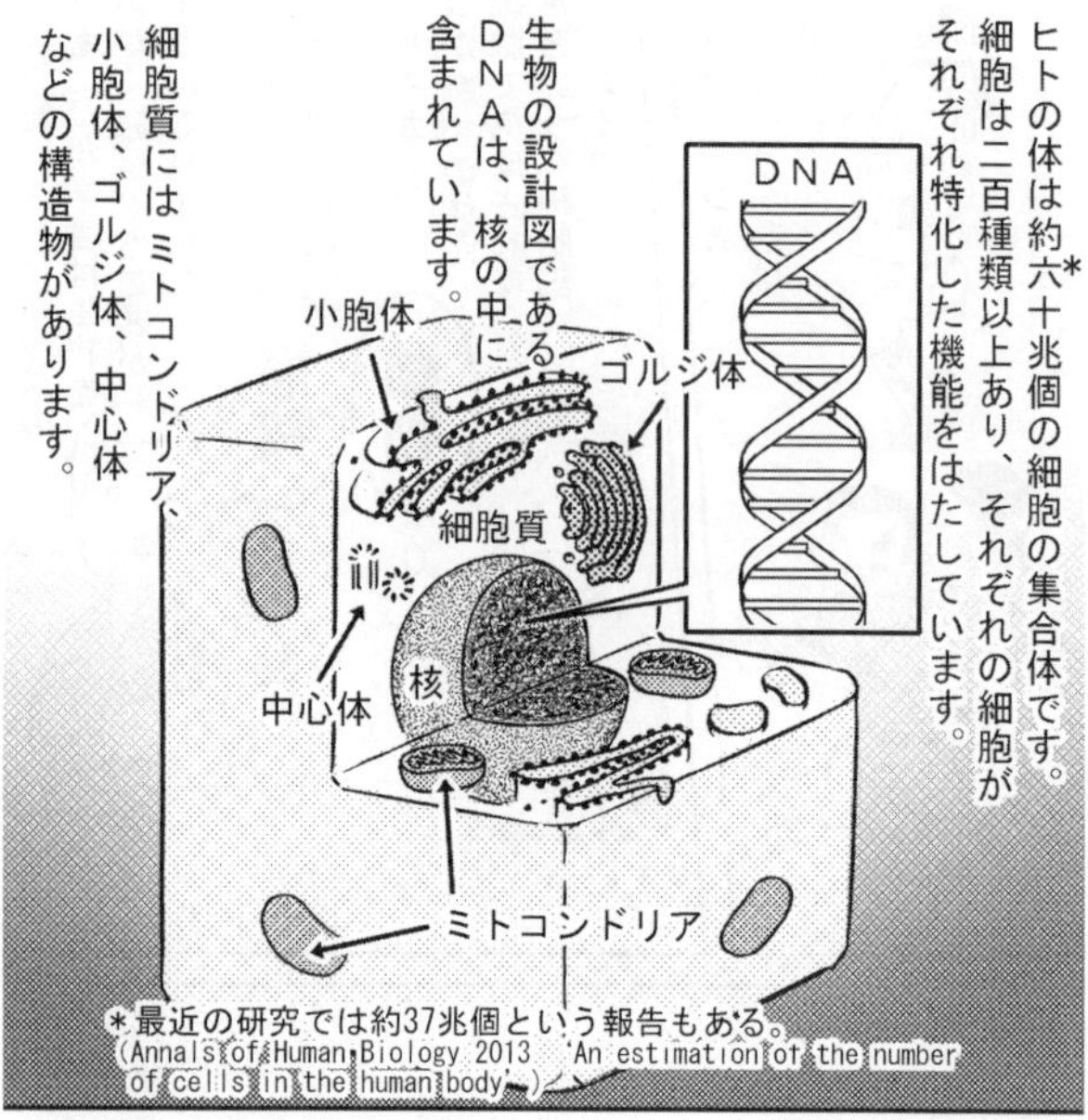
ヒトの体は約六十兆個*の細胞の集合体です。細胞は二百種類以上あり、それぞれの細胞がそれぞれ特化した機能をはたしています。
生物の設計図であるDNAは、核の中に含まれています。
細胞質にはミトコンドリア、小胞体、ゴルジ体、中心体などの構造物があります。
DNA
小胞体
ゴルジ体
細胞質
中心体
核
ミトコンドリア

*最近の研究では約37兆個という報告もある。
(Annals of Human Biology 2013 "An estimation of the number of cells in the human body")

ミトコンドリアは食物の糖質の代謝産物から、細胞のエネルギーとなる物質＝ATP（アデノシン三リン酸）を合成します。

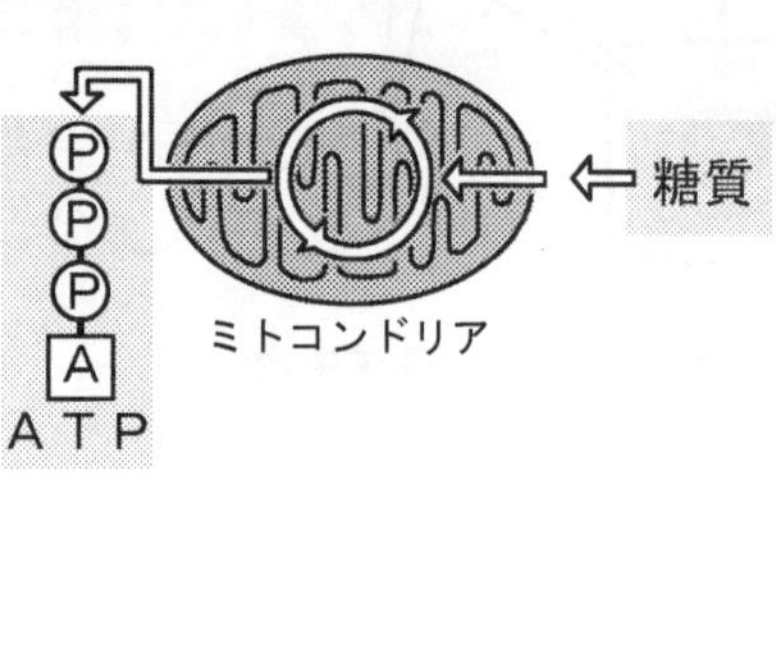
糖質
ミトコンドリア
P
P
P
A
ATP

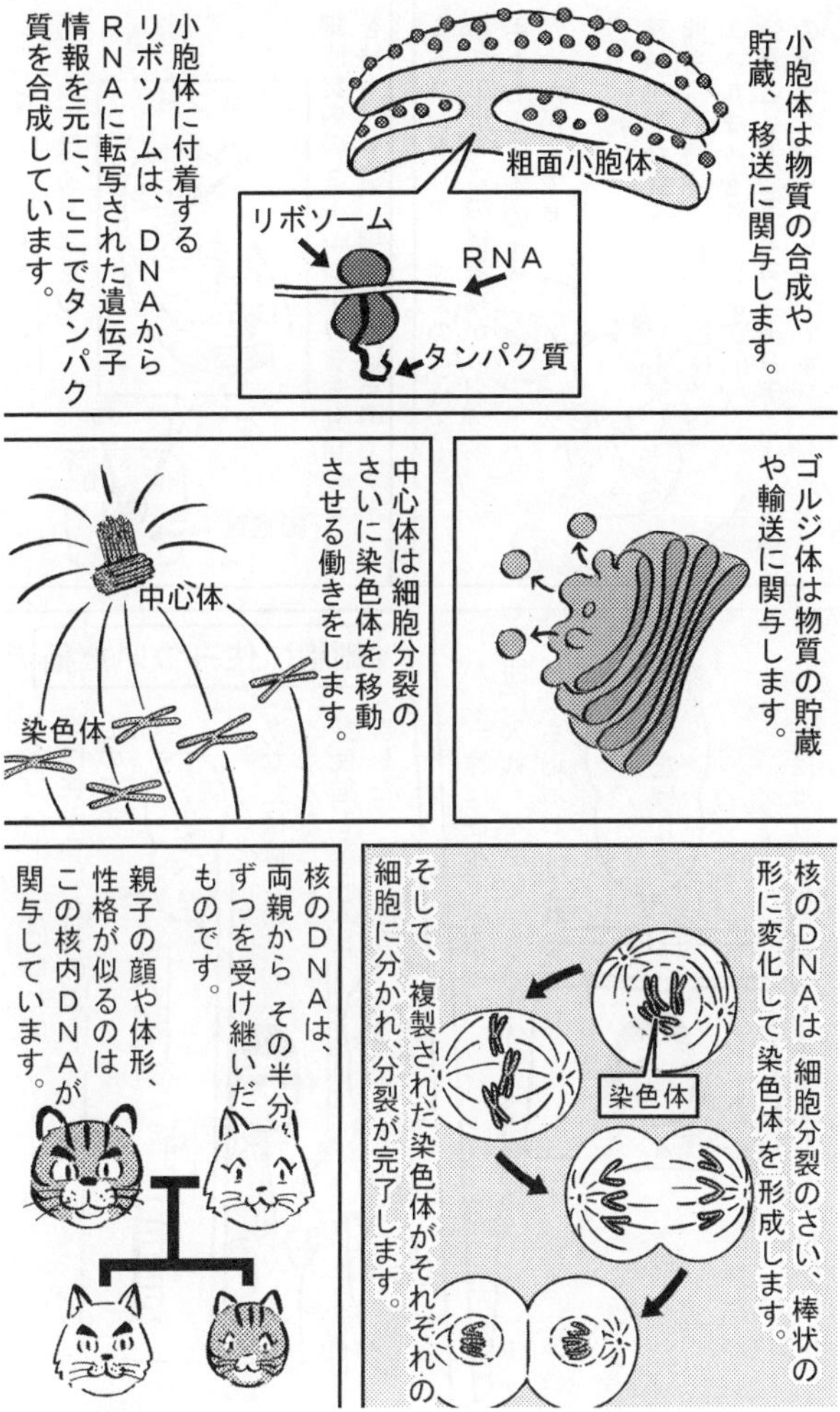
小胞体は物質の合成や貯蔵、移送に関与します。
粗面小胞体
リボソーム
RNA
タンパク質
小胞体に付着するリボソームは、DNAからRNAに転写された遺伝子情報を元に、ここでタンパク質を合成しています。
ゴルジ体は物質の貯蔵や輸送に関与します。
中心体は細胞分裂のさいに染色体を移動させる働きをします。
中心体
染色体
核のDNAは細胞分裂のさい、棒状の形に変化して染色体を形成します。
染色体
そして、複製された染色体がそれぞれの細胞に分かれ、分裂が完了します。
核のDNAは、両親からその半分ずつを受け継いだものです。
親子の顔や体形、性格が似るのはこの核内DNAが関与しています。

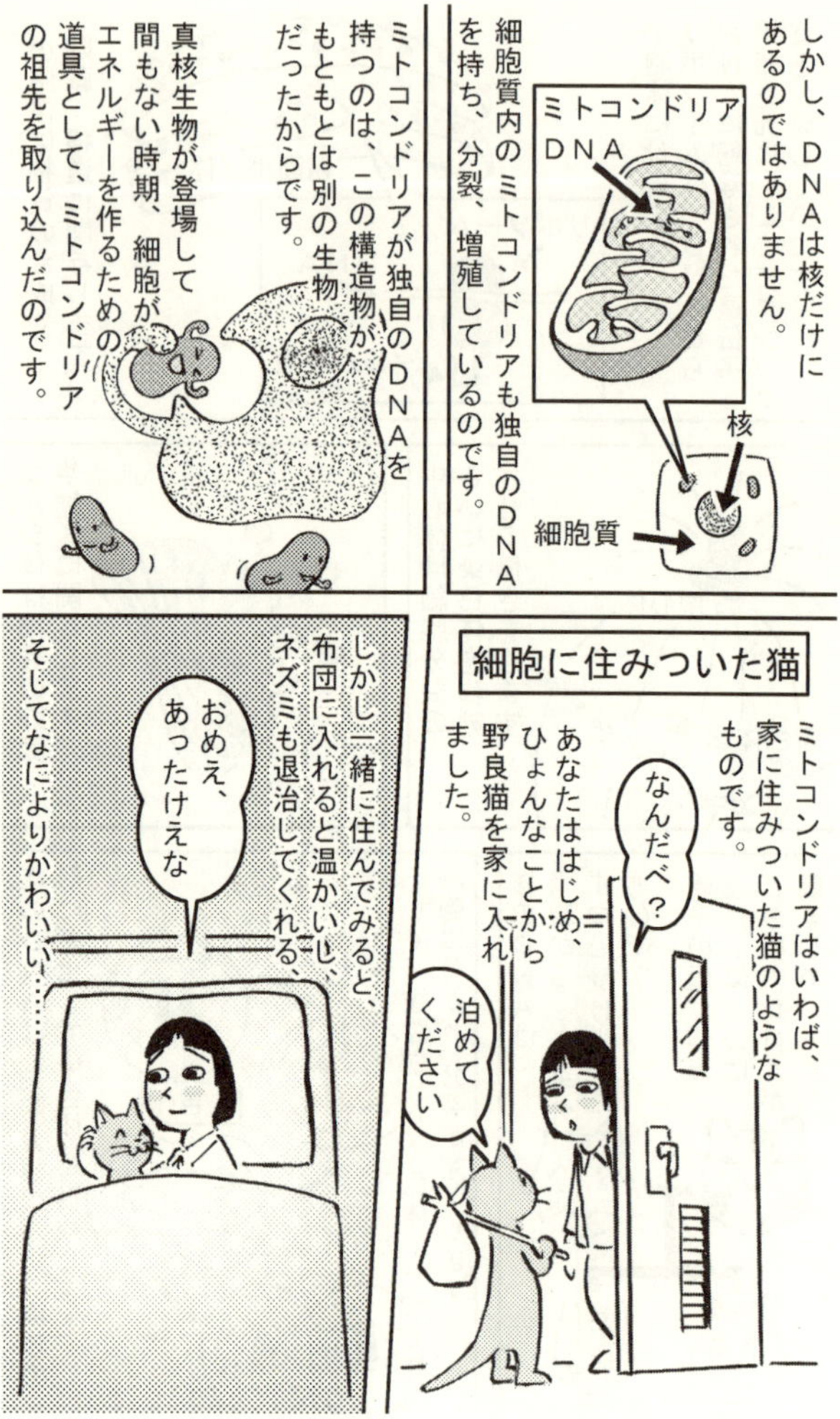
しかし、DNAは核だけにあるのではありません。
ミトコンドリア
DNA
核
細胞質
細胞質内のミトコンドリアも独自のDNAを持ち、分裂、増殖しているのです。
ミトコンドリアが独自のDNAを持つのは、この構造物がもともとは別の生物だったからです。
真核生物が登場して間もない時期、細胞がエネルギーを作るための道具として、ミトコンドリアの祖先を取り込んだのです。
細胞に住みついた猫
ミトコンドリアはいわば、家に住みついた猫のようなものです。
なんだべ?
あなたははじめ、ひょんなことから野良猫を家に入れました。
泊めてください
しかし一緒に住んでみると、布団に入れると温かいし、ネズミも退治してくれる、
おめえ、あったけえな
そしてなによりかわいい……

そして いつしか、
あなたは 猫のいない
生活は 考えられなく
なった……
つまり、
ミトコンドリアとは
そういう奴です。
ずっと一緒だべ♡
※植物の葉緑体も、同様の経過で
細胞の一部になったものです。
ミトコンドリアは 卵子の
細胞質を通して、母から子々
孫々に伝えられていきます。
これを「細胞質遺伝」
と呼びます。
一方、父親の精子が運ぶのは
核内DNAだけです。
核のDNA
精子
卵子
ミトコンドリアDNA
ボクには娘が一人
いるのですが、
娘と妻、義母の
三人が並んでいる
ところを見ると、
「この三人の細胞質は
そのままに繋がって
きたのだなあ……」と、
生命を生み出す
女性の力強さを
たのもしく感じます。
と、同時に、核内の情報しか
伝えられない精子の軽さに、
「男ってちっぽけ
だなあ……」と、
しみじみ思ったりもします。

たとえば、婦人科診療での日常的な光景をあげましょう。

不正性器出血を訴える患者さんが来院されました。

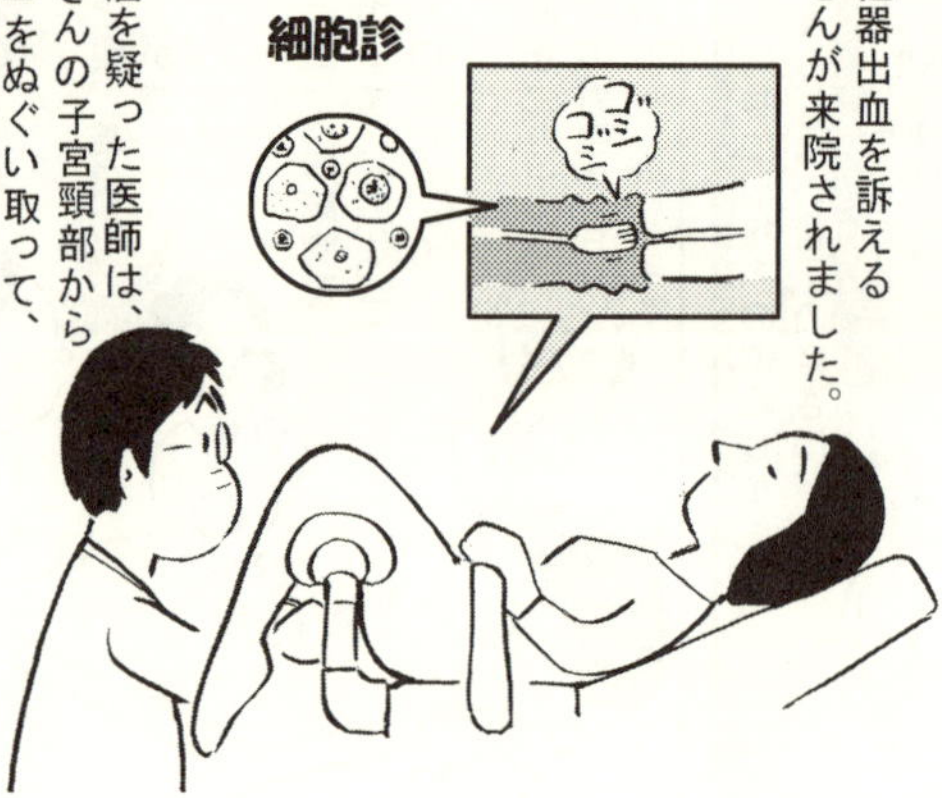

子宮癌を疑った医師は、患者さんの子宮頸部から「**細胞**」をぬぐい取って、それを病理学検査に提出します。

一週間後、「細胞診」の
検査結果が判明しました。
どうやら悪性の疑いが
あるようです。

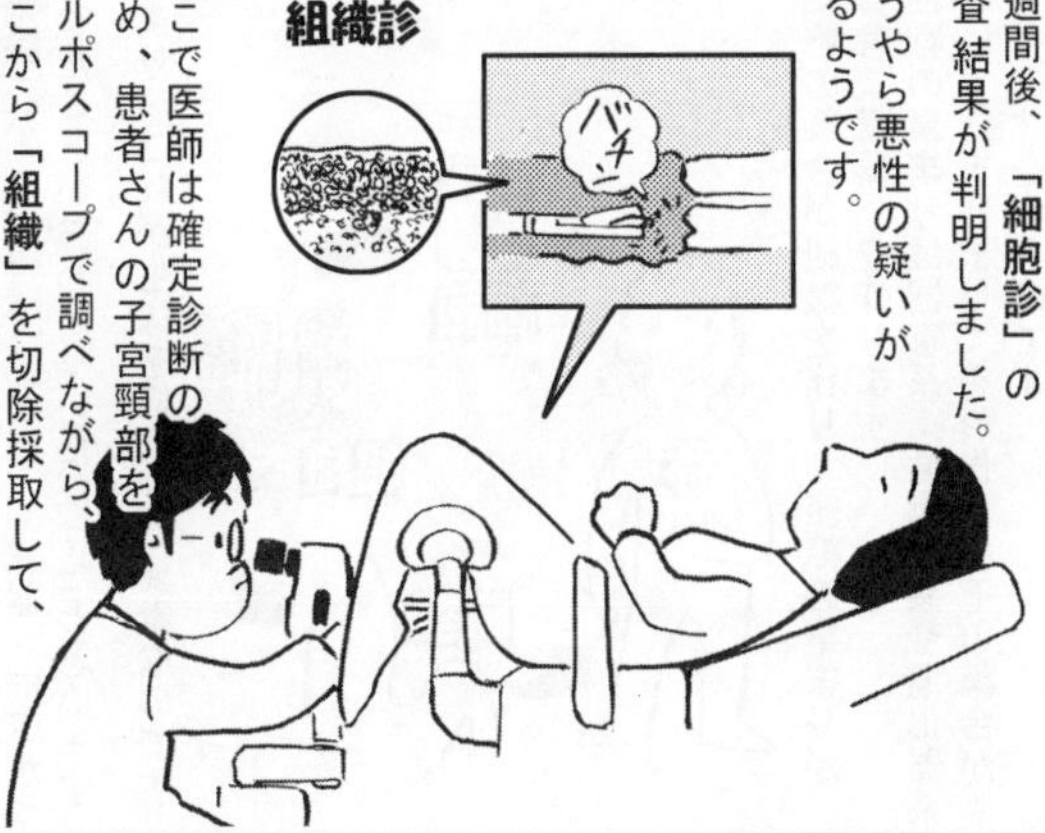

そこで医師は確定診断のため、患者さんの子宮頸部をコルポスコープで調べながら、そこから「組織」を切除採取して、病理学検査に提出します。

その一週間後、「組織診」の結果が判明しました。
やはり子宮頸癌です。

患者さんは手術を受け、医師は術後、摘出した「臓器」を病理学の検査に提出します。

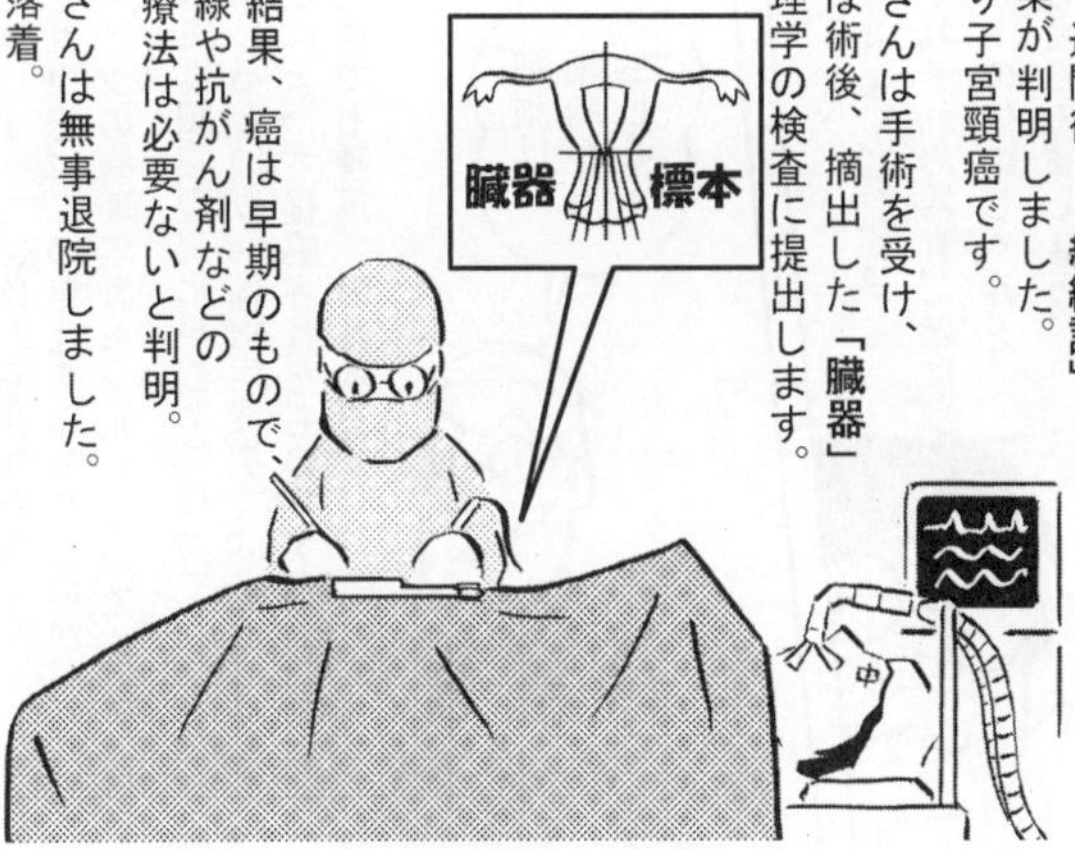

その結果、癌は早期のもので、放射線や抗がん剤などの追加療法は必要ないと判明。

患者さんは無事退院しました。
一件落着。

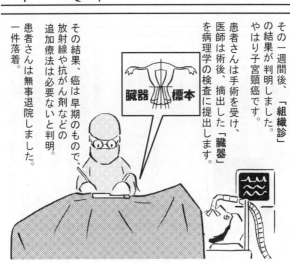

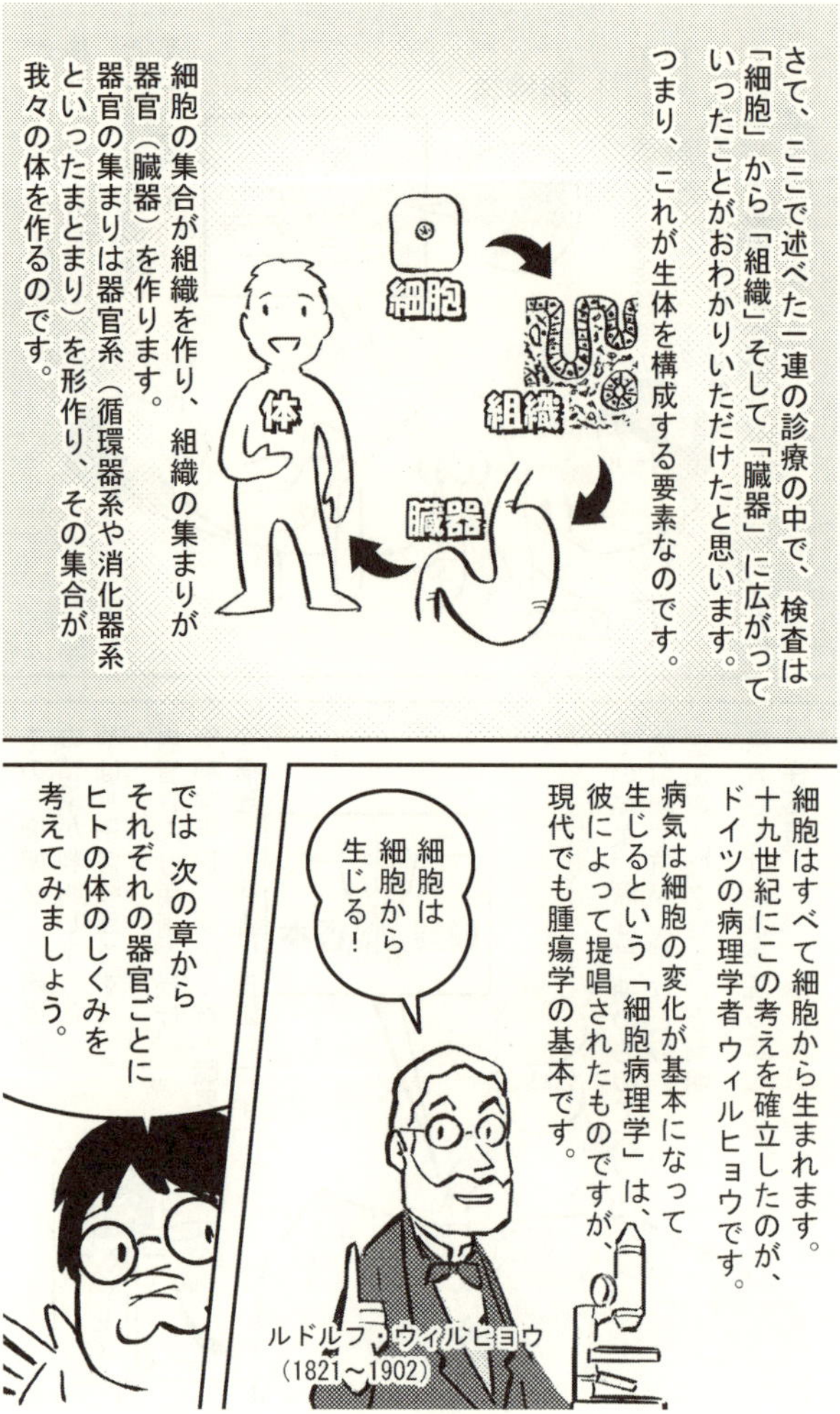
さて、ここで述べた一連の診療の中で、検査は「細胞」から「組織」そして「臓器」に広がっていったことがおわかりいただけたと思います。
つまり、これが生体を構成する要素なのです。
細胞
組織
臓器
体
細胞の集合が組織を作り、組織の集まりが器官（臓器）を作ります。器官の集まりは器官系（循環器系や消化器系といったまとまり）を形作り、その集合が我々の体を作るのです。
細胞はすべて細胞から生まれます。十九世紀にこの考えを確立したのが、ドイツの病理学者ウィルヒョウです。病気は細胞の変化が基本になって生じるという「細胞病理学」は、彼によって提唱されたものですが、現代でも腫瘍学の基本です。
細胞は細胞から生じる！
ルドルフ・ウィルヒョウ（1821～1902）
では 次の章からそれぞれの器官ごとにヒトの体のしくみを考えてみましょう。

第二章　消化器

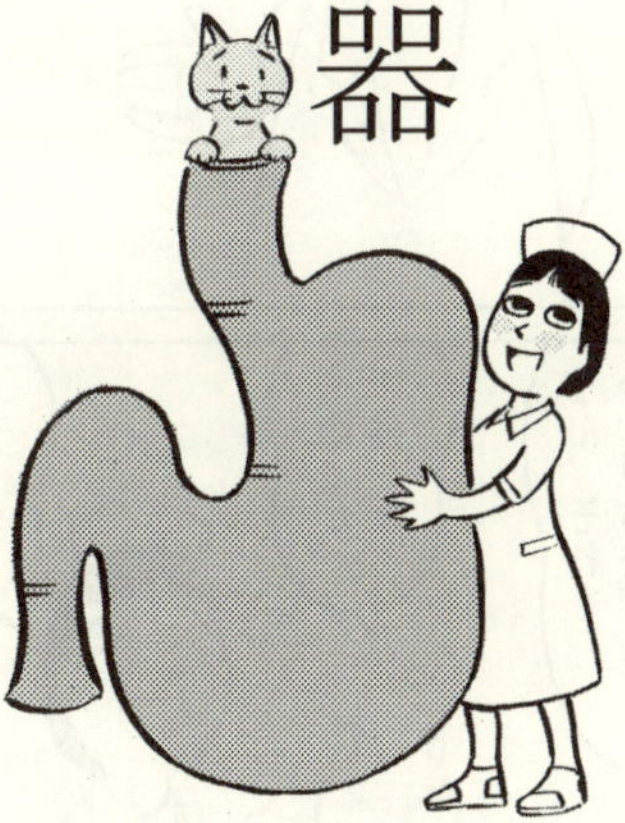

ヒトは何故　物を食べるのか
では、また皆さんに質問です！
ヒトは何故、物を食べるのでしょう？
お腹がすくからだべ。
てゆーか、本能だよ。
うん、それを少し見方を変えて考えてみましょう。
グ〜

散逸構造
皆さんは「散逸構造」という言葉を
お聞きになられたことが、あるでしょうか？
散逸構造とは、
ENERGY
「エネルギーが流入しそこから散逸していく過程で『自己組織化』が生じて形成される構造」のことです。
E
E
…？
さっぱりわがんねぇ。
たとえば、ここに
ナルトがあります。
ナルトはうず巻きの形を持っていますが、そこにエネルギーの出入りはありません。

では、鳴門のうず潮はどうでしょう?
どどど…
うず巻き構造を形成していますが、潮流のエネルギーの流入がなければ、うずは消えてしまいます。
わがった!散逸構造は食えねぇってことだ!
ちょっとちがうよ。
世の中には 台風から味噌汁にいたるまで、いたるところに この構造が存在しています。
台風
大気中のエネルギーが作る 雨雲のうず
味噌汁
対流
熱エネルギーが 作る「ベナール・セル」
(規則的な多角形に区切られた対流構造)
台風は食えねえが、味噌汁は食えるな…
食べることからはなれようよ。

そして、地球上にはもっと身近な散逸構造の例があります。
それは「生命の営み」です。
生き物はバクテリアからヒトにいたるまで皆、外部からエネルギーを摂取し、秩序だった構造（生体）を維持し、余剰の熱量を放出しています。
in
out
生体
こうした「散逸構造理論」を提唱したロシア生まれの化学者プリゴジンは一九七七年、ノーベル化学賞を受賞しました。
生命現象の本質は散逸構造です。
イリヤ・プリゴジン
（1917〜2003）
ヒトが物を食べるということは、とりもなおさず、
このシステムの維持に必要なエネルギーを得るためなのです。
じゃ、散逸構造のためにいただきまーす。
お腹、すいてたんだね・・・

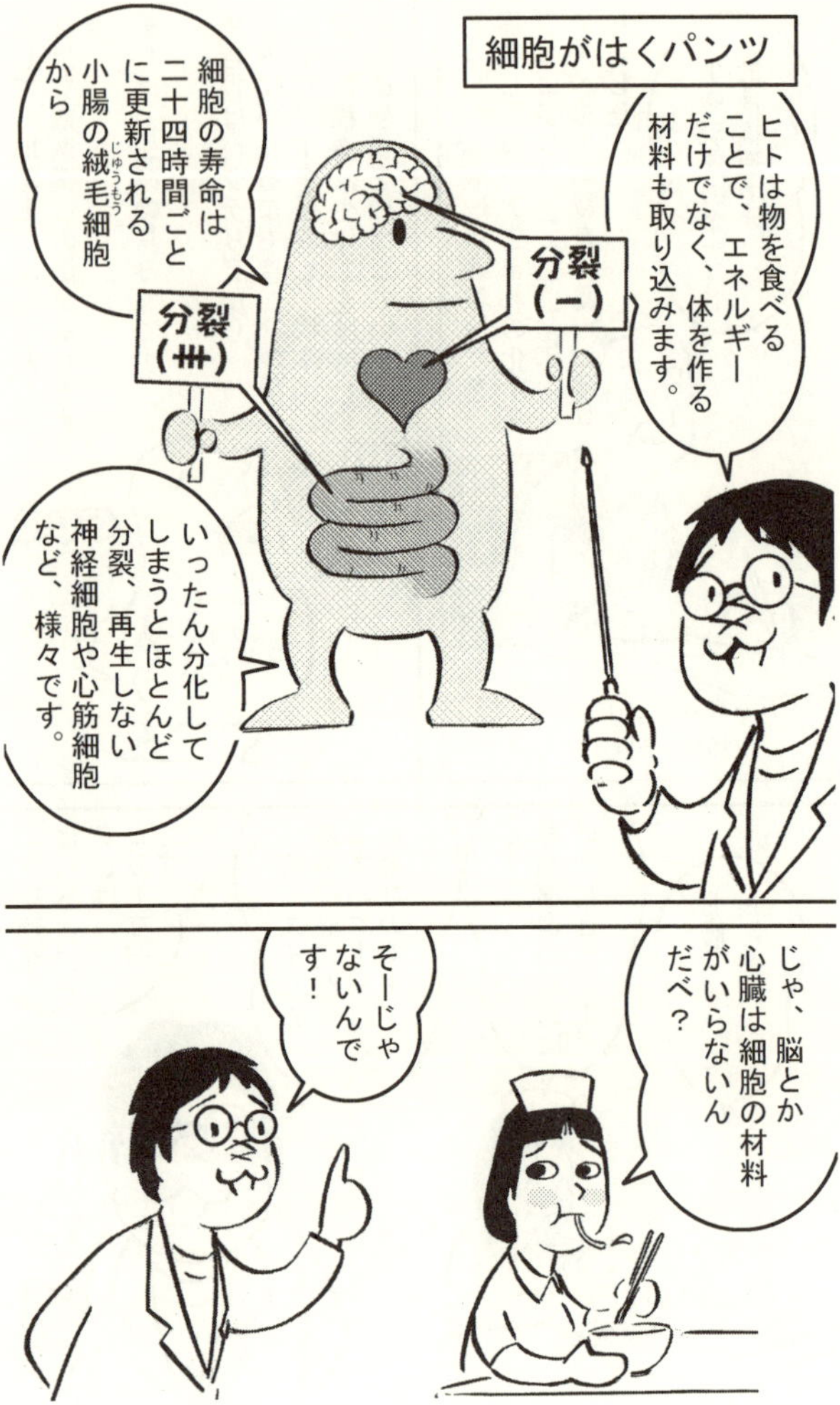
細胞がはくパンツ
ヒトは物を食べることで、エネルギーだけでなく、体を作る材料も取り込みます。
分裂(ー)
細胞の寿命は二十四時間ごとに更新される小腸の絨毛《じゅうもう》細胞から
分裂(+++)
いったん分化してしまうとほとんど分裂、再生しない神経細胞や心筋細胞など、様々です。
じゃ、脳とか心臓は細胞の材料がいらないんだべ？
そーじゃないんです！

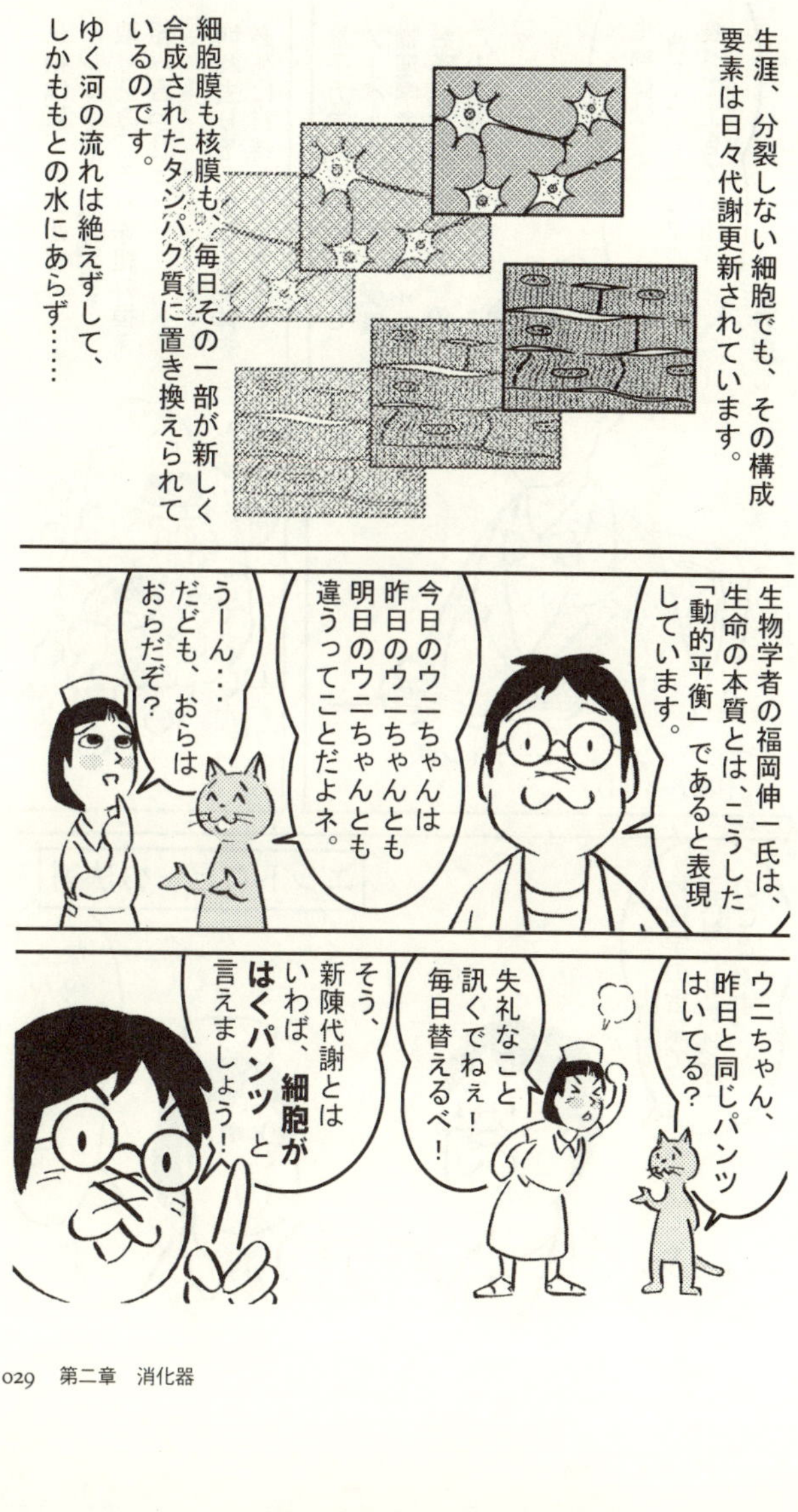
生涯、分裂しない細胞でも、その構成要素は日々代謝更新されています。

細胞膜も核膜も、毎日その一部が新しく合成されたタンパク質に置き換えられているのです。

ゆく河の流れは絶えずして、しかももとの水にあらず……

生物学者の福岡伸一氏は、生命の本質とは、こうした「動的平衡」であると表現しています。

今日のウニちゃんは昨日のウニちゃんとも明日のウニちゃんとも違うってことだよネ。

うーん…だども、おらはおらだぞ？

ウニちゃん、昨日と同じパンツはいてる？

失礼なこと訊くでねぇ！毎日替えるべ！

そう、新陳代謝とはいわば、**細胞がはくパンツ**と言えましょう！

生物は皆、外部からパンツ、もとい、物質を取り込み、それを組み換え組み合わせ、
崩れ去りそうになる生体を必死に維持しています。
量子力学の理論を創設し、一九三三年、ノーベル物理学賞を受賞した物理学者シュレーディンガーは名著『生命とは何か』の中でこの営みについて
生物体は「負のエントロピー」を食べて生きている。
と表現しています。
エルヴィン・シュレーディンガー
（1887〜1961）
エントロピーの法則
えんとろぴーって、なんだべ？
物理学の言葉で「乱雑さ=無秩序」のことです。

水にインクを垂らせば、インクの粒子は自然に拡散し、水の中に広がっていきます。
このように自然界では、物質の状態はすべて乱雑さが大きくなる（エントロピーが増大する）方向に動くのです。
つまり、こういうことだべ？
小学１年生
教室に入った直後
10分後（エントロピー増大）
ま、そんなとこでしょうか・・・
しかし 生物は皆、無秩序さを減少させて生体を維持する努力を続けています。
これが「負のエントロピーを食べて生きる」ということです。
努力！
生物はいわば 命のつきる日まで、自然の流れに抗う作業を続けているわけです。

消化管

消化管は口から肛門まで続く管です。

消化管の長さは動物種で差があり、肉食動物は身長の五倍程度、草食動物は十～二十五倍程度です。

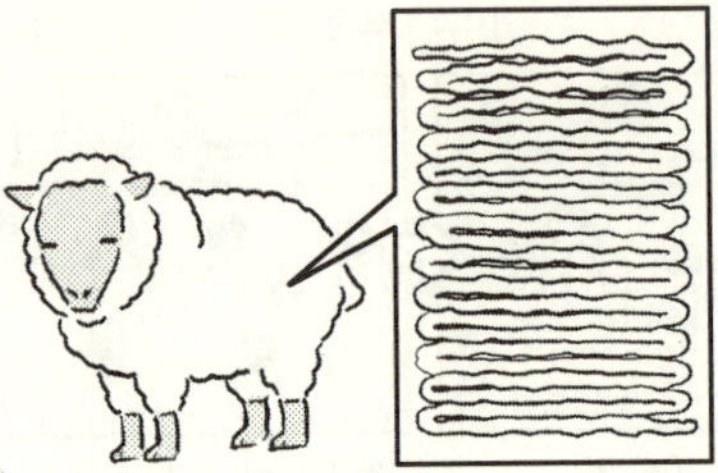

ヒトは雑食ですが、消化管の長さは身長の五～六倍で、肉食獣に近くなっています。

そう言えば米を食う日本人は欧米の人より、腸が長いって聞いたことあるだよ・・・
都市伝説
それ、あんまり根拠ないんですよね・・・

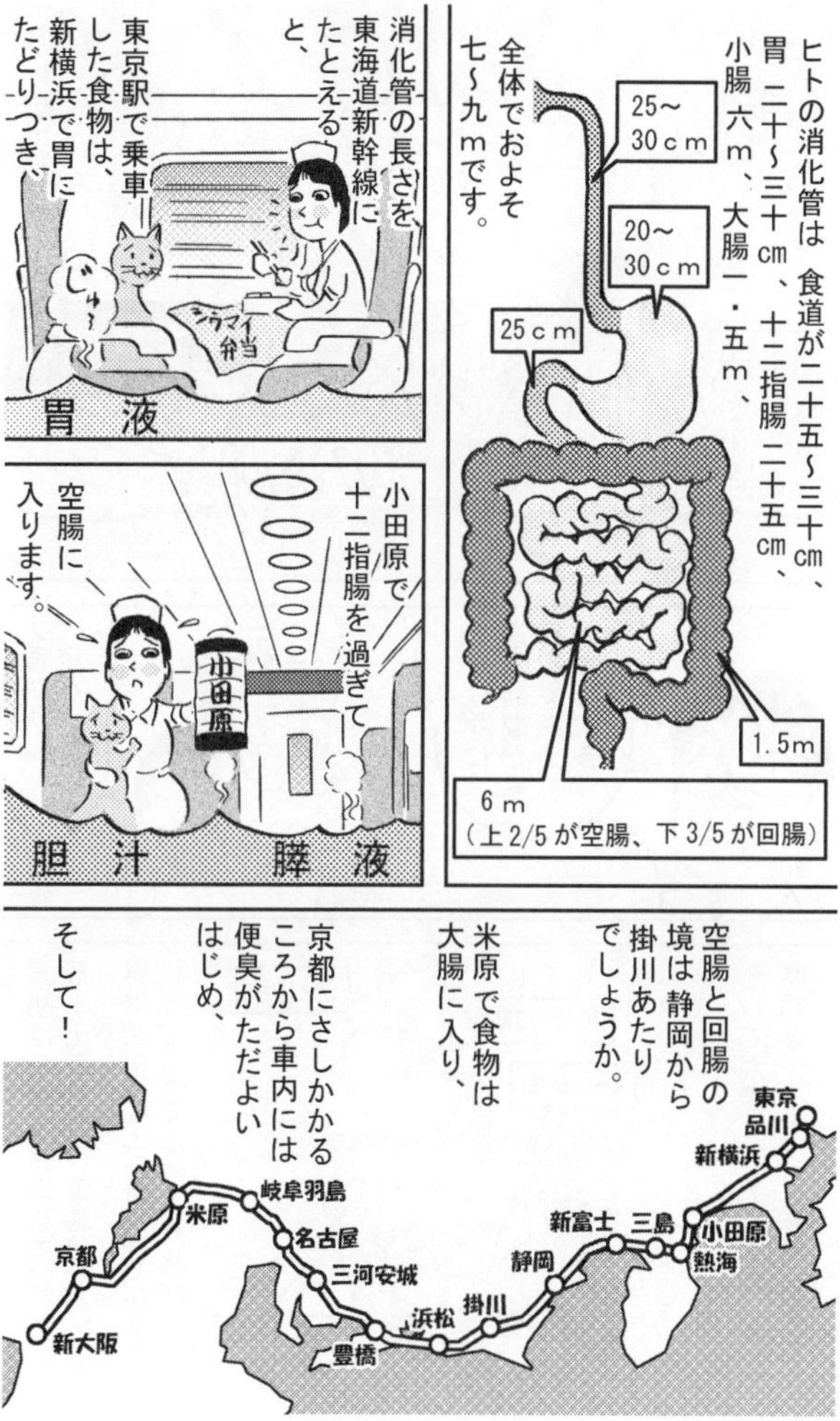

ヒトの消化管は 食道が二十五～三十cm、
胃 二十～三十cm、十二指腸 二十五cm、
小腸 六m、大腸一・五m、
全体でおよそ七～九mです。
25～30cm
20～30cm
25cm
1.5m
6m
（上2/5が空腸、下3/5が回腸）
消化管の長さを東海道新幹線にたとえると、
東京駅で乗車した食物は、新横浜で胃にたどりつき、
シウマイ弁当
じゅ～
胃液
小田原で十二指腸を過ぎて
空腸に入ります。
小田原
胆汁
膵液
空腸と回腸の境は静岡から掛川あたりでしょうか。
米原で食物は大腸に入り、
京都にさしかかるころから車内には便臭がただよいはじめ、
そして！
東京
品川
新横浜
小田原
熱海
三島
新富士
静岡
掛川
浜松
豊橋
三河安城
名古屋
岐阜羽島
米原
京都
新大阪

新大阪の改札口から糞便となって！
新大阪駅
ぶりぶりっ
大阪の街に流れ出すのです！
大阪の人は、大変だべな・・・
たとえだよ、ウニちゃん。
では、次に通過時間から行程を考えてみましょう。
食物は口から食道までを五～十五秒程度で通過、胃に三十分～三時間ほど停滞して 小腸では四～八時間、
5～15秒
30分～3時間
4～8時間
12～24時間
そして大腸には十二～二十四時間と、長くとどまります。

たとえば、東京駅で
こだま号に乗車したとすれば、
東京
とうきょう
ばな奈
東京駅のホームを
離れないうちに
食物は胃に入ります。
タンパク質がほどよく
とろけた頃、
新横浜を過ぎ、
十二指腸へ、
その後、小田原から
新富士間は 小腸の
旅が続き、
やがて、
静岡で大腸に入り、
浜松を過ぎた頃には
車内に便臭がただよい
はじめ……

名古屋、京都と、車内の臭気はどんどんと強まり!!
そして、新大阪の改札口から!!
食物は糞便となって大阪の街に流れ出すのです!!
びちべちびちっ
もう、大阪はイヤだべ・・・
ウニちゃん・・・
※ちなみに著者は大阪出身です。

消化現象の研究と人体実験
食物がお腹の中でどのように変化するのかを調べるために、学者たちは昔から様々な実験を行ってきました。
その中で最も有名なふたつの人体実験を紹介しましょう。
パスツールになりそこなった男
みなさんは、
パスツールという学者さんの名前を聞いたことがありますよね。
んだ
では、スパランツァーニは?
誰?
十八世紀に活躍したイタリアの生物学者です。

パスツールは狂犬病など多くの感染症のワクチンを開発したフランスの有名な細菌学者ですが、

彼が科学に残した最も大きな業績は「自然発生説の否定」でしょう。

十九世紀半ばの人々はいまだ無生物から生物が生じると信じていました。

一八六一年、パスツールは有名な「白鳥の首フラスコの実験」によってこれを否定したのです。

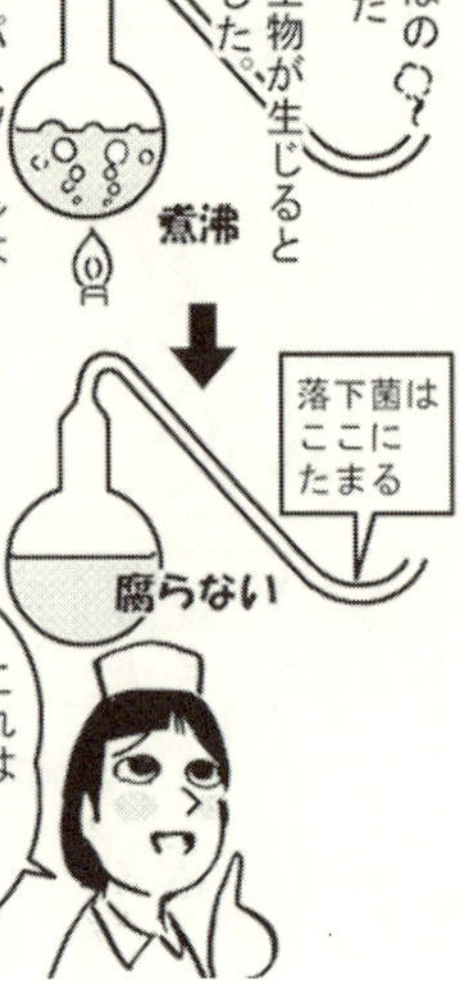

しかし、それよりはるか前にパスツールとほとんど同じ実験をした学者がいました。

それがスパランツァーニです。

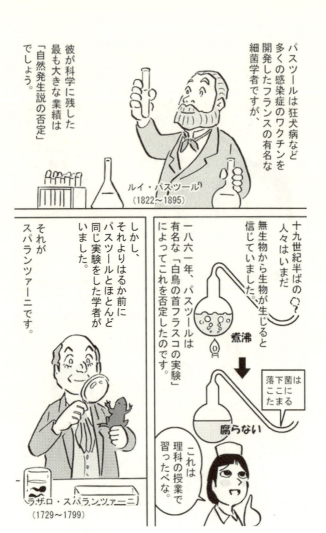

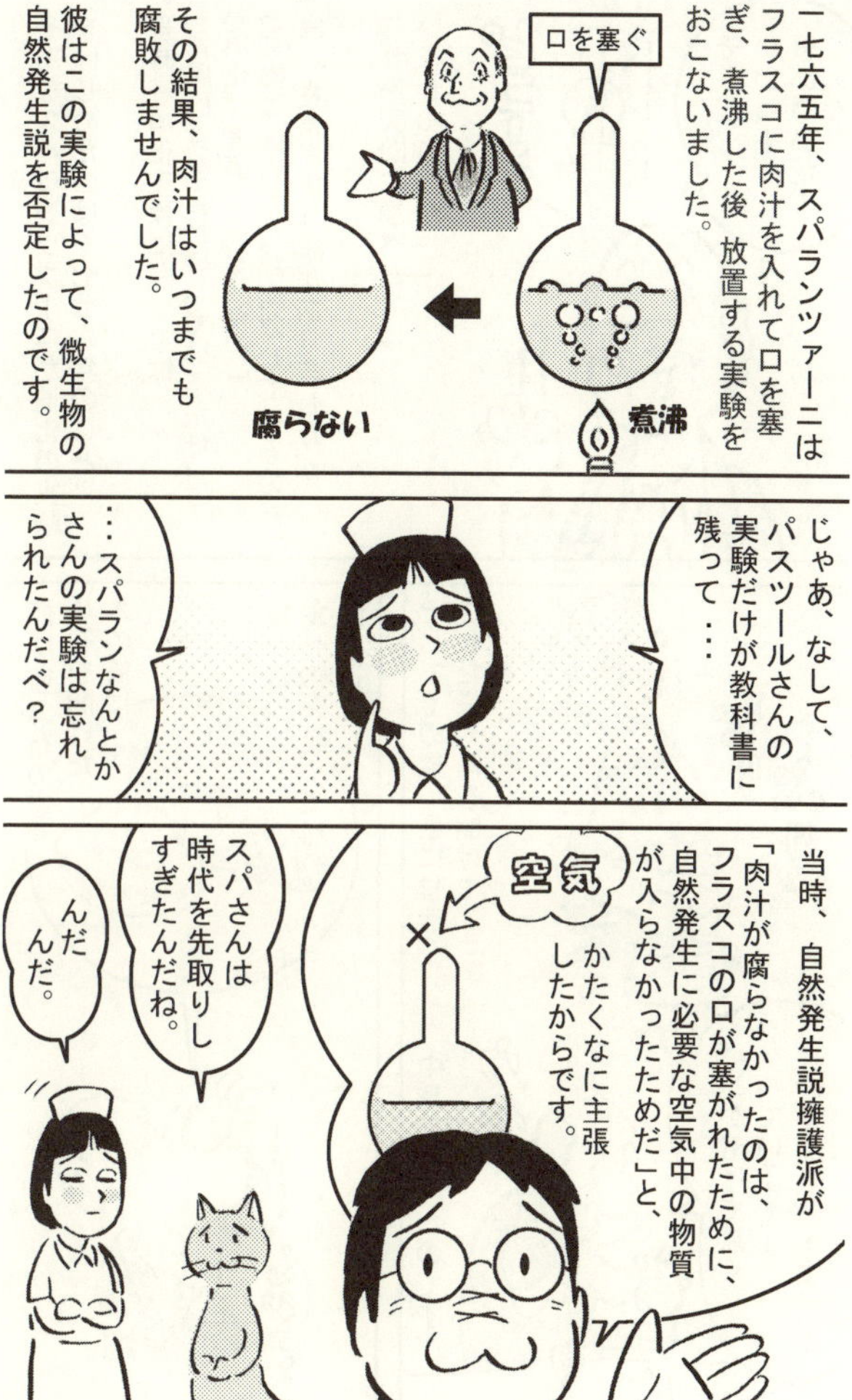
一七六五年、スパランツァーニはフラスコに肉汁を入れて口を塞ぎ、煮沸した後 放置する実験をおこないました。
口を塞ぐ
煮沸
腐らない
その結果、肉汁はいつまでも腐敗しませんでした。
彼はこの実験によって、微生物の自然発生説を否定したのです。
じゃあ、なして、パスツールさんの実験だけが教科書に残って…
…スパランなんとかさんの実験は忘れられたんだべ？
当時、自然発生説擁護派が「肉汁が腐らなかったのは、フラスコの口が塞がれたために、自然発生に必要な空気中の物質が入らなかったためだ」と、
かたくなに主張したからです。
空気
スパさんは時代を先取りしすぎたんだね。
んだんだ。

そんなスパランツァーニが消化の実験をはじめたのは一七七六年のこと。
当時、消化現象に関しては
「胃腸は食物を粉砕しているだけだ」
「消化は発酵と同じ現象だ」
「食物は体内でただ腐敗しているのだ」
等、さまざまな説がありましたが、
これを実際に調べた者はいませんでした。
ピコーン
そうだ！いいコト思いついた！
彼は亜麻布の袋や小孔を開けた木の筒に
様々な食べ物を詰めて飲み込みました。
んぐ。。。
そしてその後、便に排泄された袋や筒を開けて
ぷりぷりっ
中身を調べたのです。
ウホッ
パンが溶けて無くなっているぞ！硬い骨はそのままだ！

未消化で便に排泄された食べ物は、味見をしてその変化を調べました。
うーん、
この味！
えー、ウンコを食べちゃうんだべー!?
そうです！学問のためにはウンコも食べる！
もはや「科学と変態は紙一重」と言ってよいかもしれません!!
続いて彼は胃液を吐き出して集め、
おえ～
そこに食べ物を入れてヒトの体温と同じくらいに温め、
食物が溶かされていく様子を観察しました。

さらに彼は、木の筒に食べ物を入れて飲み込み、
パク
ゲー
吐き出すという実験を続けました。
パク
ゲー
パク
ゲー
これは結構きつい実験だったようです。
嘔吐の後は数時間も胃の痛みに苦しみながら、それでも彼は納得するデータが出るまでこの研究を続けました。
ぐったり…
そして彼の苦行の結果、
「消化」が「腐敗」や「発酵」とは全く異なった化学現象であることが証明されたのです。
科学と変態は紙一重・・・
ウニちゃん・・・

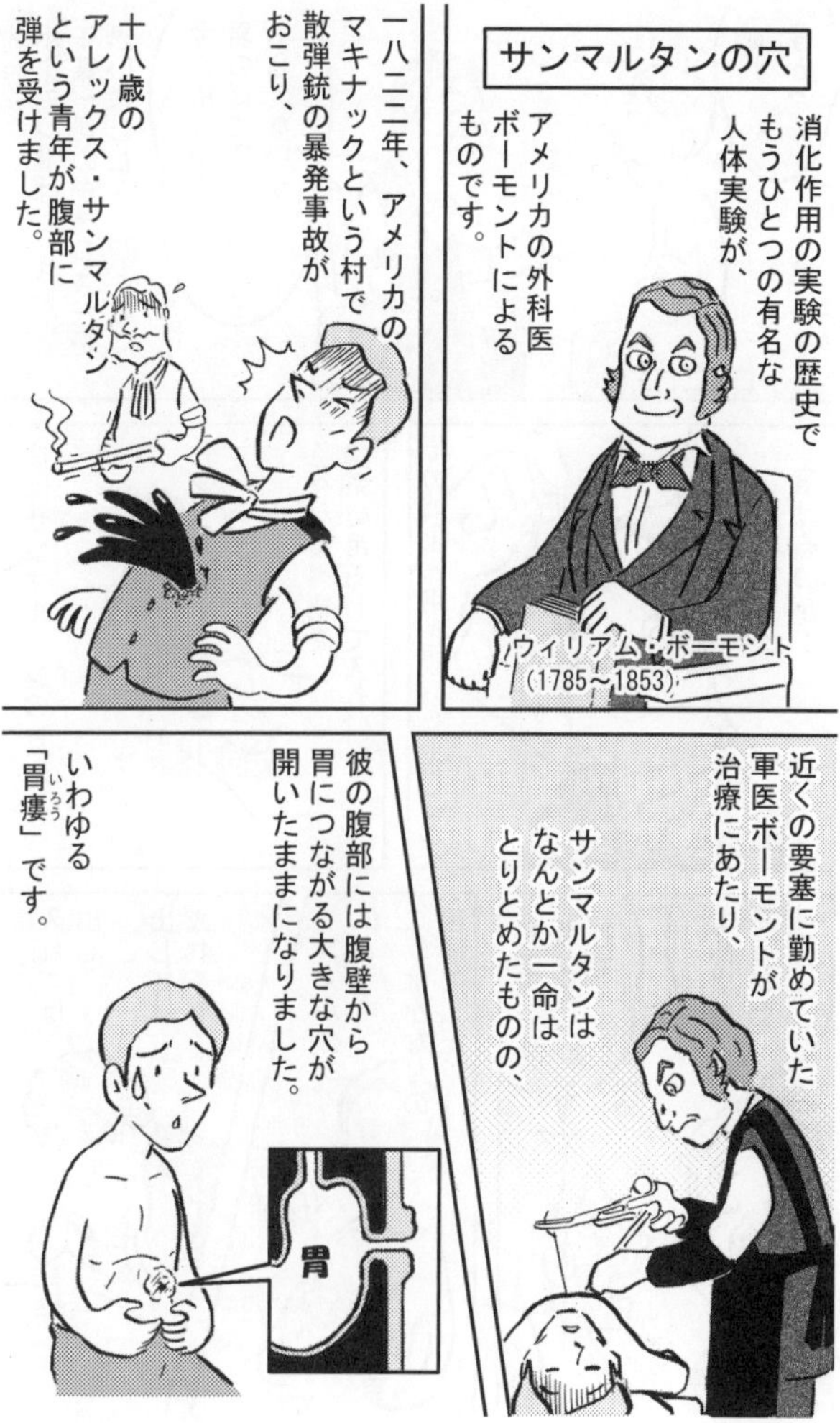
サンマルタンの穴
消化作用の実験の歴史でもうひとつの有名な人体実験が、
アメリカの外科医ボーモントによるものです。
ウィリアム・ボーモント
(1785〜1853)
一八二二年、アメリカのマキナックという村で散弾銃の暴発事故がおこり、
十八歳のアレックス・サンマルタンという青年が腹部に弾を受けました。
近くの要塞に勤めていた軍医ボーモントが治療にあたり、
サンマルタンはなんとか一命はとりとめたものの、
彼の腹部には腹壁から胃につながる大きな穴が開いたままになりました。
いわゆる「胃瘻《いろう》」です。
胃

ボーモントは これを千載一遇のチャンスだと思いました。
金を払うから、君の胃で研究させてもらえないかな。
何するんすか？
彼はサンマルタンの胃に
色々な食べ物を絹糸で吊るして入れ、
その消化作用を観察しました。
うーむ、こんなふうに溶けるのか・・・
入れては出し……
出しては入れ……
サンマルタンにとって、これはかなりの苦痛でした。
先生、もうカンニンして。
まあまあ、そういわずに・・・

サンマルタンは実験動物のように扱われるのを嫌い、何度か逃走を試みましたが、
だっ
もう、ガマンできなーーい！
そのたびボーモントに連れ戻され、しぶしぶ実験を続けたのです。
カンニンしてーー！
まあまあ、そういわずに。
かわいそうにね・・・
ボーモントさん、鬼畜だべ！
たしかに・・・
「科学と鬼畜は紙一重」と言えるかもしれません!!

ボーモントは「サンマルタンの穴」を使って二百五十以上の消化実験を行い、その成果を一八三八年に発表しました。

胃液の分泌は食物摂取の結果としておこり、感情にも左右されます。

また胃液には塩酸の他に、タンパク質を分解する化学物質が含まれています。

これは後に「ペプシン」と命名される消化酵素です。

ペプシン
ボーモントは六十七歳で死にますが、サンマルタンはその後も、医師や薬屋に騙されて見世物に回らされ、最後はアルコール中毒となり、七十八歳 で世を去りました。

NO!

医師たちは彼の遺体を研究用に欲しがりましたが、家族はもうこれ以上利用されたくないと、彼の体が腐敗するのを待ってから、掘り起こされないよう、地中深くに埋めたそうです。

科学と鬼畜は紙一重・・・

ウニちゃん・・・

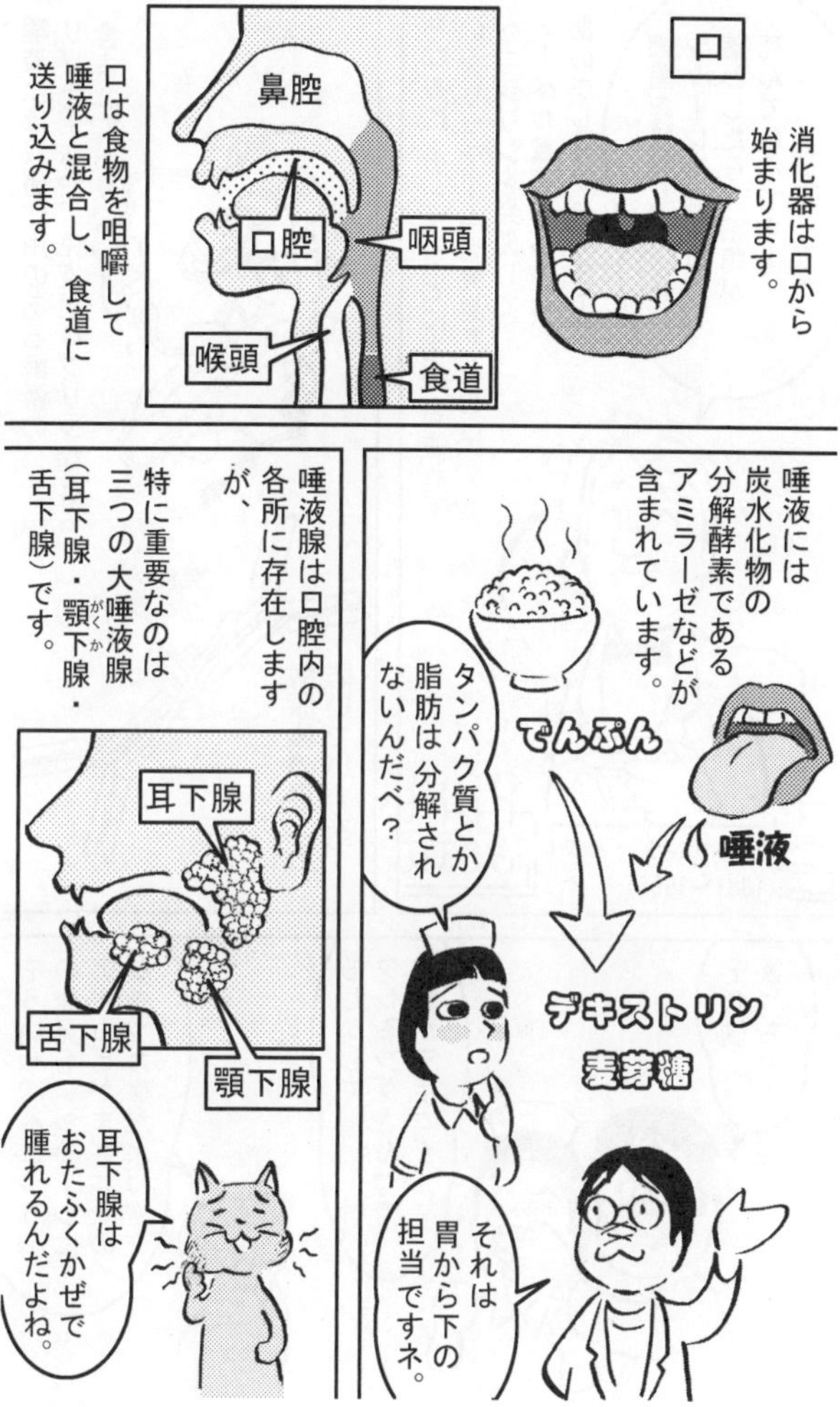
口
消化器は口から始まります。
口は食物を咀嚼して唾液と混合し、食道に送り込みます。
鼻腔
口腔
咽頭
喉頭
食道
唾液には炭水化物の分解酵素であるアミラーゼなどが含まれています。
でんぷん
唾液
デキストリン
麦芽糖
タンパク質とか脂肪は分解されないんだべ？
それは胃から下の担当ですネ。
唾液腺は口腔内の各所に存在しますが、
特に重要なのは三つの大唾液腺（耳下腺・顎下《がくか》腺・舌下腺）です。
耳下腺
舌下腺
顎下腺
耳下腺はおたふくかぜで腫れるんだよね。

唾液には殺菌作用のある酵素のリゾチームや、免疫グロブリンなども含まれており、
リゾチーム
免疫グロブリン
病原体の侵入も防いでいます。
ちなみに、カゼ薬などにも配合されているリゾチームを発見したのは、ペニシリンを発見してノーベル賞をもらった、あのフレミング先生です。
細菌を培養していたシャーレに鼻水を落としたら、細菌が死んでたんですよ…… …それがキッカケ
アレクサンダー・フレミング（1881～1955）
そういや、ペニシリンの発見も、シャーレにアオカビがまざったのがキッカケだよね。
もしかして、フレミングさんって、実験が下手…
それは言っちゃや！

食道

食道は咽頭と胃をつなぐ管で、左右の肺の間の「縦隔」の中を気管や大動脈、心臓と接して走っています。

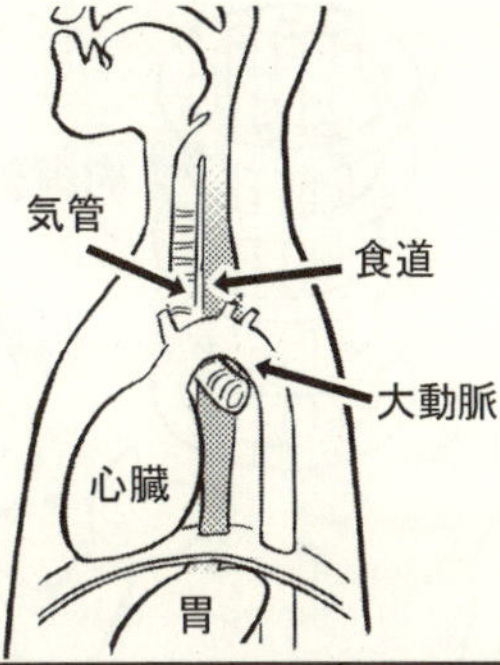

気管
食道
大動脈
心臓
胃

この解剖学的位置が、食道を消化管の中で最も手術が難しい部位にしています。

消化管は基本、内層の「粘膜」、蠕動《ぜんどう》運動を司る「筋層」、外側を包む「漿膜《しょうまく》」の三層構造をしています。

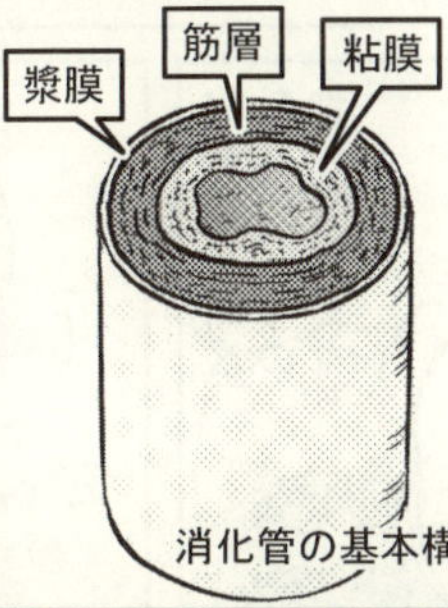

筋層
粘膜
漿膜

消化管の基本構造

しかし、食道は漿膜を持たず、結合組織でできた外膜で周辺組織と接しています。

このため食道癌は周辺組織に浸潤、転移しやすく、また食道の手術後は縫合不全がおこりやすいのです。

消化管の筋肉は基本、内側が輪状、外側が縦走の二重構造で、これを「内輪外縦」と表現します。
内輪外縦

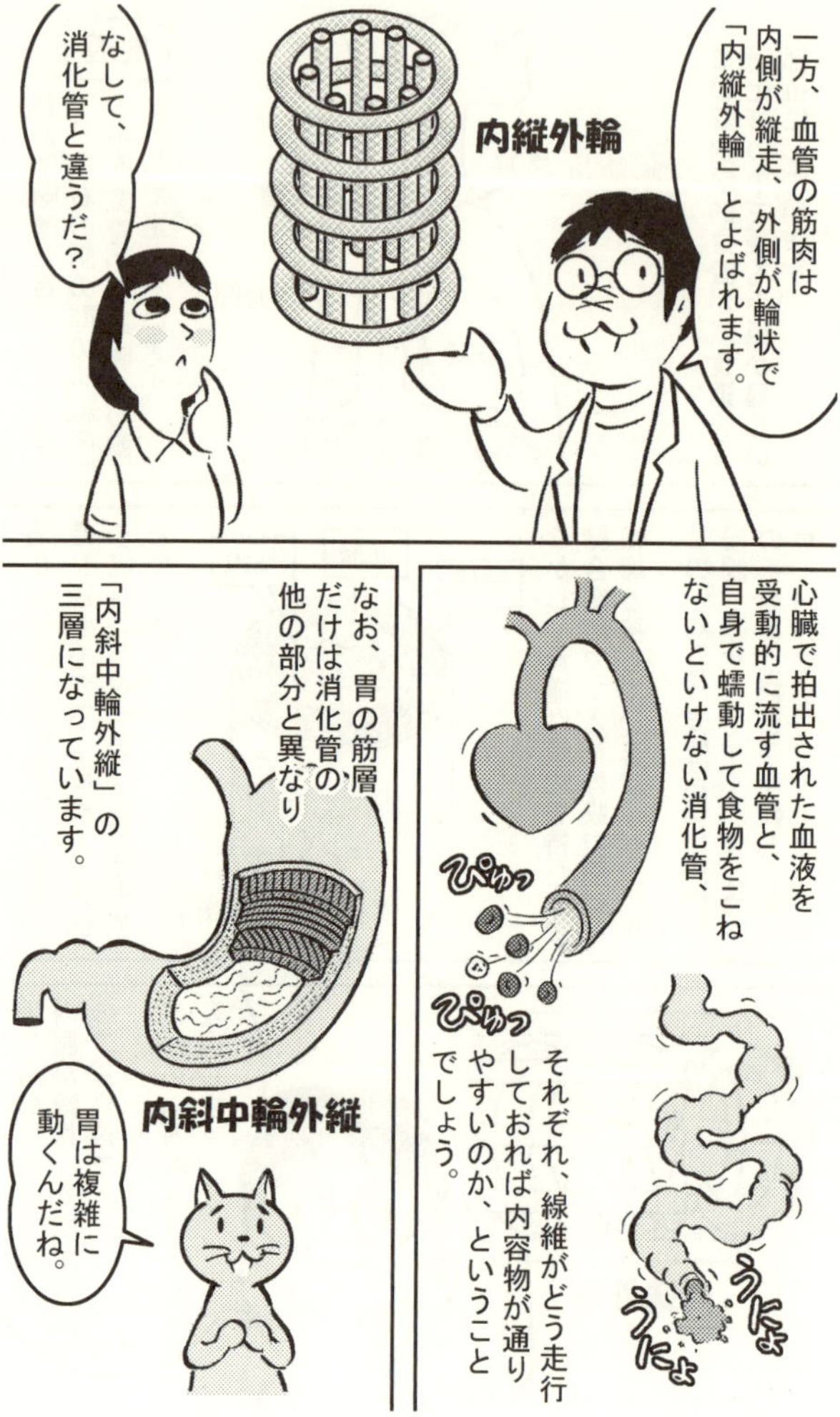
一方、血管の筋肉は内側が縦走、外側が輪状で「内縦外輪」とよばれます。
内縦外輪
なして、消化管と違うだ？
心臓で拍出された血液を受動的に流す血管と、自身で蠕動して食物をこねないといけない消化管、
ぴゅっ
ぴゅっ
うにょ
うにょ
それぞれ、線維がどう走行しておれば内容物が通りやすいのか、ということでしょう。
なお、胃の筋層だけは消化管の他の部分と異なり「内斜中輪外縦」の三層になっています。
内斜中輪外縦
胃は複雑に動くんだね。

胃はなぜ溶けないのか

胃液の消化作用は、胃酸とペプシンによるものです。

胃液を分泌する胃腺には三種類の細胞があり、主細胞がペプシノーゲンを、壁（傍）細胞が塩酸を、副細胞が粘液を分泌します。

ペプシノーゲンは塩酸の作用でペプシンとなります。

よく胃が溶けないもんだべな。
副細胞や胃粘膜の上皮細胞から分泌される粘液が、胃壁を保護しているんですよ。

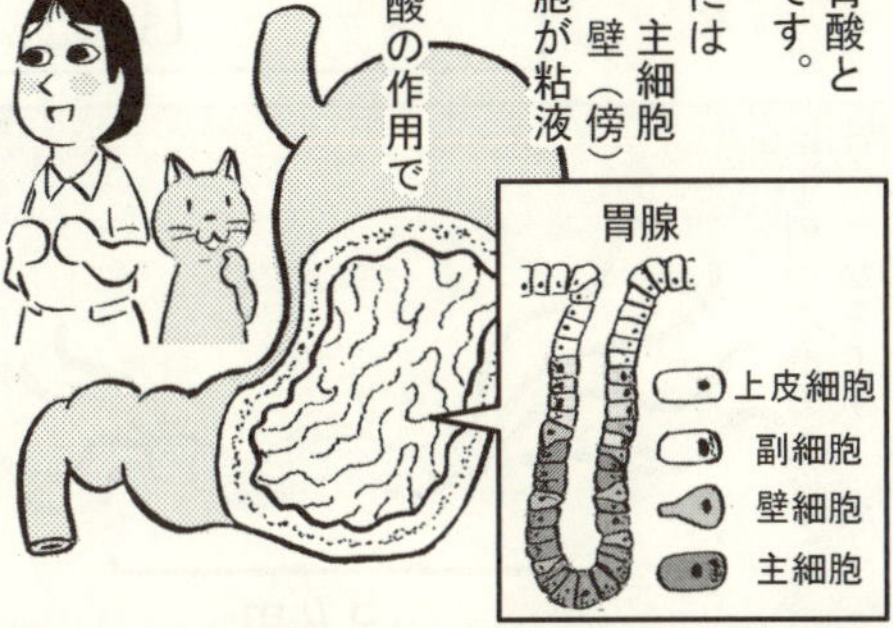
胃腺
上皮細胞
副細胞
壁細胞
主細胞

胃の中ではタンパク質を溶かす「攻撃因子」と、胃のタンパク質を守る「防御因子」がせめぎあっており、

このバランスが破られた時に胃炎や胃潰瘍などの粘膜病変が生じるのです。

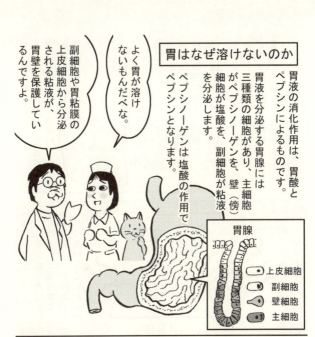

こうした考えから一九八〇年代まで、胃炎や胃潰瘍に対する治療は、制酸剤と粘膜保護剤が主体でした。

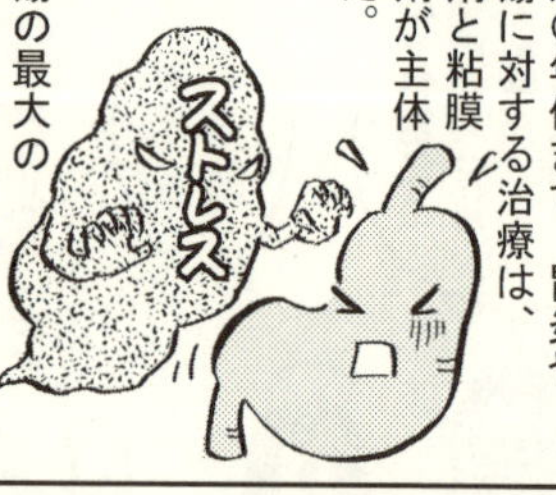

また胃潰瘍の最大の原因はストレスであるとされ、精神衛生に対する過剰な気遣いがなされてきました。

――しかし一九八三年、ピロリ菌の発見を機に、大きな変化がもたらされます――

胃の粘膜に感染するピロリ菌が慢性胃炎、胃潰瘍、十二指腸潰瘍、胃癌など多くの疾患の原因となっていることが判明し、

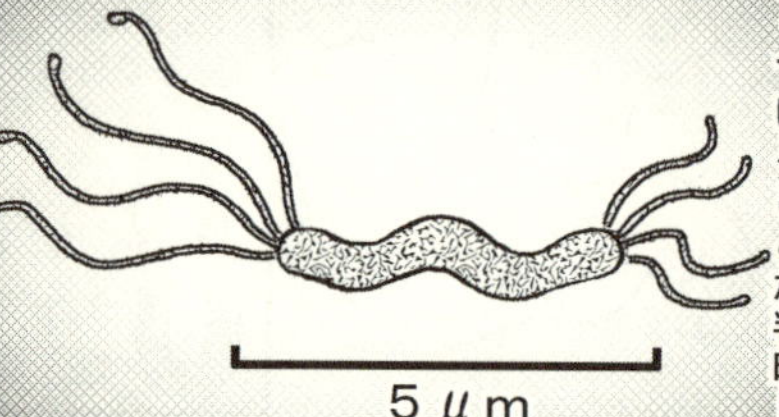

抗生剤が治療の主役となったからです。

ピロリ菌はウレアーゼという酵素を持ち、胃液中の尿素を分解してアンモニアを産生し、胃酸を中和することで、自身が溶かされるのを防いでいます。

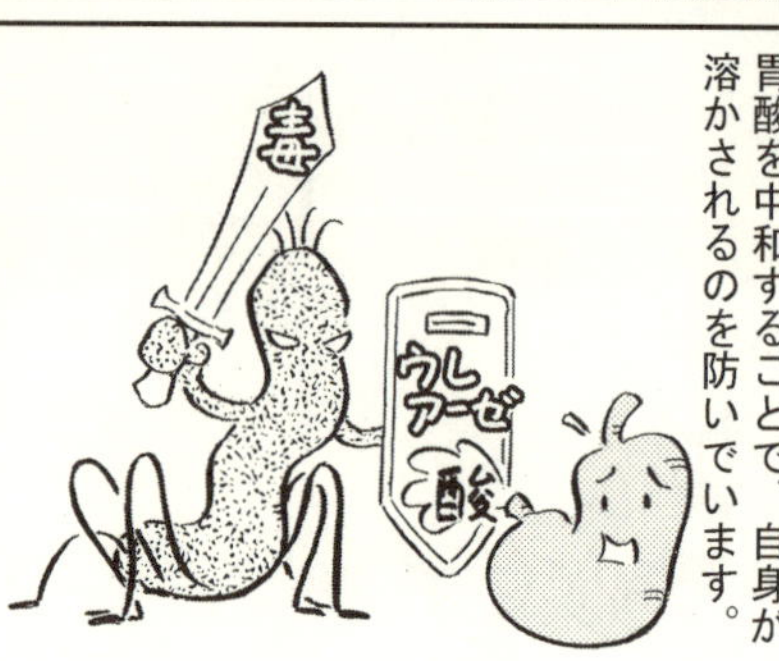

そして、胃粘膜の中で様々な化学物質を分泌して、胃の細胞にダメージを与えます。

ピロリ菌の発見
胃の中に細菌がいるという報告は、百年以上も前からなされていました。

しかし、この細菌は分離培養ができず、胃の中の環境では、細菌は生息できないという考えが一般的でした。

ところが一九八二年、オーストラリアのウォレンとマーシャルは胃炎の患者の胃から、らせん状の細菌の分離に成功しました。

バリー・マーシャル（1951〜）

ロビン・ウォレン（1937〜）

これがピロリ菌（ヘリコバクター・ピロリ）です。

ピロリ菌の発見はいわば偶然でした。

それまで彼らは培養器で四十八時間培養して、細菌の有無を調べていたのですが……

ちっとも生えてこないなあ…

そんなある日、マーシャルはイースター休暇の間、培地を五日間、培養器にほったらかしにしていました。すると……

細菌発見!!

ピロリ菌は短期間の培養では生えない細菌だったのです。

次に、これが胃の病気の原因であることを証明せねばなりません。

そこでマーシャルは……

ピロリ菌を飲みました！

ゴクッ
ええーっ!!

その結果、彼は見事に急性胃炎を発症したのです。

大成功!!

キリキリ
彼の胃炎はその後自然に治ったのですが、科学者の探究心には本当に頭が下がります。

ウォレンとマーシャルは ピロリ菌発見の功績を評価され、二〇〇五年、ノーベル生理学・医学賞を受賞しました。

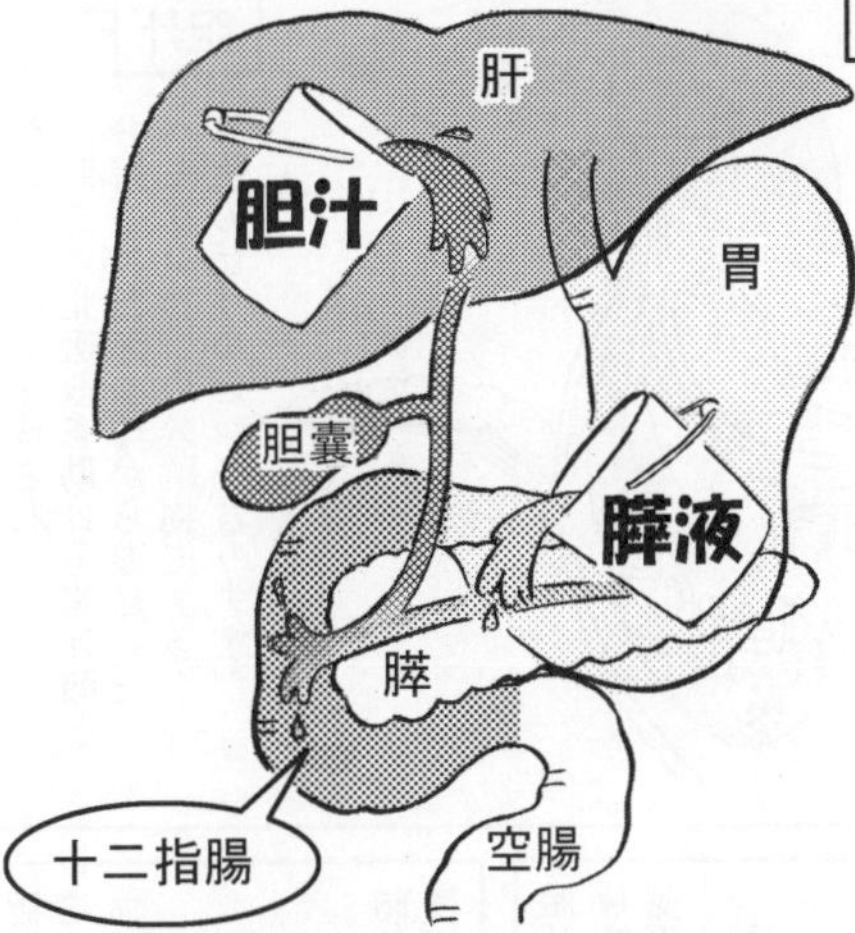

十二指腸

胃の中で粥状になった食物は十二指腸に送られ、そこで胆嚢《たんのう》からの胆汁、膵臓からの膵液《すいえき》と混ざります。

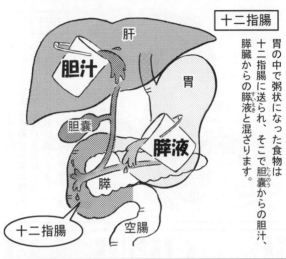

胆汁

胆汁は肝臓で生成され、脂肪の消化吸収を助ける胆汁酸と、分解された赤血球から遊離したヘモグロビンの分解物である黄色のビリルビンを含みます。

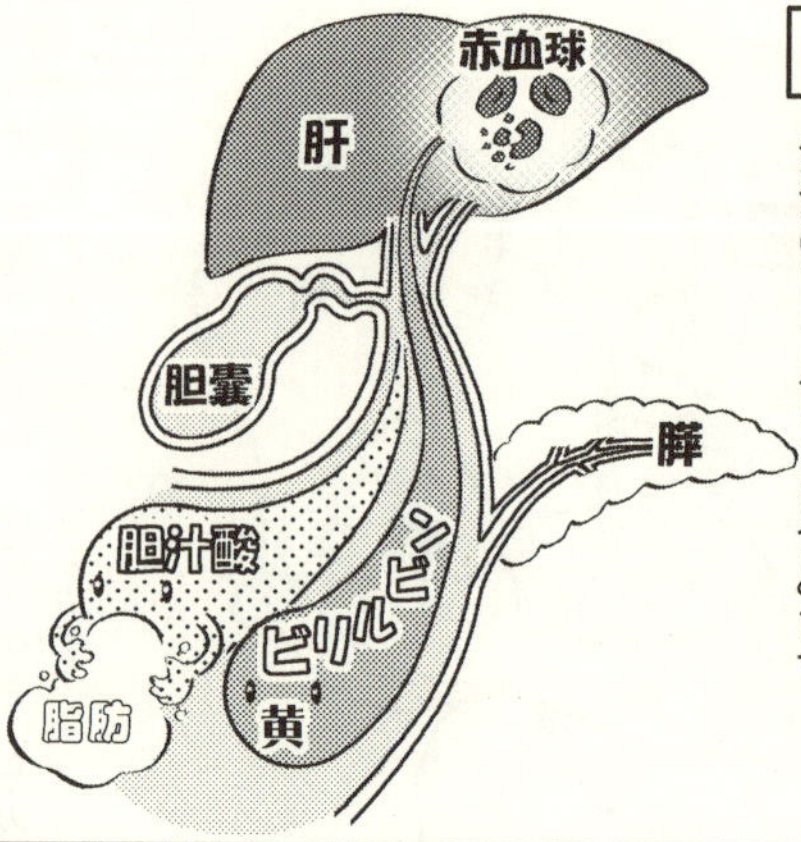

胆嚢や肝臓の病気で黄疸が出るのは、このビリルビンがうまく排出されず血液にたまるからです。

胆管が詰まると、便が白くなることもあります。

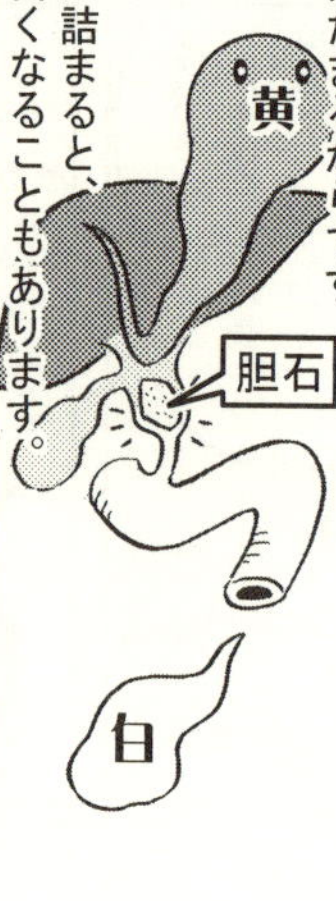

胆汁に排出されたビリルビンは腸内細菌の作用によって茶色に変化し、これが大便の色となります。

ビリルビンが腸内環境の変化などで酸化されると便が緑色になることもあります。

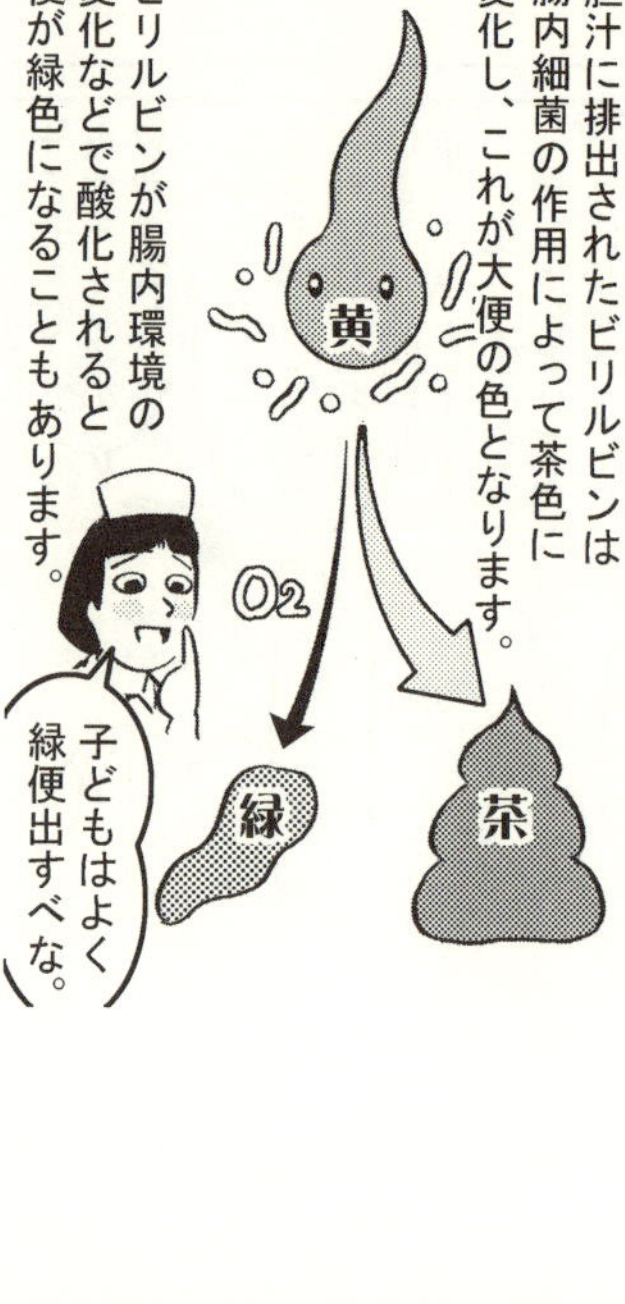

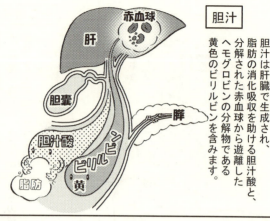

胆汁酸は肝臓でコレステロールを
原料に作られます。

十二指腸に排泄された胆汁酸はその後
九十五%が小腸から吸収され、肝臓に
戻り再利用されます。

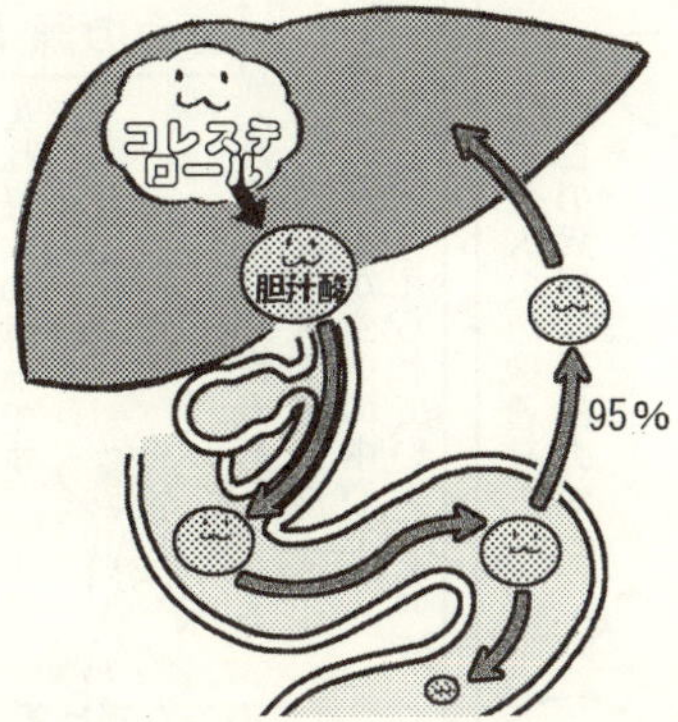

これを「腸肝循環」といいます。

膵液

膵液には
タンパク質分解酵素の
トリプシノーゲン、
脂肪分解酵素のリパーゼ、
炭水化物分解酵素のアミラーゼ
などが含まれています。

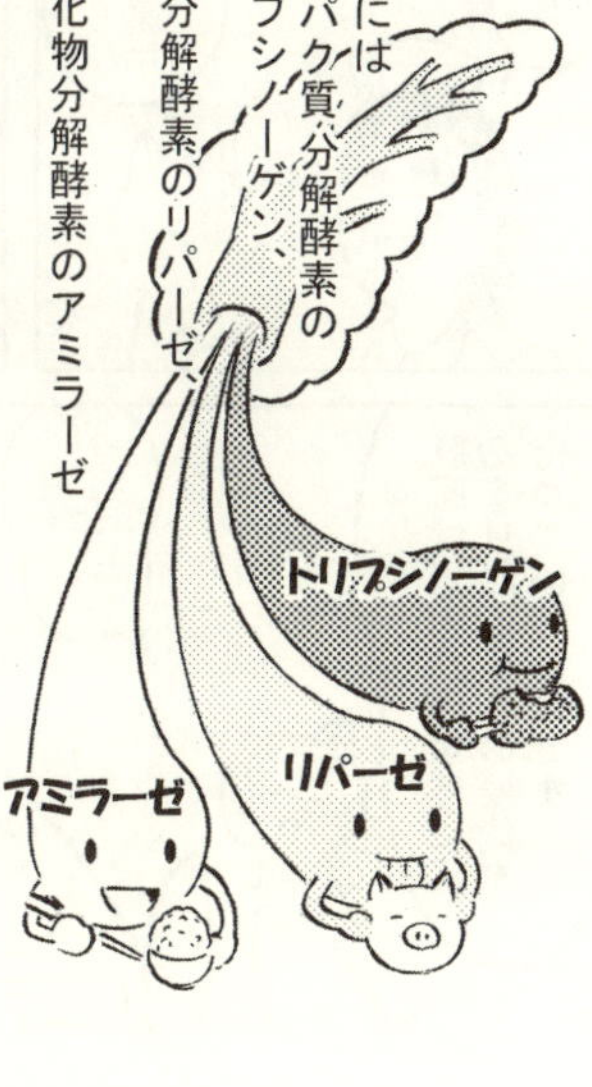

膵液は
弱アルカリ性です。

胃から輸送された強酸性
の消化物は膵液で中和
され、空腸ではほとんど
中性になっています。

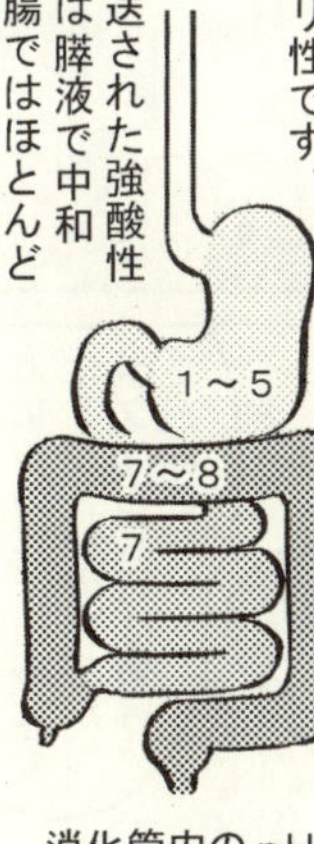

消化管内のpH
（7未満が酸性）

生命の源 肝臓
肝臓は重さが一・二〜一・五kgで人体最大の臓器です。

人類最古の文明である古代メソポタミアでは、この臓器が生命の中心であると考えられていました。

ハンムラビ王
古代人の想像通りこの臓器は再生力がきわめて強く、
手術で七〜八割を切り取っても、元通りに再生します。

まさに「生命の源」だね。

んだな。

医学書では、肝臓は消化器の章で語られることが多いのですが、ボクはこれには納得できません。

なんで？

肝臓は消化作用以外に、あまりにも多くの機能を持っているからです。

それはたとえば「まことちゃん」を描いたからといって、楳図かずお先生を「ギャグ漫画家」と呼ぶようなものです。

ぐわし…？

グワシ！だよ。

それはまるで、食料品売り場で野菜を売っているからと言って、百貨店を「八百屋」と呼ぶようなものです！

……

「全国駅弁フェア」を開催したからといって、伊勢丹を「弁当屋」と呼んでもよいのでしょうか!?

ご、ごめんなさーい!!

謝らなくてもいいよ…

肝臓は食品加工工場
肝臓は腸管から門脈を通して送られてきた栄養素を
肝臓
食品工業
肝臓食品
さまざまに加工・貯蔵します。
炭水化物はブドウ糖に分解されて肝臓に運ばれた後ここで重合され、「グリコーゲン」という高分子の形で肝細胞に貯蔵されます。
ブドウ糖
グリコーゲンは栄養が足りなくなった時に分解されて、ブドウ糖として全身に供給されます。
グリコーゲン
ちなみにお菓子の「グリコ」はこのグリコーゲンから名付けられました。
おいしさと健康
glico
グリコ
［豆知識］大阪名物 道頓堀のグリコ看板は平成二十六年秋、六代目にリニューアルしました。

タンパク質はアミノ酸に分解されて肝臓に運ばれ、

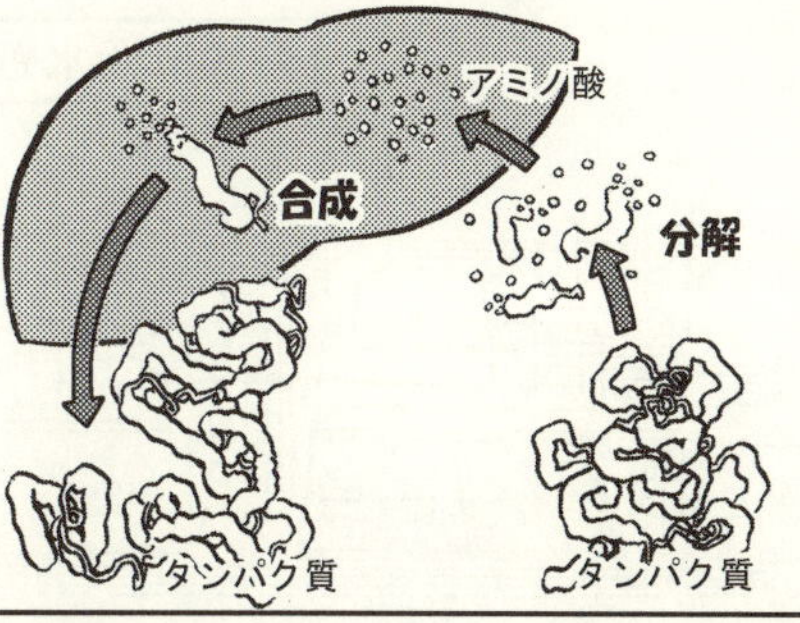

ここでアルブミンなど生体に必要なタンパク質に再合成されます。

脂肪は脂肪酸やモノグリセリド、グリセリンに分解・吸収された後、再び脂肪に合成されて肝臓に運ばれ、

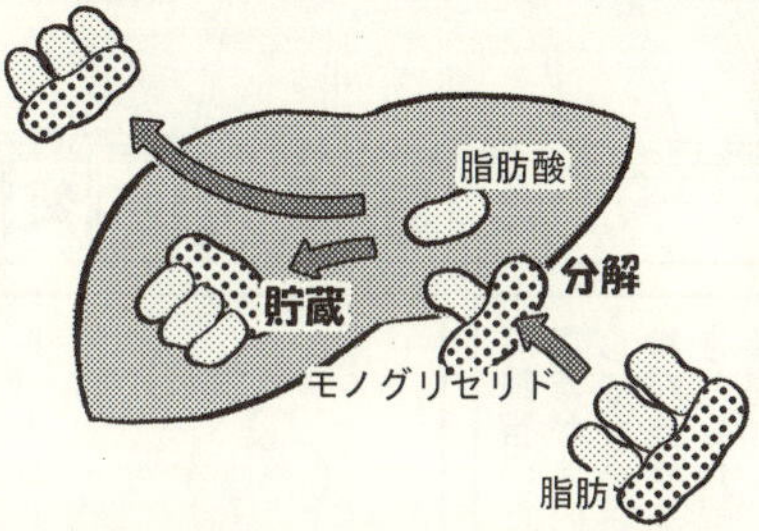

一部は肝臓に貯蔵され、残りが全身の脂肪組織に運ばれます。

その他、肝臓は各種ビタミンの貯蔵庫としても機能し、

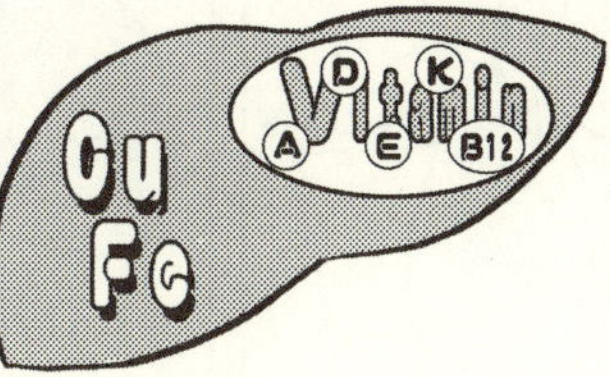

銅や鉄など、生体に必要な元素の貯蔵にもあずかります。

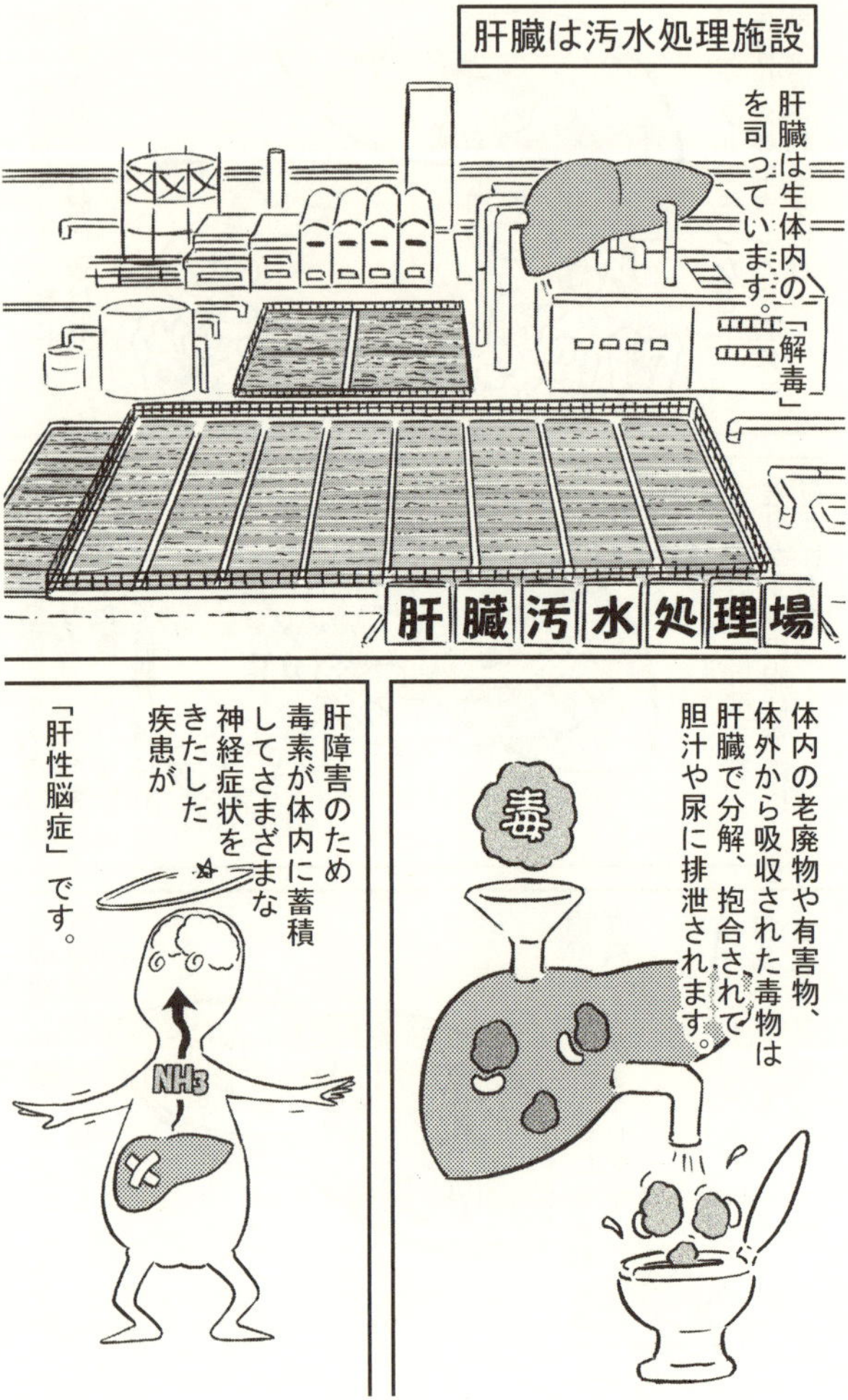
肝臓は汚水処理施設
肝臓は生体内の「解毒」を司っています。
肝臓汚水処理場
体内の老廃物や有害物、体外から吸収された毒物は肝臓で分解、抱合されて胆汁や尿に排泄されます。
毒
肝障害のため毒素が体内に蓄積してさまざまな神経症状をきたした疾患が
「肝性脳症」です。
NH3

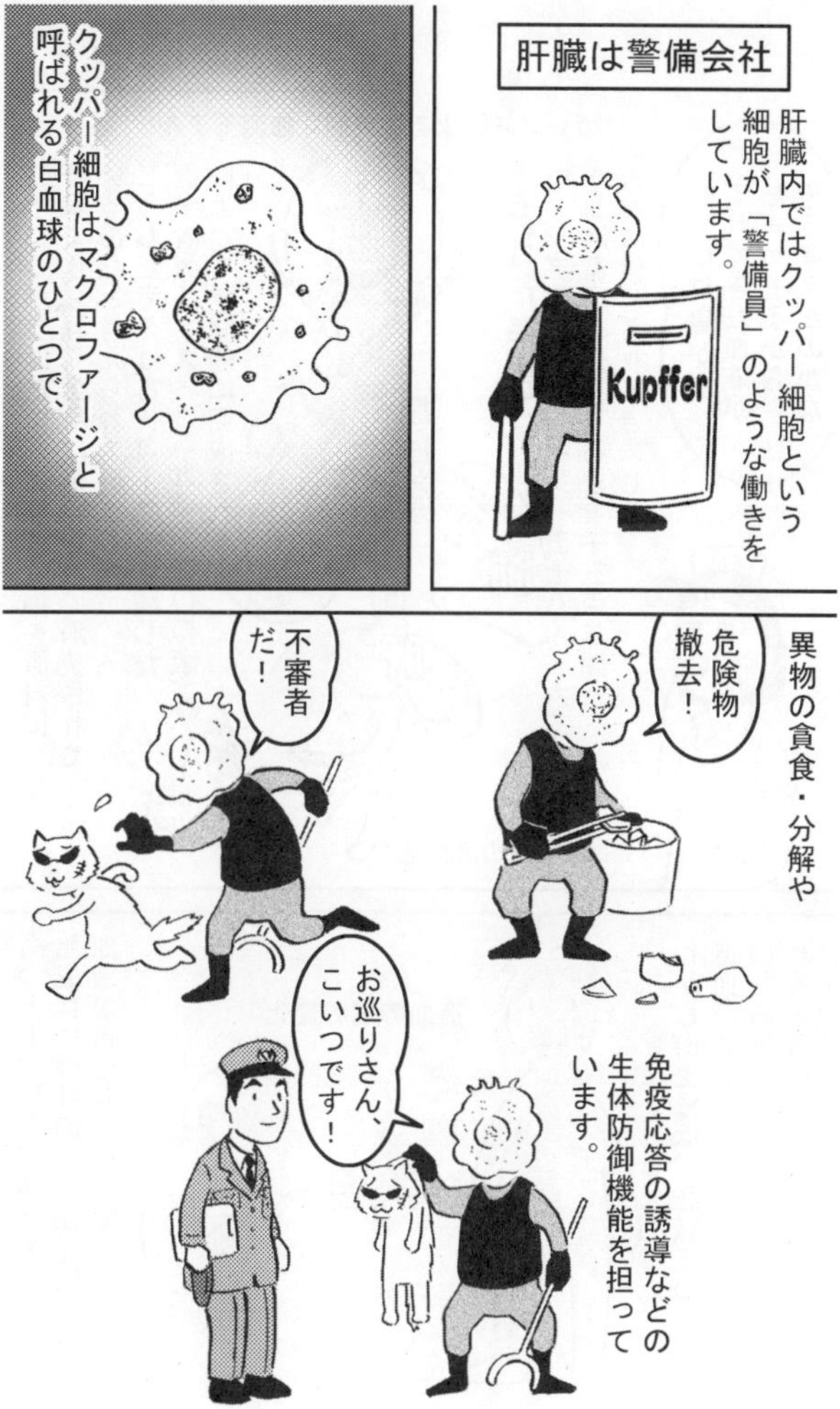
肝臓は警備会社
肝臓内ではクッパー細胞という細胞が「警備員」のような働きをしています。
Kupffer
クッパー細胞はマクロファージと呼ばれる白血球のひとつで、
異物の貪食・分解や
危険物撤去！
不審者だ！
免疫応答の誘導などの生体防御機能を担っています。
お巡りさん、こいつです！

肝臓は血液センター

ヨーロッパでは古来、血液は食物を原料にして肝臓で作られ、全身に供給されて消費されているのだと考えられていました。こうした考えは古代ローマで活躍した医学者ガレノス（一二九頃～二〇〇頃）によって学問的に完成され、

ガレノスによる古典的な血流モデル

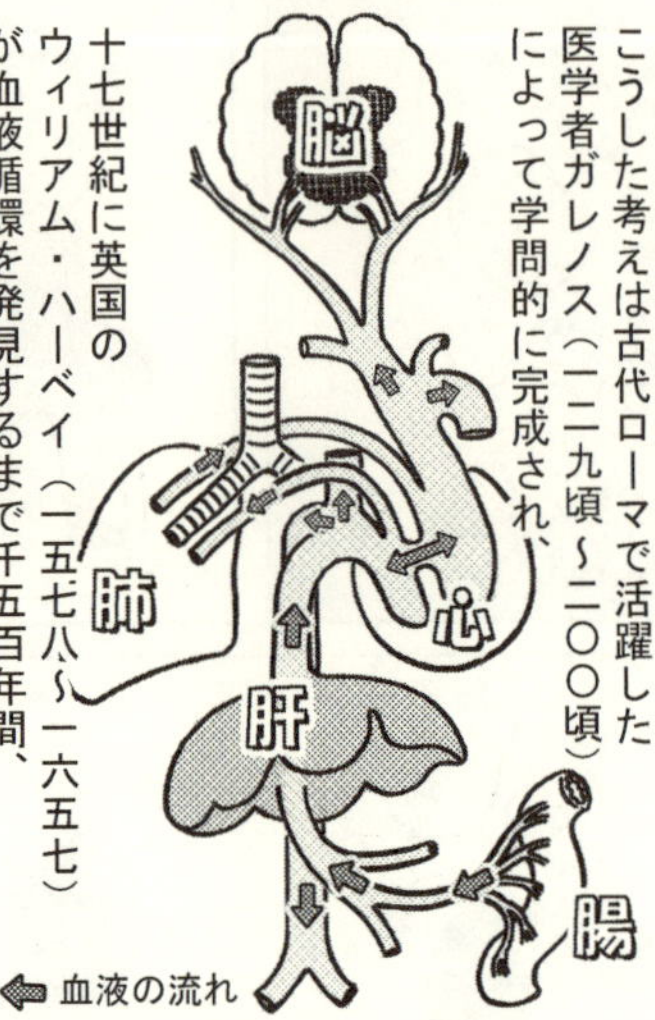
脳
心
肺
肝
腸
血液の流れ

十七世紀に英国のウィリアム・ハーベイ（一五七八～一六五七）が血液循環を発見するまで千五百年間、人々に信じられてきました。

肝臓には腸から流れてきた血液がたまってるから、そう考えたのかな。

もっとも、ヒトの場合、胎児期には肝臓でさかんに血液が造られています。

造血の場の変化

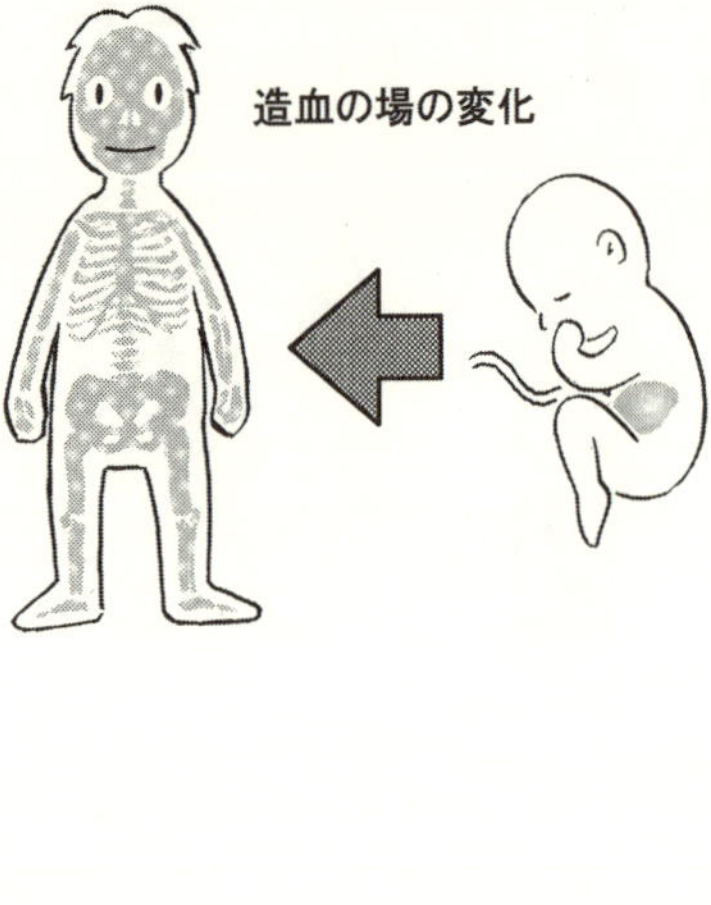

しかし出生後は、肝臓での造血がストップし、以後成人にいたるまで、骨髄で血液が造られるようになるのです。

肝臓は古い赤血球を破壊して
ビリルビンを排出します。

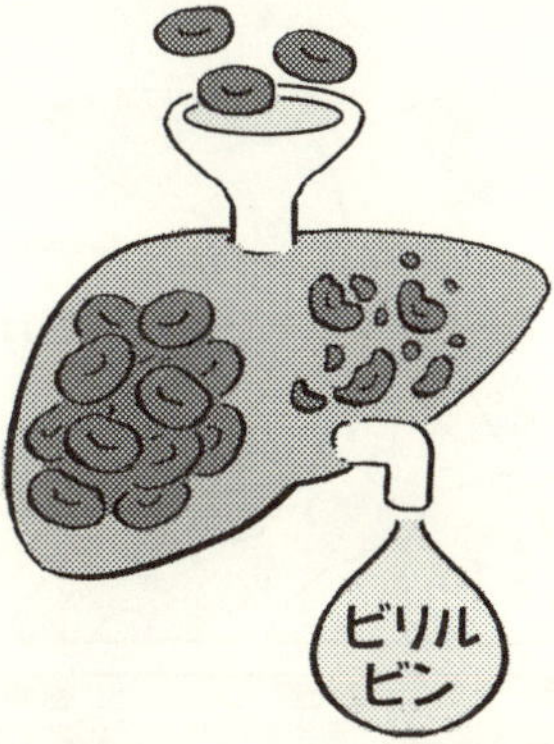
ビリルビン

また、血液を貯蔵する機能もあり、
造血に必要な鉄やビタミンB12の
貯蔵庫としても重要です。

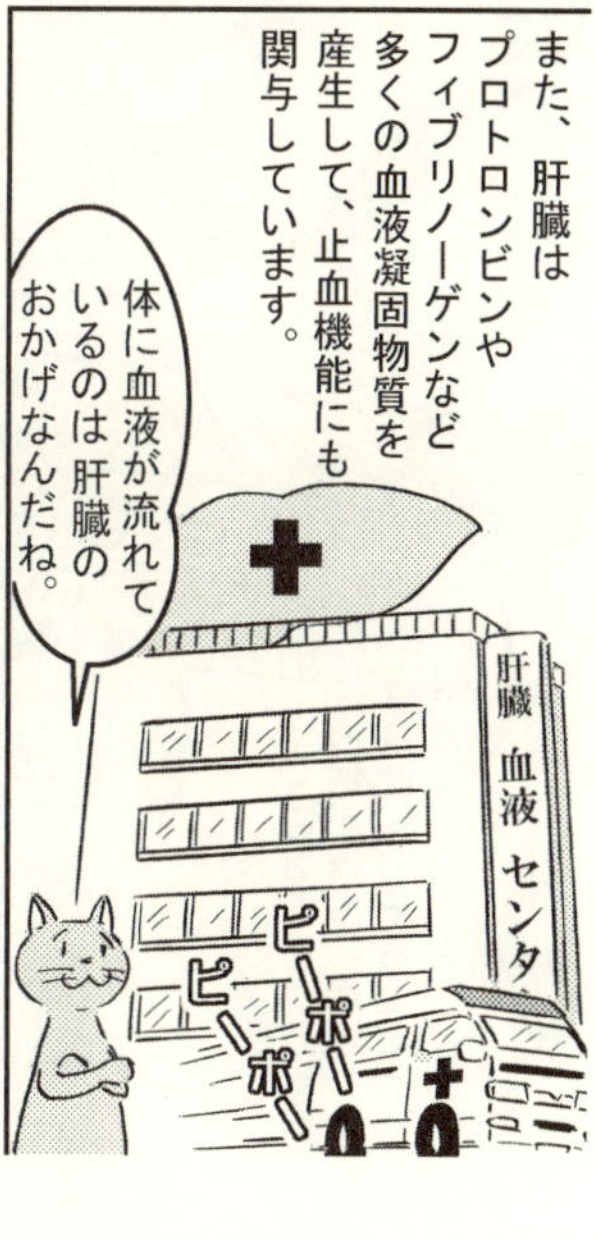
また、肝臓は
プロトロンビンや
フィブリノーゲンなど
多くの血液凝固物質を
産生して、止血機能にも
関与しています。
体に血液が流れているのは肝臓のおかげなんだね。
肝臓 血液 センタ
ピーポーピーポー

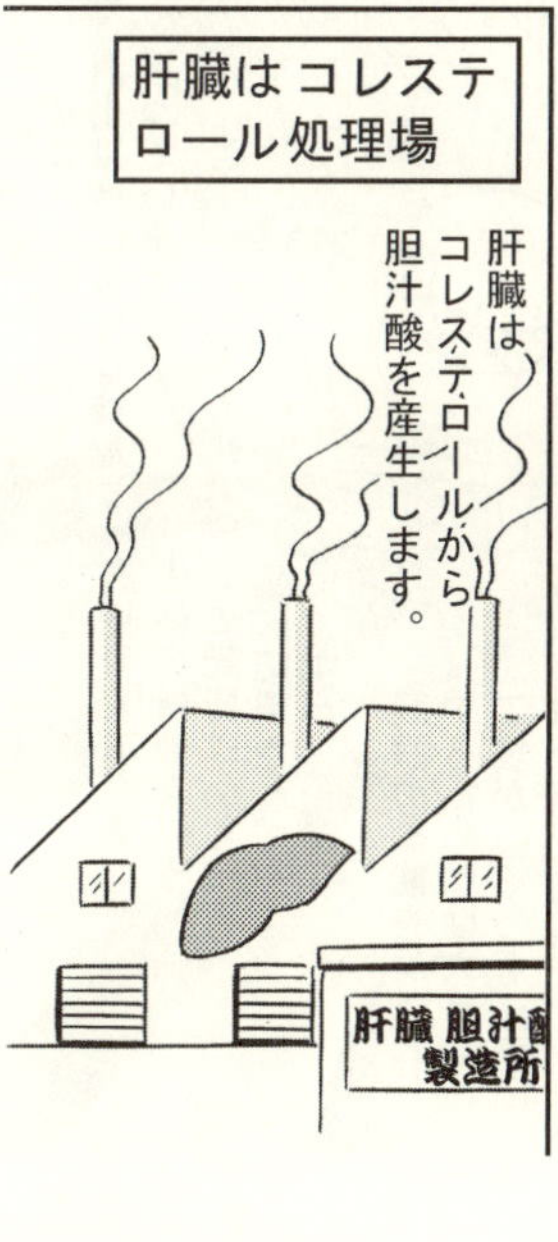
肝臓は コレステロール処理場
肝臓はコレステロールから胆汁酸を産生します。
肝臓 胆汁酸 製造所

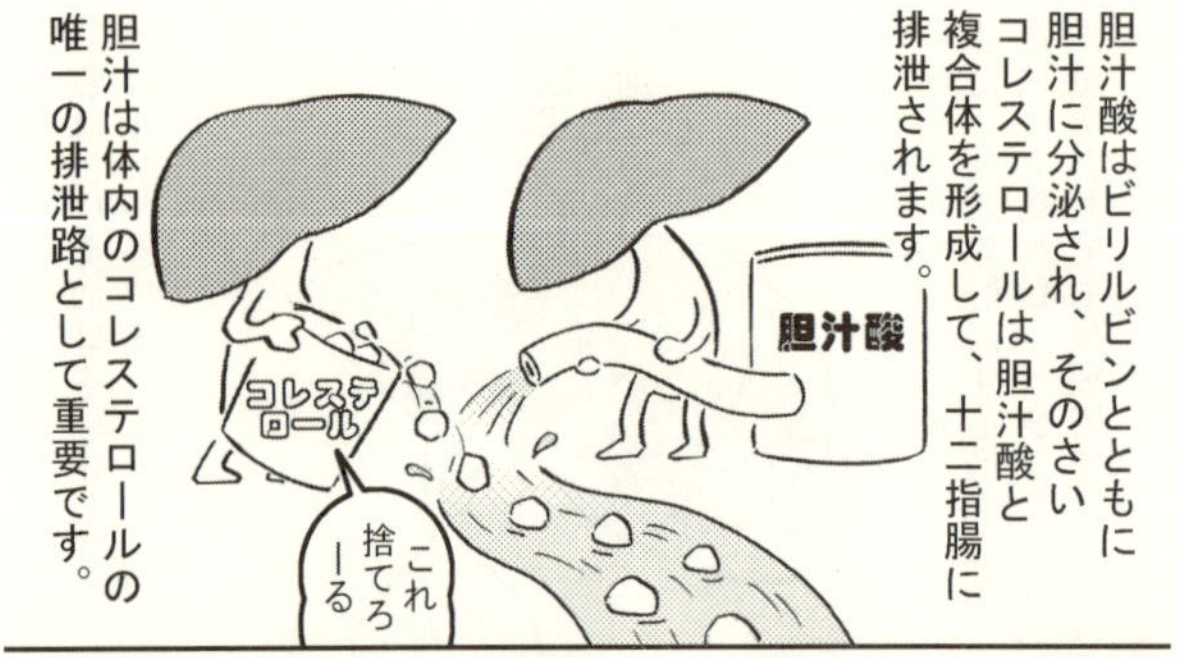
胆汁酸はビリルビンとともに胆汁に分泌され、そのさいコレステロールは胆汁酸と複合体を形成して、十二指腸に排泄されます。
胆汁酸
コレステロール
これ捨てろーる
胆汁は体内のコレステロールの唯一の排泄路として重要です。

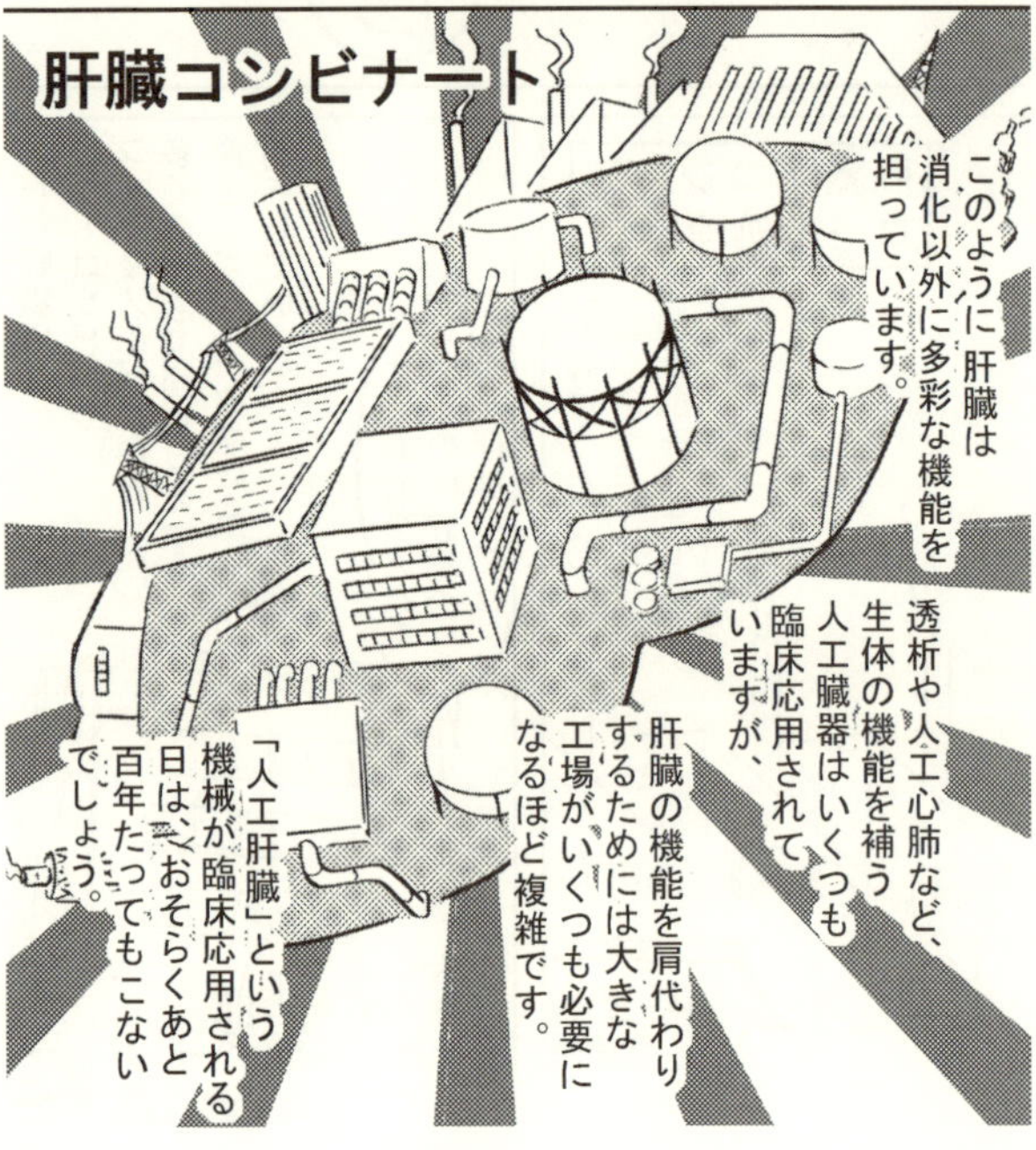
肝臓コンビナート
このように肝臓は消化以外に多彩な機能を担っています。
透析や人工心肺など、生体の機能を補う人工臓器はいくつも臨床応用されていますが、
肝臓の機能を肩代わりするためには大きな工場がいくつも必要になるほど複雑です。
「人工肝臓」という機械が臨床応用される日は、おそらくあと百年たってもこないでしょう。

さて、貧血に良い食べ物といえば、
皆さんは何を思い浮かべますか？

レバー!!

ですよねー。

では、「肝臓を食べると貧血が改善する」という発見に、ノーベル賞が与えられているのはご存じでしょうか？

えーっ!?

「貧血にレバー」でノーベル賞

「貧血に対する肝臓療法の発見」により、一九三四年、ノーベル生理学・医学賞を受賞したのは

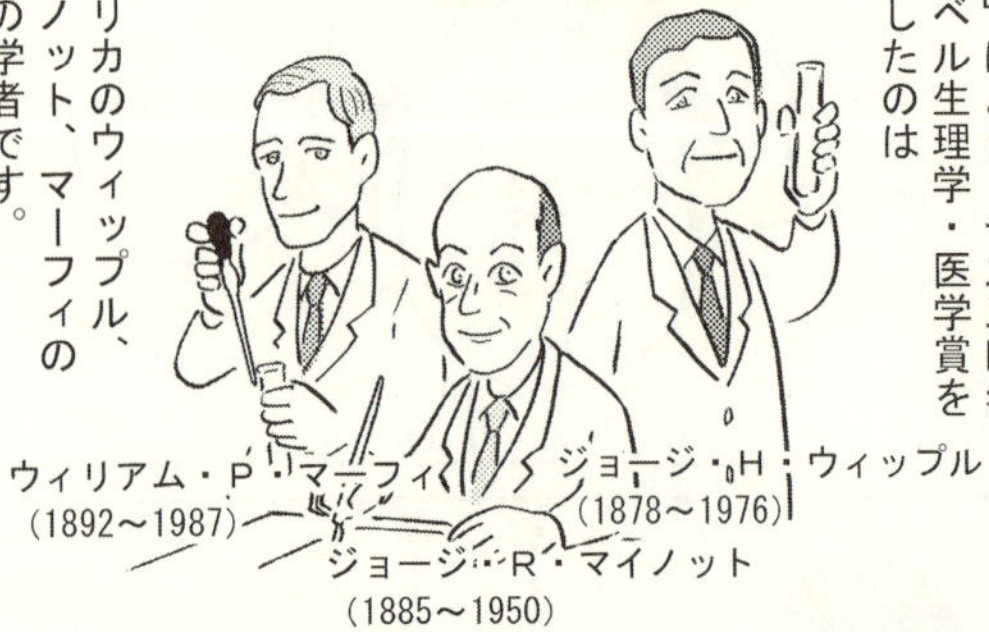
ウィリアム・P・マーフィ
(1892〜1987)
ジョージ・H・ウィップル
(1878〜1976)
ジョージ・R・マイノット
(1885〜1950)

アメリカのウィップル、マイノット、マーフィの三人の学者です。

一九二四年、ウィップルらは貧血状態の犬に肝臓を食べさせることで、貧血が改善することを発見しました。

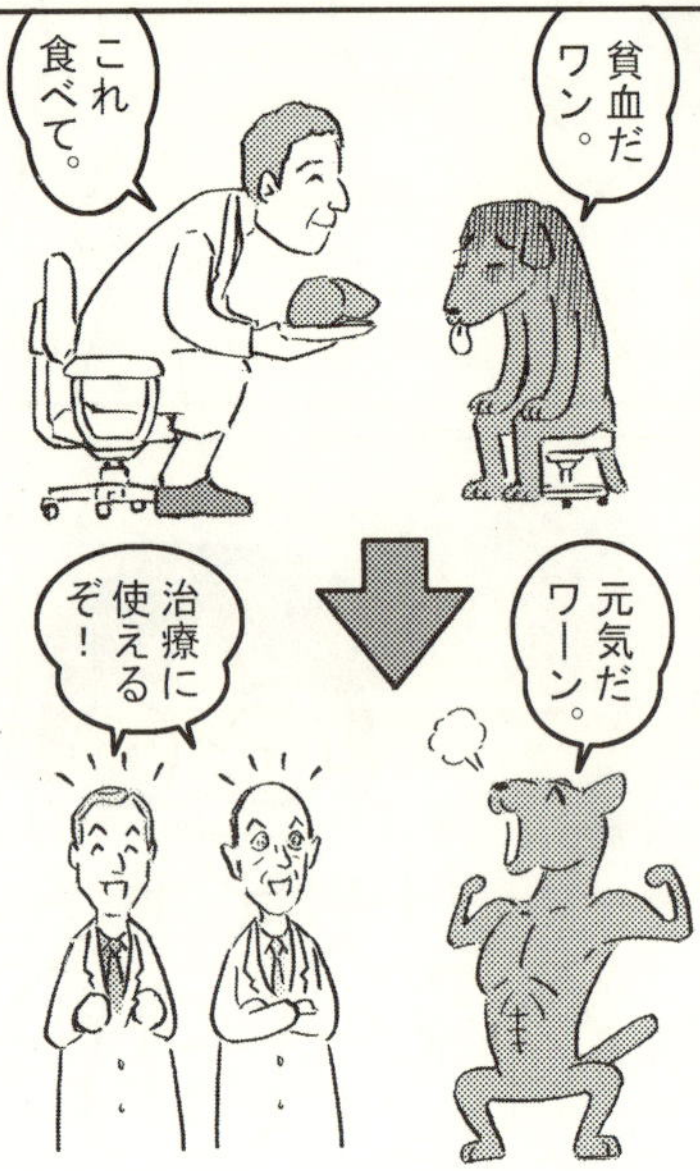
貧血だワン。
これ食べて。
元気だワーン。
治療に使えるぞ！

そして彼らはこれをヒトの悪性貧血の治療に応用して、一九二七年、「肝臓療法」を確立したのです。

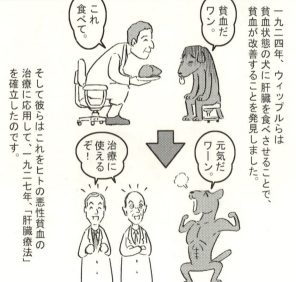

悪性貧血は、ビタミンB12の欠乏による貧血です。
このビタミンは動物の肝臓に豊富に含まれているのですが、当時はまったく未知の物質でした。
Vit B12
肝臓療法はこの時代、原因不明の致死的疾患であった悪性貧血に、治療の道を開いた画期的な発見だったのです。
ふーん。
悪性貧血では 赤血球は大きく、鉄欠乏性貧血では小さくなります
現代の食生活ではよほど偏食をしないかぎり、B12欠乏になることはありませんが、
パク
鉄
パク
肝臓には鉄分も多く含まれているため、女性に多い鉄欠乏性貧血にも有効です。
皆さんも今度、焼肉屋に行く時には是非、レバーを注文して下さい。
「これがノーベル賞の味だ」と思えば、いつもの焼肉がきっと違ったものになることでしょう。
なんだか、今日のレバーはありがたいな。
ほんとだね。

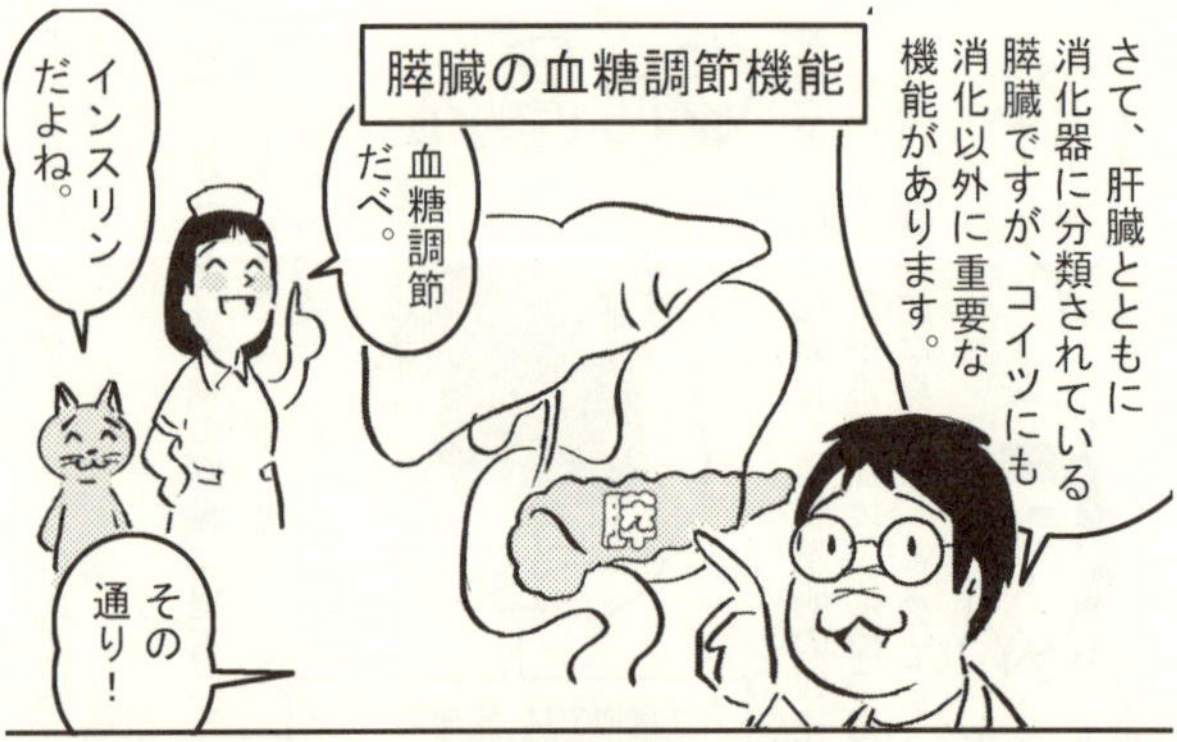

一般にヒトにとっては、高血糖より低血糖の方が危険です。

そのため、血糖上昇作用のあるホルモンは、アドレナリンやノルアドレナリン、コルチゾールや成長ホルモン、グルカゴン等、数多く存在します。

そして**唯一、血糖を下げるホルモンがインスリン**なのです。

膵臓の組織には「ランゲルハンス島（膵島）」とよばれる直径二百ミクロンほどの細胞集塊が「島状に」散在しています。

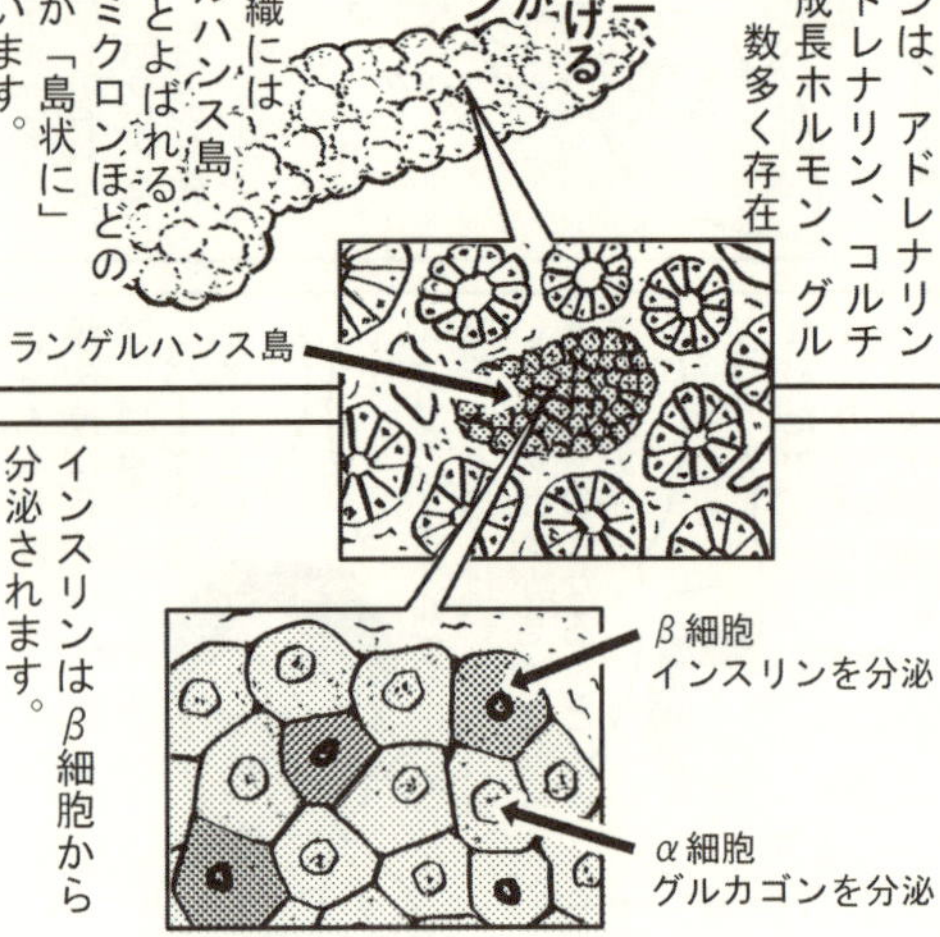

ランゲルハンス島にはα、β、δなど、何種類かの分泌細胞が存在し、

インスリンはβ細胞から分泌されます。

糖尿病は膵臓から分泌されるインスリンの相対的不足によっておこる病気です。
インスリンが発見されるまで、若年性糖尿病の患者は発症後五年以内に死んでいました。
世界中の糖尿病患者の命を救ったインスリンの発見には、ノーベル賞が与えられています。

しかし、そこには**「実験室を貸しただけでノーベル賞を獲った男」**の存在があったことを、みなさんはご存じでしょうか!?
何!? それ!?

無名の学者が二カ月で見つけたインスリン

インスリンは一九二一年、カナダ人のバンティングとベストによって発見されました。

チャールズ・ベスト
(1899 〜1978)
フレデリック・バンティング
(1891〜1941)

膵臓を除去した動物が糖尿病になることは、十九世紀末より知られていました。
田舎の整形外科医であったバンティングは、こうした論文を読んで、ひらめきました。
薬
なら、膵臓のエキスが糖尿病の治療薬になるんじゃないかな？
JOURNAL
彼は早速、母校トロント大学の生理学教授 マクラウドに、このアイデアを持ち込みますが……
先生の研究室で、実験させてもらえませんか？
JOURNAL
素人には無理だよ。
ジョン・J・R・マクラウド (1876〜1935)
臨床医のバンティングには研究の基礎が無かったのです。
しかしバンティングはあきらめません。
WC
おねがいします。
JOURNAL
おねがいします。
やれやれ…
再三の依頼を受け、マクラウドは折れます。

じゃ、私が夏休みの間、実験室を使ってもいいよ。
実験用の犬十匹と、助手もつけてあげよう。
はじめまして。大学院生のベストです。
そこで一九二一年五月から、バンティングとベストは犬の膵臓から抽出物を作る作業を始め、
九週間後、マクラウドが休暇から戻ってくるまでに、
抽出物を犬に注射することで、血糖が下がることを発見しました。
ええー!! 成功したのー!?
マクラウドはこれを見て、教室をあげて膵臓エキスの大量精製作業を進め、
翌一九二二年一月、若年性糖尿病の少年にこれを注射して、糖尿病の治療薬になることを証明したのです。

その翌年の一九二三年、ノーベル生理学・医学賞がこの発見に与えられます。しかし、受賞者はバンティングとベストではなく、バンティングとマクラウドの二人でした。

先生のかわりにベスト君が受賞すべきでしょ！

そもそもわしが部屋を貸したから実験できたんだろ？

オホン
こうした確執からバンティングとマクラウドは険悪な仲となり、なんと二人はノーベル賞の授賞式に出席もしなかったのです。

たしかに、マクラウドさんは棚ボタだべな。

バンティングはその後、ノーベル賞の賞金の半分をベストに与え、二人はこの発見の権利をたった一ドルで、トロント大学に譲渡しました。

1ドル
インスリンが安く使えるようになったのは、このおかげなんだね。

ノーベル賞を獲るために大切なことは何でしょう。

努力と才能…それは必要条件であって、十分条件ではありません。

努力は必ず報われるなどというほど、世の中は甘いものではないのです。

あえて言いましょう！ノーベル賞とは一％の努力と才能、そして、
九十九％の運なのです!!
そう、人生の成功にとって大切なことは、
一もにもなく、運なのです!!
なんだか怠け者の言い訳に聞こえるネ・・・
んだな
・・・

小腸は上から十二指腸→空腸→回腸と続きます。空腸と回腸に明瞭な境界はありませんが、およそ上五分の二が空腸、下五分の三が回腸です。

小腸

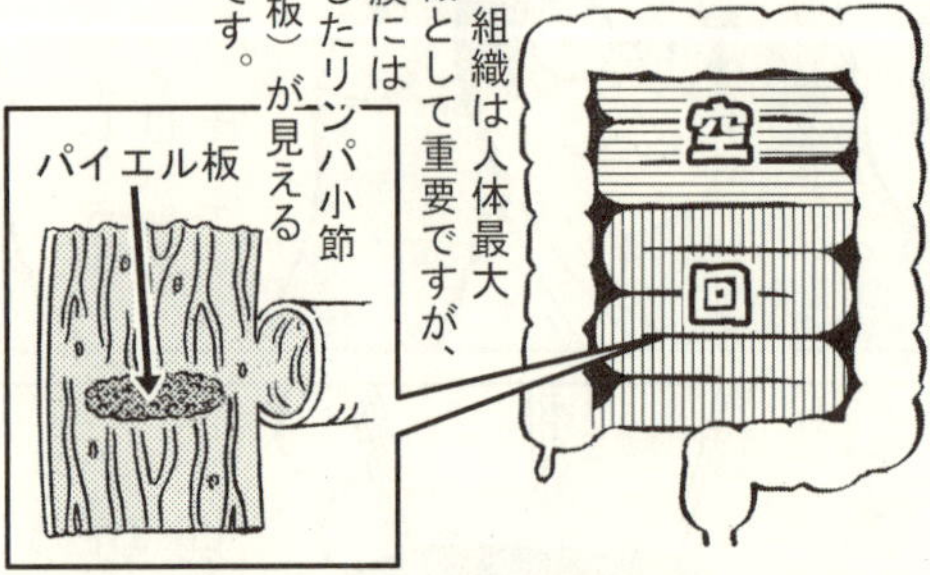
空
回
パイエル板

腸のリンパ組織は人体最大の免疫組織として重要ですが、回腸の粘膜には小判形をしたリンパ小節（パイエル板）が見えるのが特徴です。

回腸は「回って」いるから回腸っていうんだべな。
空腸はなんで「空」？
食物の移送が早くて、内容物が停滞することがないため、「空っぽの腸」という名前がついたんです。
びゅーん

空腸、回腸で分泌される「腸液」は、三大栄養素に対する消化酵素を含んだアルカリ性の消化液で、腸粘膜から分泌され、食物の最終消化にあずかります。

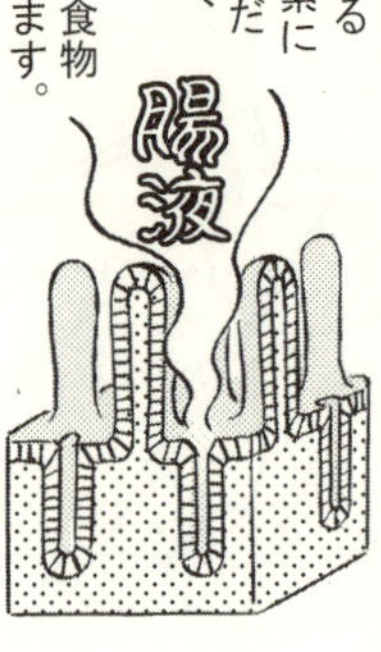
腸液

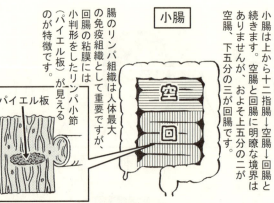

こうして最終段階にまで分解された栄養素は小腸粘膜から吸収され、

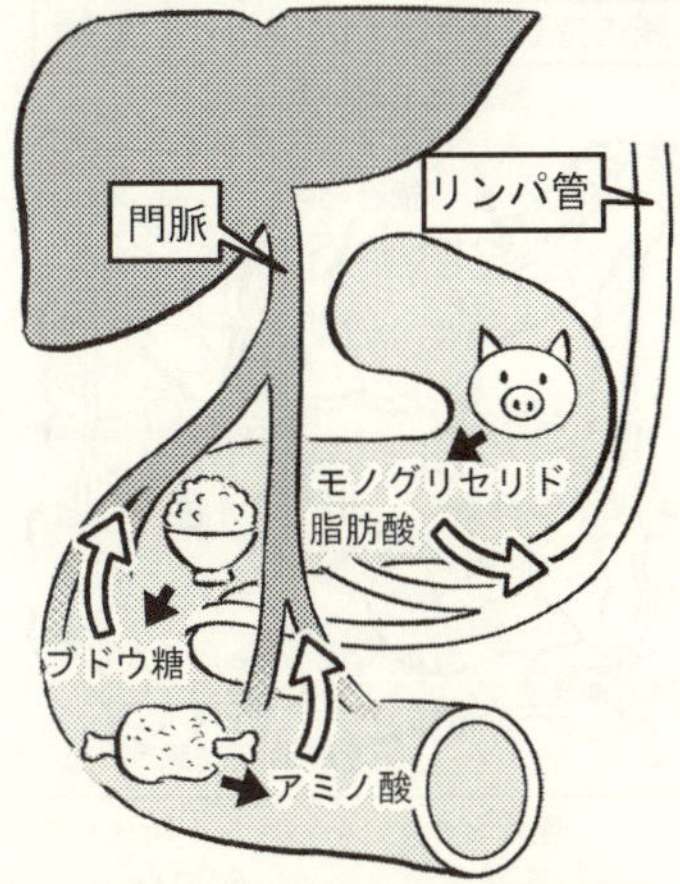

ブドウ糖とアミノ酸は門脈をへて肝臓に、脂肪は脂肪酸とモノグリセリドに分解されて吸収され、リンパ管を通って全身に移送されます。

消化管は癌の好発部位ですが、

小腸には ほとんど発生しません。

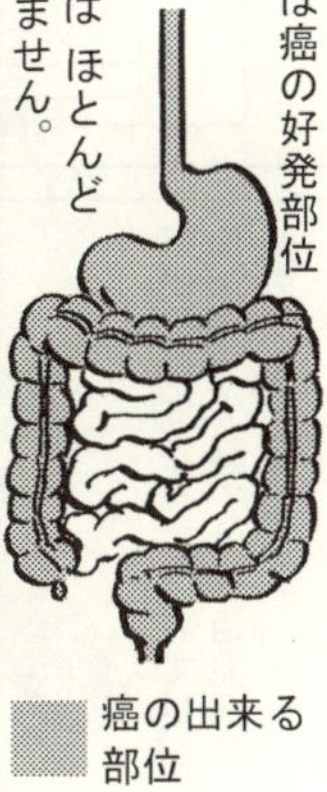

この理由は、小腸内は内容物の移送が早く、発がん物質との接触時間が短いためとも、

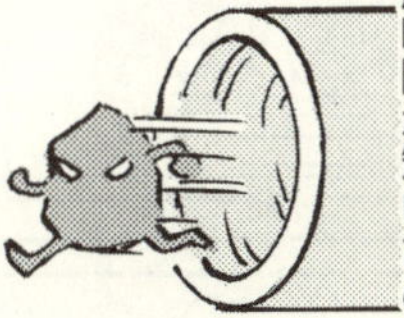

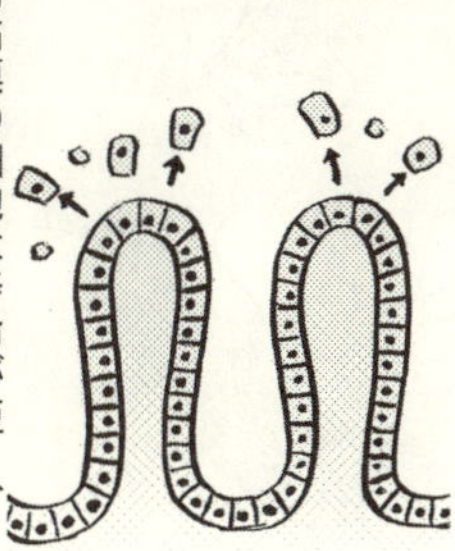

小腸粘膜の細胞は寿命が短く、傷害を受けた細胞がすぐ更新されるからとも言われています。

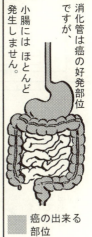

小腸で栄養分を吸収された食物残渣は大腸に送られます。
大腸とは結腸と直腸のことです。
大腸には消化作用はなく、主な作用は水分の吸収と糞便の形成です。

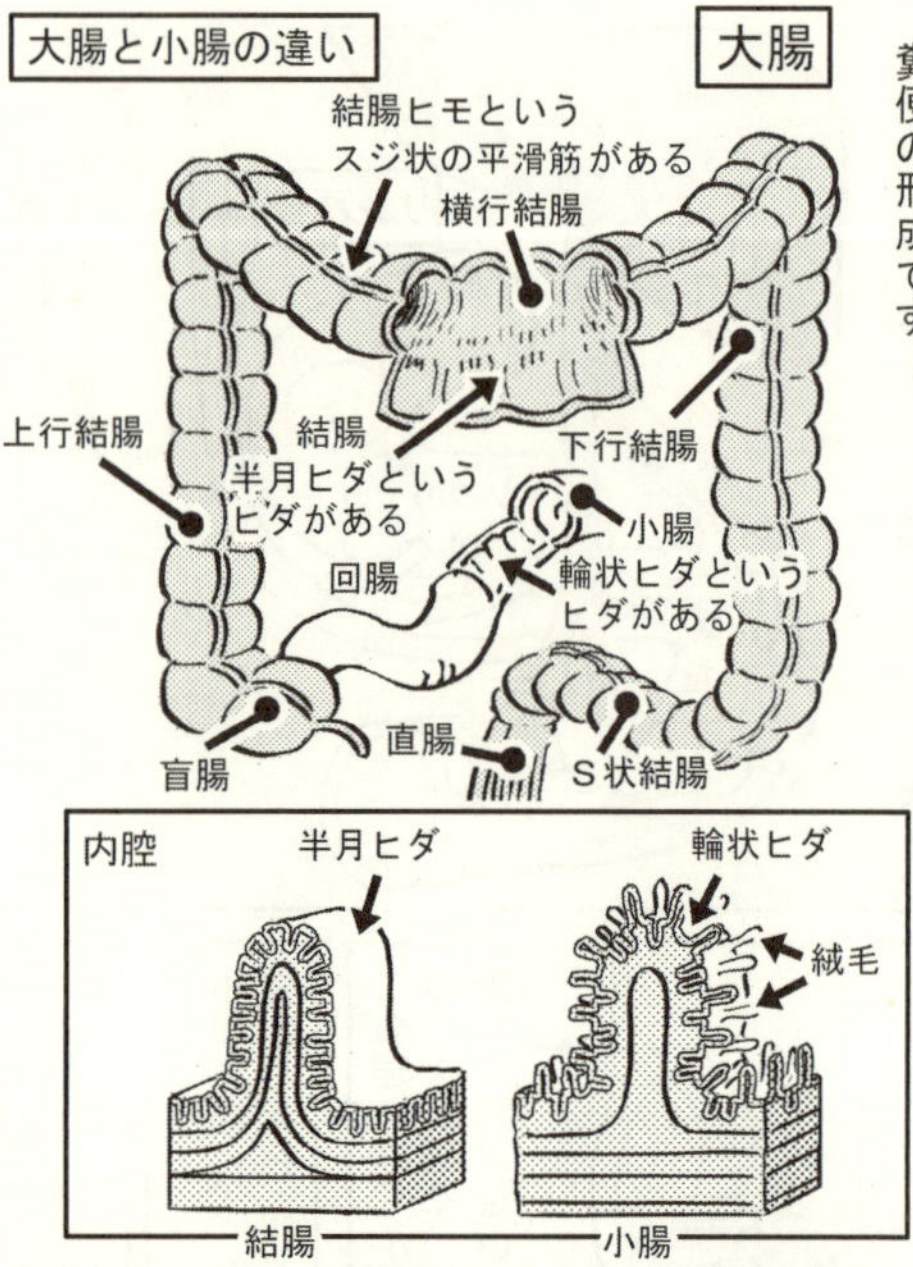

胃から十二指腸にかけて消化管内はピロリ菌を除きほぼ無菌状態ですが、

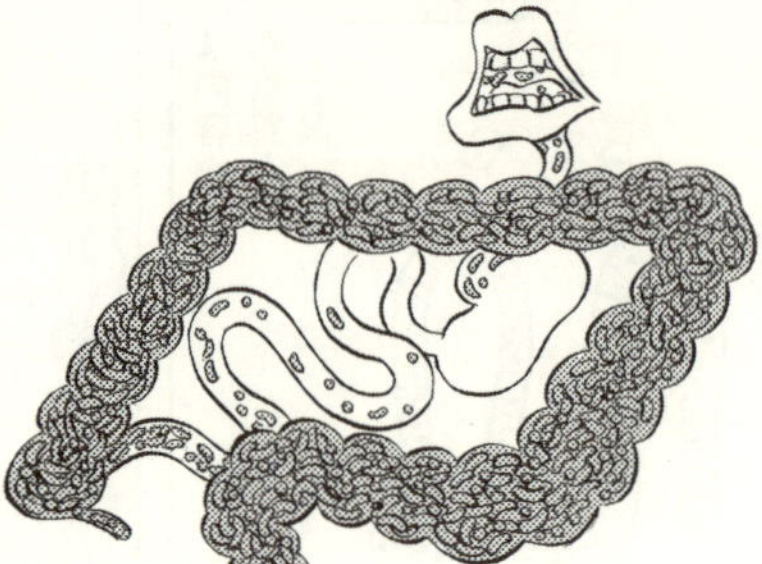

肛門側に向かうにつれて細菌が増加し、大腸では約百兆個の腸内細菌が存在しています。

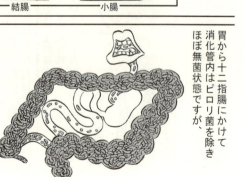

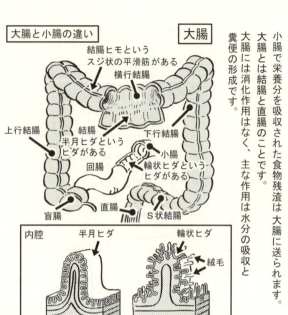

腸内細菌叢は食物残渣を腐敗・発酵させて大便を作ります。腸内細菌のバランスは健康のために重要な働きをしています。

善玉菌
悪玉菌

大腸の中には　およそ百種類もの細菌が存在しますが、その中にはいわゆる「善玉菌」とよばれるビフィズス菌やアシドフィルス菌、腸球菌などの「乳酸菌」が存在します。

腸内の乳酸菌が健康と長寿につながると提唱し、ヨーグルト食を普及させたのが、ロシア生まれの免疫学者メチニコフです。

ブルガリア
ヨーグルト
――イーリヤ・メチニコフ
(1845〜1916)

彼は白血球の食作用が生体防御に役立つことを発見し、一九〇八年、ノーベル生理学・医学賞を受賞しました。

乳酸菌は産生する乳酸によって腸内のｐＨを下げて病原菌の繁殖を抑え、異常な発酵や腐敗を防止し、感染症や下痢症を防ぎます。

成人の体内の腸内細菌は　およそ一・五 kgもあり、糞便の重量の約半分は 腸内細菌とその死骸が占めています。

ええーっ!!
ウンコの半分は細菌ー!?

ヒトはまさに細菌との共同体です。

てゆーか、腸内細菌の数は百兆個、ヒトの細胞の数は六十兆個ですから、この共同体では、むしろヒトの方がマイノリティなのです。

おらの中には、別のおらよりたくさん住んでるってことか…

「細菌目線」で我々を見れば、我々は「ヒトの肉で出来た服を着ている細菌の集団」に見えるのかもしれません。

おらの正体は!!

ウンコ菌ってことかー!?

ウニちゃーん!!

虫垂
虫垂《ちゅうすい》炎は臨床医にとって最も一般的な疾患のひとつです。
上行結腸
回腸
虫垂
盲腸
現代の日本では虫垂炎で命を落とす人はめったにいませんが、抗生剤もなく、手術もできない時代には、虫垂炎は死に至る病でした。
医者は患者さんの診療にあたって、問診票を書いてもらいます。
しかし、問診票の既往歴（今までどんな病気にかかったのか）の欄に、虫垂炎を申告しない人は案外多いものです。
えーっ！「盲腸」って、病気に入るんですか？
医者にとっては腹痛の診療にあたって、虫垂炎の既往の有無はとても重要なのですが、患者さんにとっては「たいしたコトではない」のかもしれません。
いや、それは医学の進歩の結果とみれば、よろこばしいことなのですが・・・

さて、医学の進歩よりはるかに遅々とした歩みですが、我々生物の体も進化しています。
進化の過程において、生物の体で不要な部分は退化していくのですが、それでも消えずに残っている臓器を「痕跡臓器」と呼び、
ヒトの場合、虫垂がその代表です。

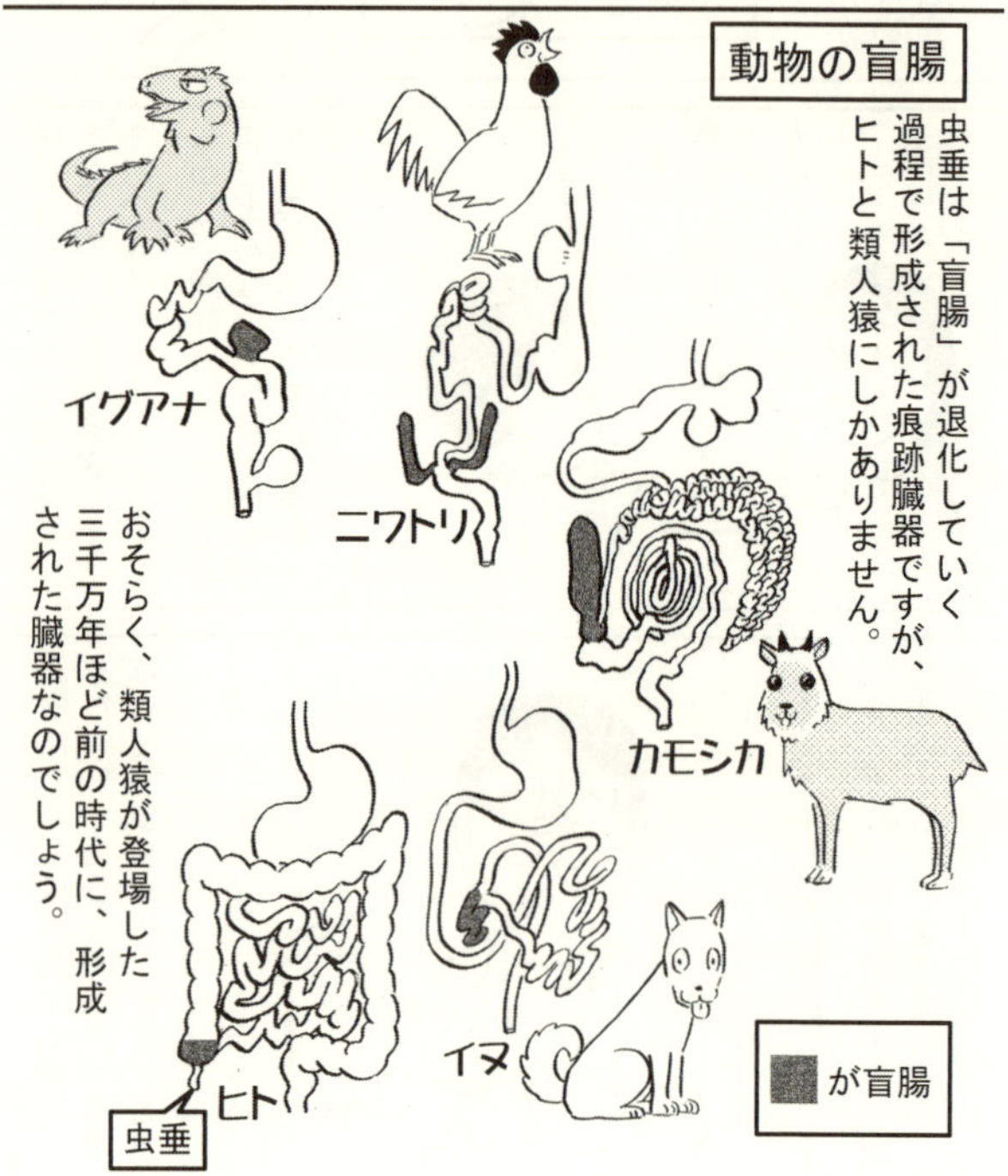
動物の盲腸
虫垂は「盲腸」が退化していく過程で形成された痕跡臓器ですが、ヒトと類人猿にしかありません。
イグアナ
ニワトリ
カモシカ
おそらく、類人猿が登場した三千万年ほど前の時代に、形成された臓器なのでしょう。
イヌ
ヒト
虫垂
が盲腸

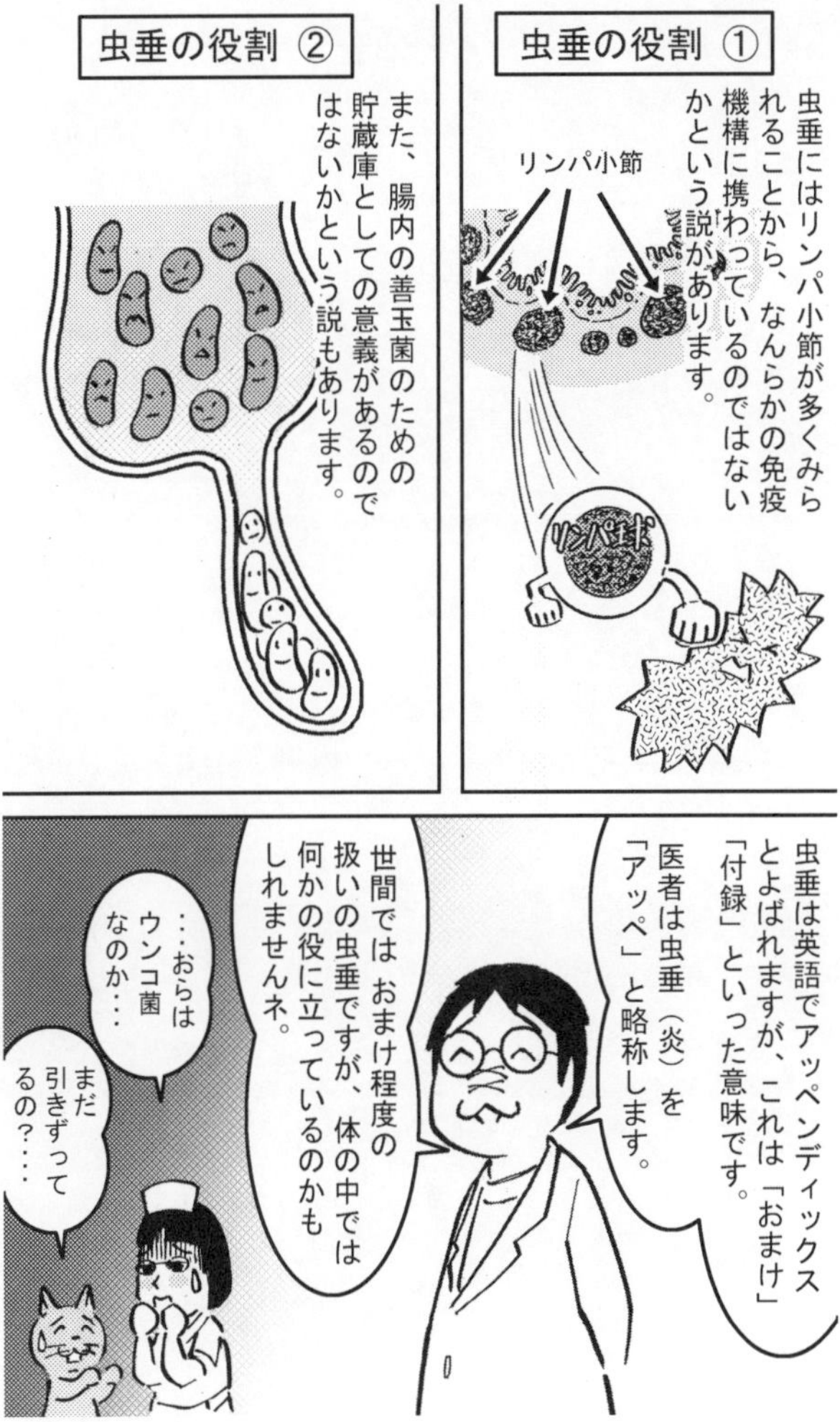
虫垂の役割 ①
虫垂にはリンパ小節が多くみられることから、なんらかの免疫機構に携わっているのではないかという説があります。
リンパ小節
リンパエド
虫垂の役割 ②
また、腸内の善玉菌のための貯蔵庫としての意義があるのではないかという説もあります。
虫垂は英語でアッペンディックスとよばれますが、これは「おまけ」「付録」といった意味です。
医者は虫垂（炎）を「アッペ」と略称します。
世間では おまけ程度の扱いの虫垂ですが、体の中では何かの役に立っているのかもしれませんネ。
…おらはウンコ菌なのか…
まだ引きずってるの？…

第三章　血液

では、ここでまた皆さんに質問です！
ヒトの体に最も多く存在する細胞は、何でしょう？
ヒトで一番大きな臓器は、肝臓だよね。
じゃ、肝細胞！
残念、正解は「赤血球」です！

血液と血球
ヒトの体は六十兆個の細胞から成り立っていますが、その約三分の一の二十兆個が、赤血球なのです。
どっさり！
えーっ!?
おらの体の三分の一は赤血球ー!?
でも、ウンコ菌よりそっちの方がいいべなぁ
まだその話してるの・・・
ヒトの体を流れる血液の総量はおよそ体重の十三分の一。
成人ではおよそ五リットルです。
5ℓ
血液は全体の五十五～六十％ほどの体積を占める液体成分（血漿）と、
血漿
血球
四十～四十五％ほどの有形成分（血球）からなります。

血球はすべて「造血幹細胞」という共通の細胞から分化したもので、赤血球、白血球、血小板の三系統に分かれます。

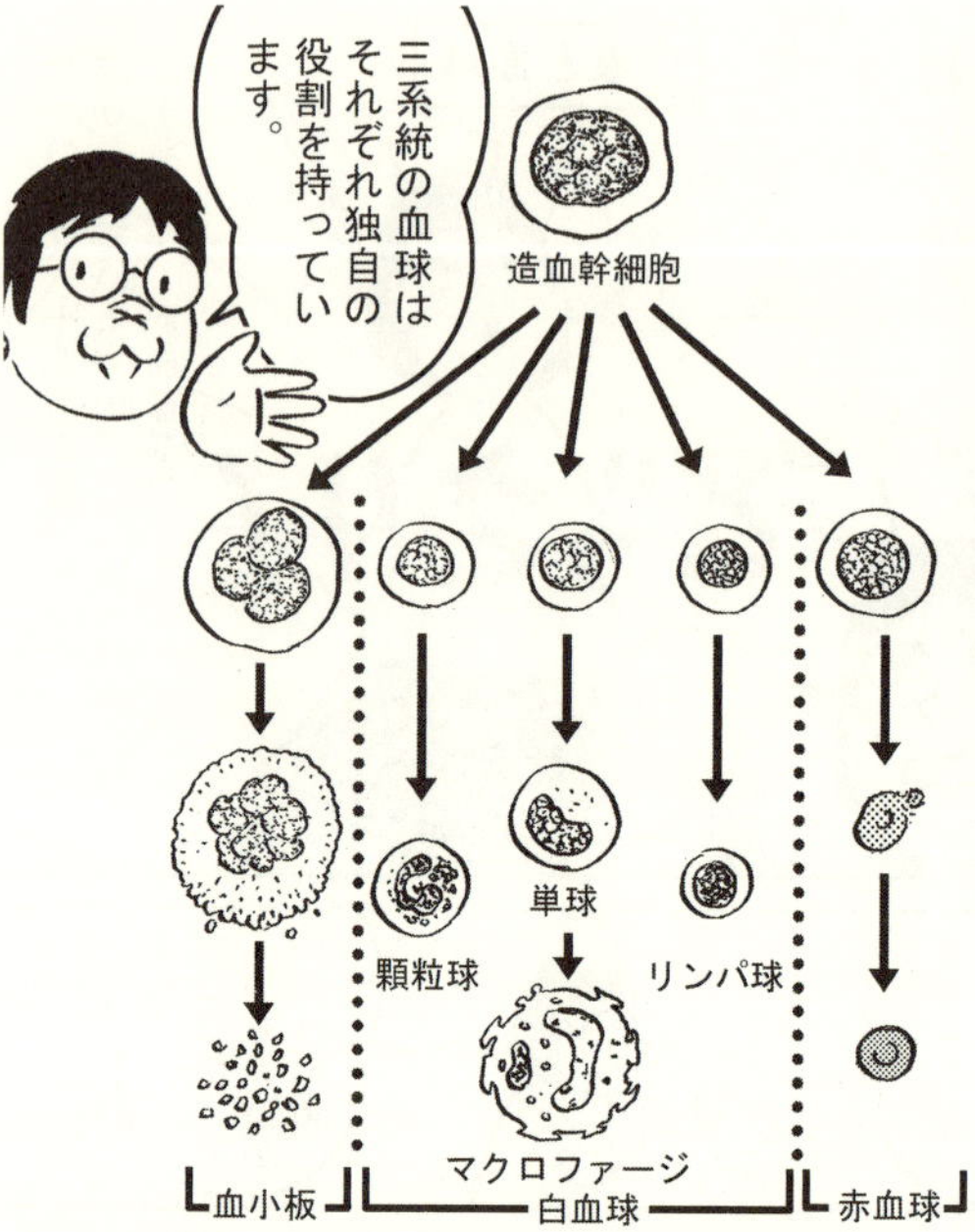

三系統の血球はそれぞれ独自の役割を持っています。
造血幹細胞
単球
顆粒球
リンパ球
マクロファージ
血小板
白血球
赤血球

赤血球の役割は、生命活動にとって最も大切な物質である「酸素」の運搬です。

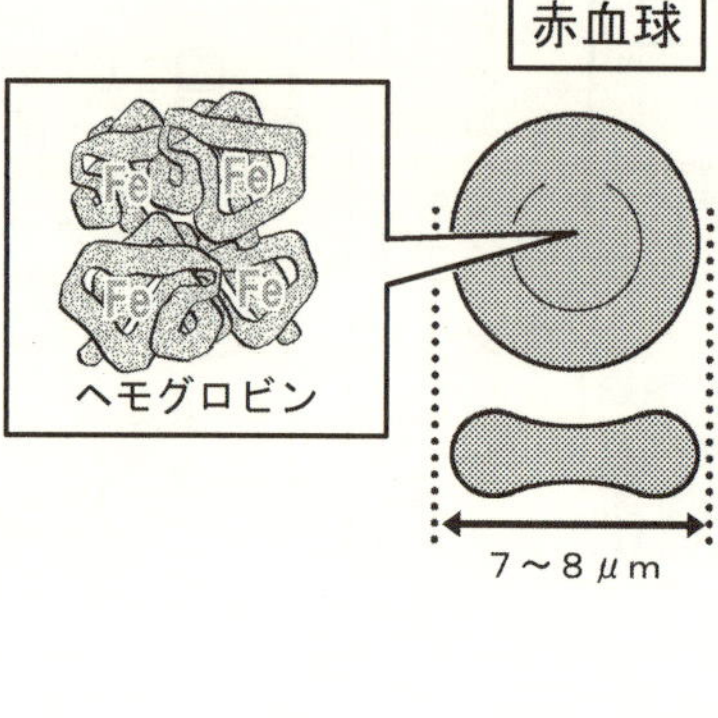

赤血球
Fe
Fe
Fe
Fe
ヘモグロビン
7〜8μm

この働きは、赤血球の中の色素タンパクである「ヘモグロビン」が担っています。

ヘモグロビンは酸素の多いところでは酸素と結合し、酸素濃度の低いところでは酸素を離す性質があります。

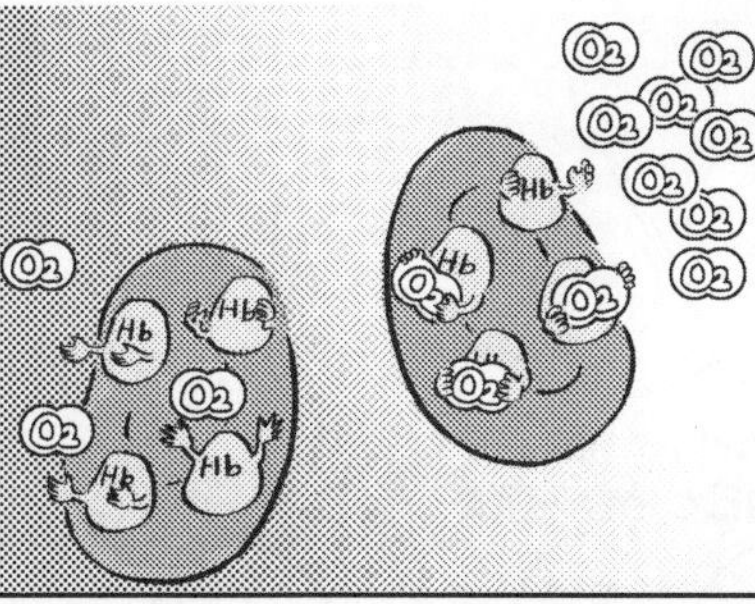

このため赤血球は肺で酸素を取り込み、末梢組織で放出するのです。

組織に酸素を送るものは赤血球以外にありません。

そこで人は昔から出血をした患者の救命のため「輸血」を試みてきました。

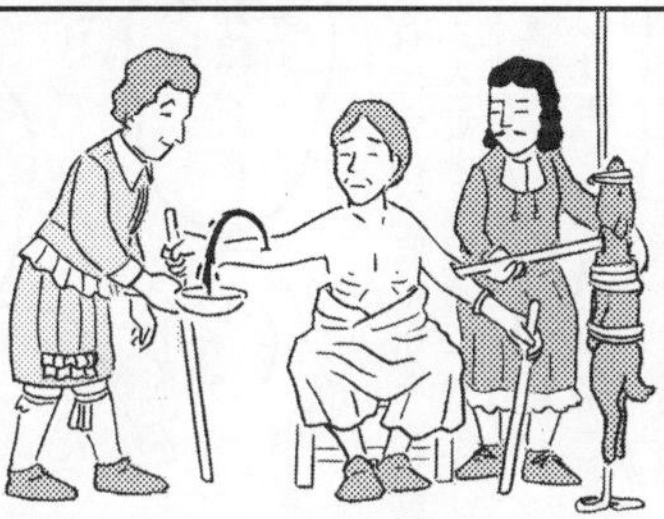

イヌからヒトへの輸血実験（17世紀）

輸血は人類が最も早くから行ってきた「臓器移植」ともいえます。

主要組織適合性抗原（ＭＨＣ）

一般に臓器移植において組織の適合性を決めるものは細胞の表面に存在する「主要組織適合性抗原（ＭＨＣ）」というタンパク質です。

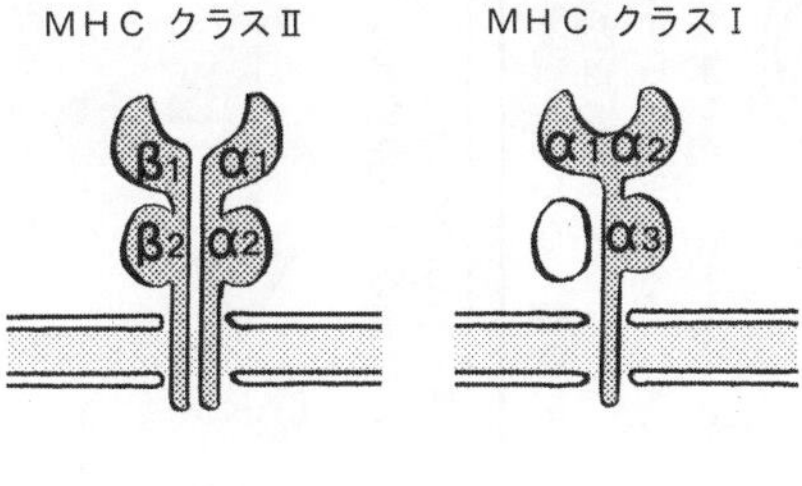

ＭＨＣは細胞が身につけている「身分証明書」で、細胞が自分の免疫細胞から攻撃されるのを防ぎます。

また、細胞がウイルスに感染したりがんになった時には逆に免疫細胞の攻撃を促します。

自己と他者の認識

がんや病原体の排除

さらに免疫細胞に抗原の情報を伝える働きも担っています。

抗原提示と免疫応答

しかし、赤血球の表面にはＭＨＣはみられません。

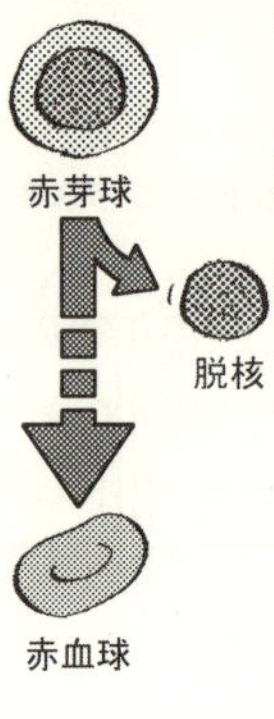

幹細胞から分化成熟する過程で、核が抜け、ＭＨＣを失うのです。

ＭＨＣを発現していない細胞は「非自己」と認識されて、免疫細胞から攻撃されることがありますが、

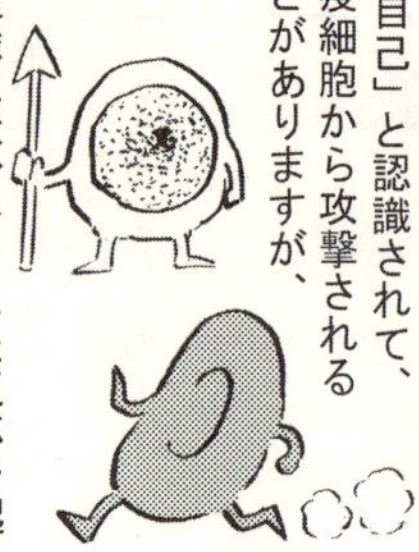

赤血球には、そうした反応を起こさせない性質があるのです。

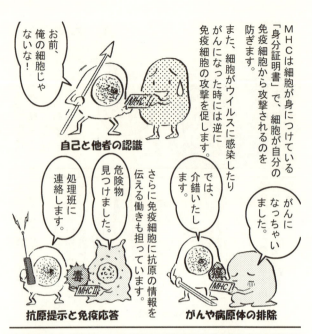

MHCが無いと、がんになった時に困るんじゃないの？
赤血球はこれ以上分裂しないので、がんになって増殖する心配が無いんですヨ。＊ ま、同じ理由で心臓や脳細胞もがんになりませんけどネ。
＊いわゆる脳腫瘍は脳神経の周囲の細胞から発生する
ちなみに、MHCが他人との間で一致するのは数千から数万分の一程度の確率です。

ですからもし、赤血球がMHCを持っていたら、現在のように大量出血の患者さんを輸血で救うことなどできなかったでしょうネ。

さて、ではこうした赤血球にとって、適合性を決めるモノは何でしょう？

血液型！

その通り！

血液型
輸血の適合に関わるABO式の血液型は一九〇〇年、オーストリア人の医師ラントシュタイナーによって発見されました。

他人の血液を混ぜ合わせると、凝集する時としない時があるぞ！

その後、この血液型が輸血療法の成否に関与することがあきらかになり、彼はこの功績を評価され 一九三〇年、ノーベル生理学・医学賞を受賞しました。

カール・ラントシュタイナー
（1868〜1943）

輸血に重要な血液型はABO以外にもうひとつ存在しますね。

Rh因子だべ。

日本人にRhマイナスはめずらしいんだよね。

実は、このRh式血液型も一九三七年、ラントシュタイナーとその弟子によって発見されたものなのです。

ふーん、
世界中で安全な輸血ができるようになったのはラントシュタイナー先生のおかげなんだべなぁ。

ちなみに、手術前の検査では医者は輸血にそなえて、患者さんの血液型を調べるのですが、
このさい、自分の血液型が親から聞いていた型と異なることを知って、ショックを受ける方がいらっしゃいます。

えーー！

あたし、今までA型だと思ってたのにーー！

B型なんてー!!・・・
・・・・・・
アイデンティティーの崩壊
たしかに血液型占いでは「A型は几帳面、B型はルーズ」というイメージがあるようですが、そんな言われようは……
てゆうか、ボクはB型で・・・
たしかに「君はいいかげんな性格だ」と言われると、その通りなんですが・・・
B型　奔放　B型
無責任　B型
思慮が浅い
B型　ムラッ気
計画性が無い
しかし、そんな言われようは・・・
血液型と性格の相関には、**科学的根拠はありません!**
ですから皆さん、**B型の人をあまりいじめないで**ください!!
それが言いたいのね・・・

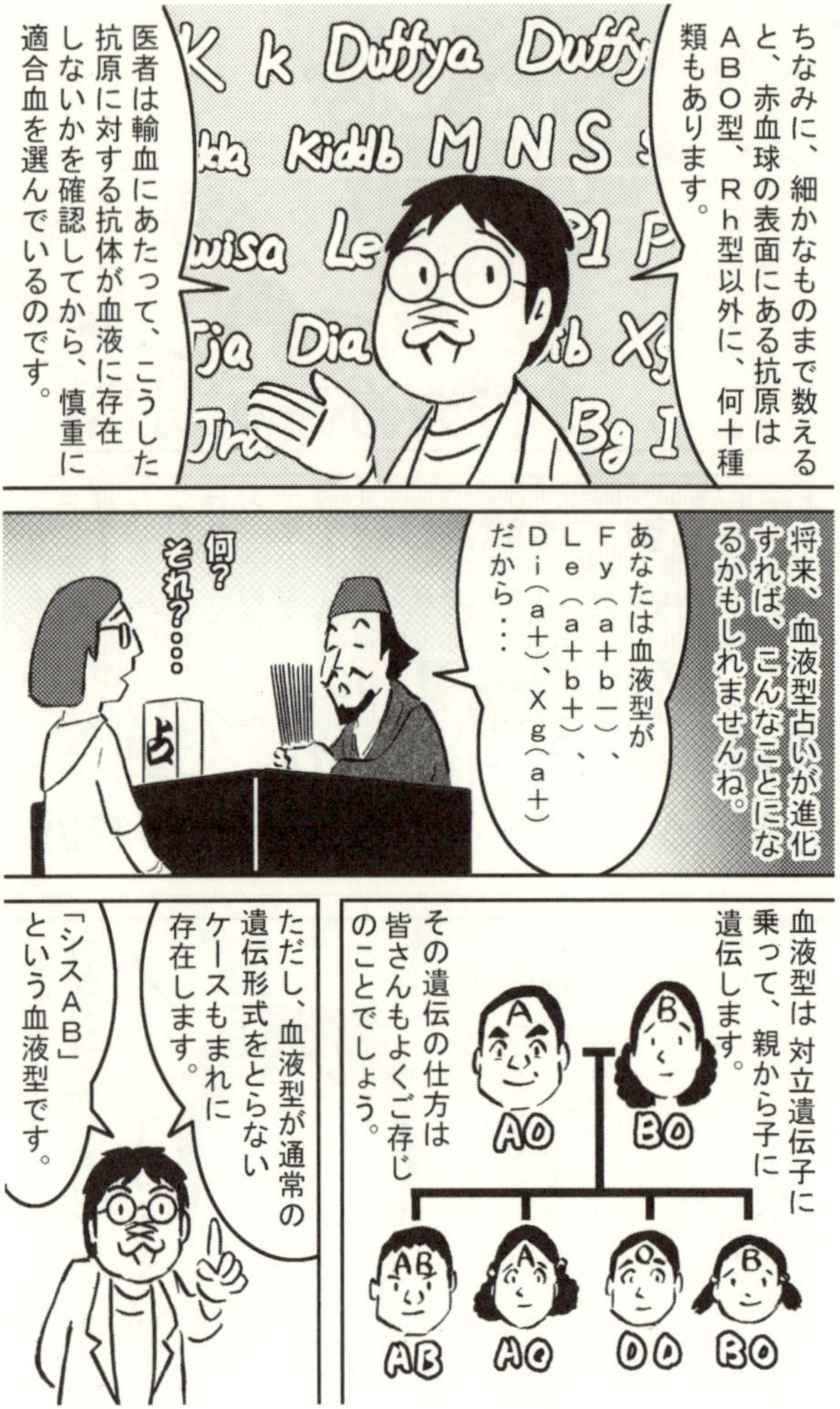
ちなみに、細かなものまで数えると、赤血球の表面にある抗原はＡＢＯ型、Ｒｈ型以外に、何十種類もあります。
K k Duffya
Kiddb M N S
Le
Dia
Bg
医者は輸血にあたって、こうした抗原に対する抗体が血液に存在しないかを確認してから、慎重に適合血を選んでいるのです。
将来、血液型占いが進化すれば、こんなことになるかもしれませんね。
あなたは血液型がＦｙ（ａ＋ｂ－）、Ｌｅ（ａ＋ｂ＋）、Ｄｉ（ａ＋）、Ｘｇ（ａ＋）だから・・・
何？それ？
占
血液型は対立遺伝子に乗って、親から子に遺伝します。
A
B
AO
BO
AB
A
O
B
AB
AO
OO
BO
その遺伝の仕方は皆さんもよくご存じのことでしょう。
ただし、血液型が通常の遺伝形式をとらないケースもまれに存在します。
「シスＡＢ」という血液型です。

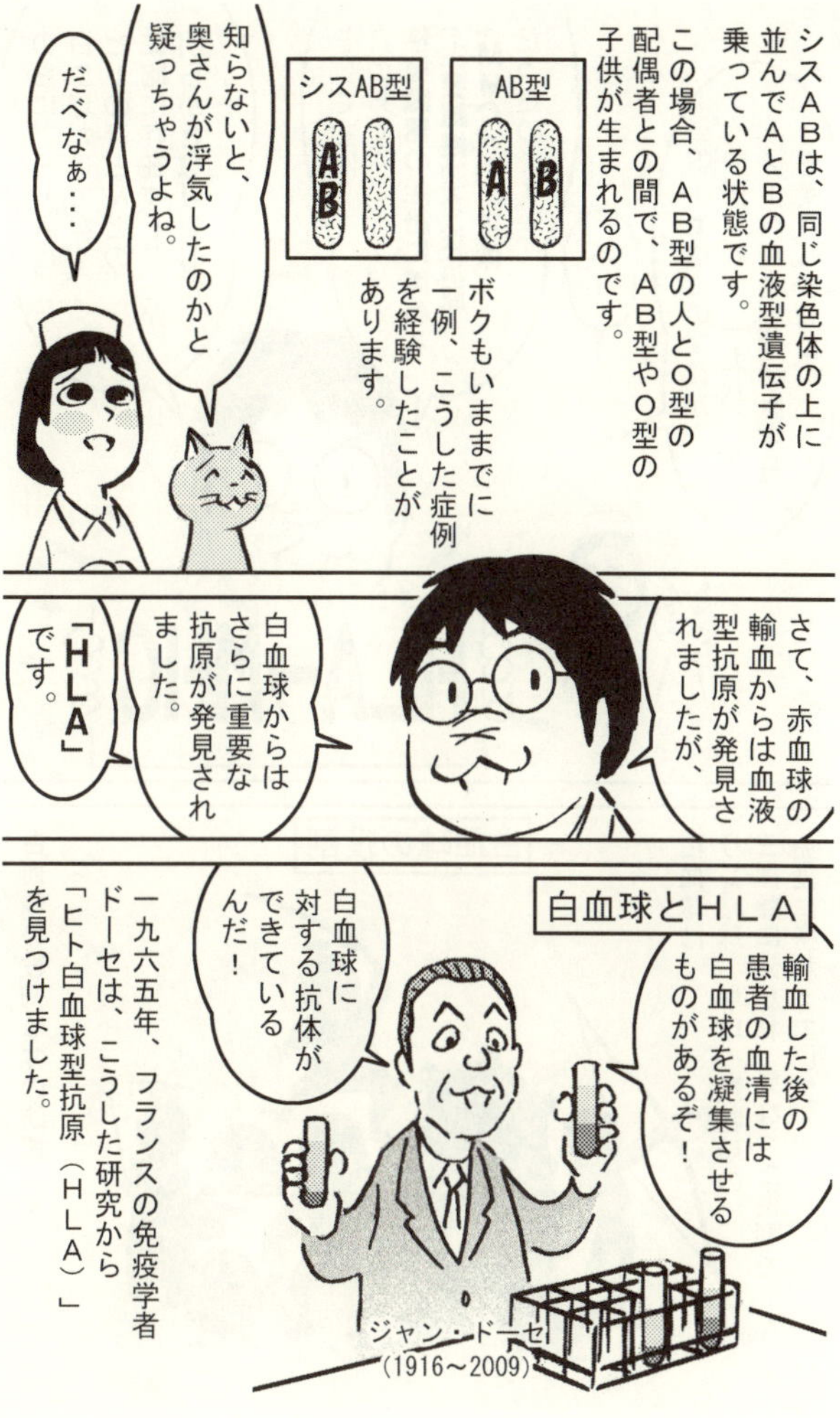
シスＡＢは、同じ染色体の上に並んでＡとＢの血液型遺伝子が乗っている状態です。
この場合、ＡＢ型の人とＯ型の配偶者との間で、ＡＢ型やＯ型の子供が生まれるのです。
AB型
A B
シスAB型
AB
ボクもいままでに一例、こうした症例を経験したことがあります。
知らないと、奥さんが浮気したのかと疑っちゃうよね。
だべなぁ・・・
さて、赤血球の輸血からは血液型抗原が発見されましたが、
白血球からはさらに重要な抗原が発見されました。
「ＨＬＡ」です。
白血球とＨＬＡ
輸血した後の患者の血清には白血球を凝集させるものがあるぞ！
白血球に対する抗体ができているんだ！
ジャン・ドーセ
(1916～2009)
一九六五年、フランスの免疫学者ドーセは、こうした研究から「ヒト白血球型抗原（ＨＬＡ）」を見つけました。

白血球の役割

白血球の役割は体の防衛です。

白血球はリンパ球、単球、顆粒《かりゅう》球の三種類に分かれ、異なった役割で免疫に携わっています。

リンパ球
リンパ球にはT細胞、B細胞と、NK細胞、NKT細胞（NK細胞の亜種）があります。
T
T
B
NK
T細胞は免疫細胞から抗原の情報を集めて免疫を調節し、
ヘルパーT細胞
他のリンパ球を活性化したり、抗体産生を刺激したり
がん細胞やウイルス感染細胞を破壊したりします。
キラーT細胞
B細胞は抗体を産生して有害物の排除を促します。
B細胞
抗体
一度抗原と反応したT細胞、B細胞の一部はメモリー細胞として体内にとどまり、次に抗原が体内に入った時、即座に反応します。
細胞性免疫
液性免疫
T細胞の担う作用を細胞性免疫、B細胞の担う作用を液性免疫と呼びます。

NK細胞は「ナチュラルキラー細胞」の略です。これは「天然の殺し屋」という意味です。

T細胞やB細胞が、あらかじめ抗原と反応（感作）してから働くのに対して、NK細胞は感作なく即座に他人の細胞や自らのがん細胞、ウイルス感染細胞を見つけて攻撃します。

単球

単球は血管から遊出すると、マクロファージという細胞に変化し、病原体や異物などを食べ、

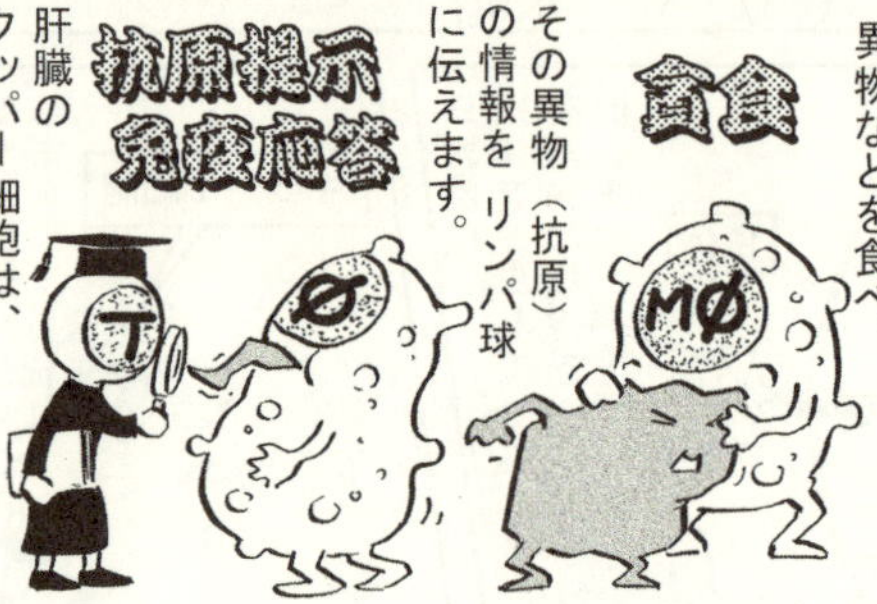

その異物（抗原）の情報をリンパ球に伝えます。

肝臓のクッパー細胞は、マクロファージの一種です。

顆粒球

顆粒球には好中球、好酸球、好塩基球の三種があります。

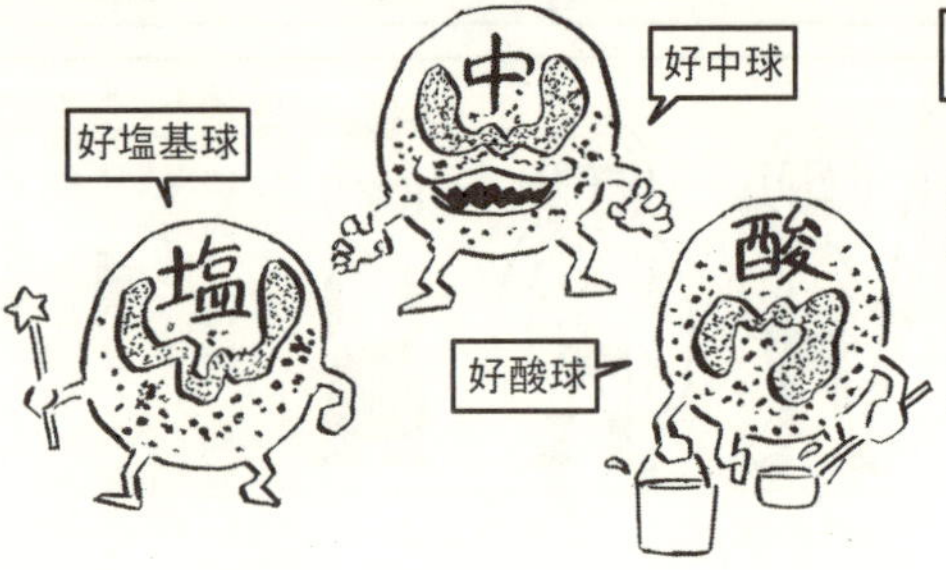

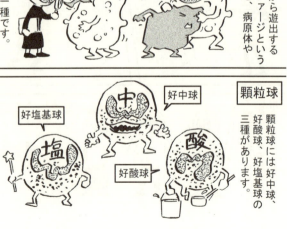

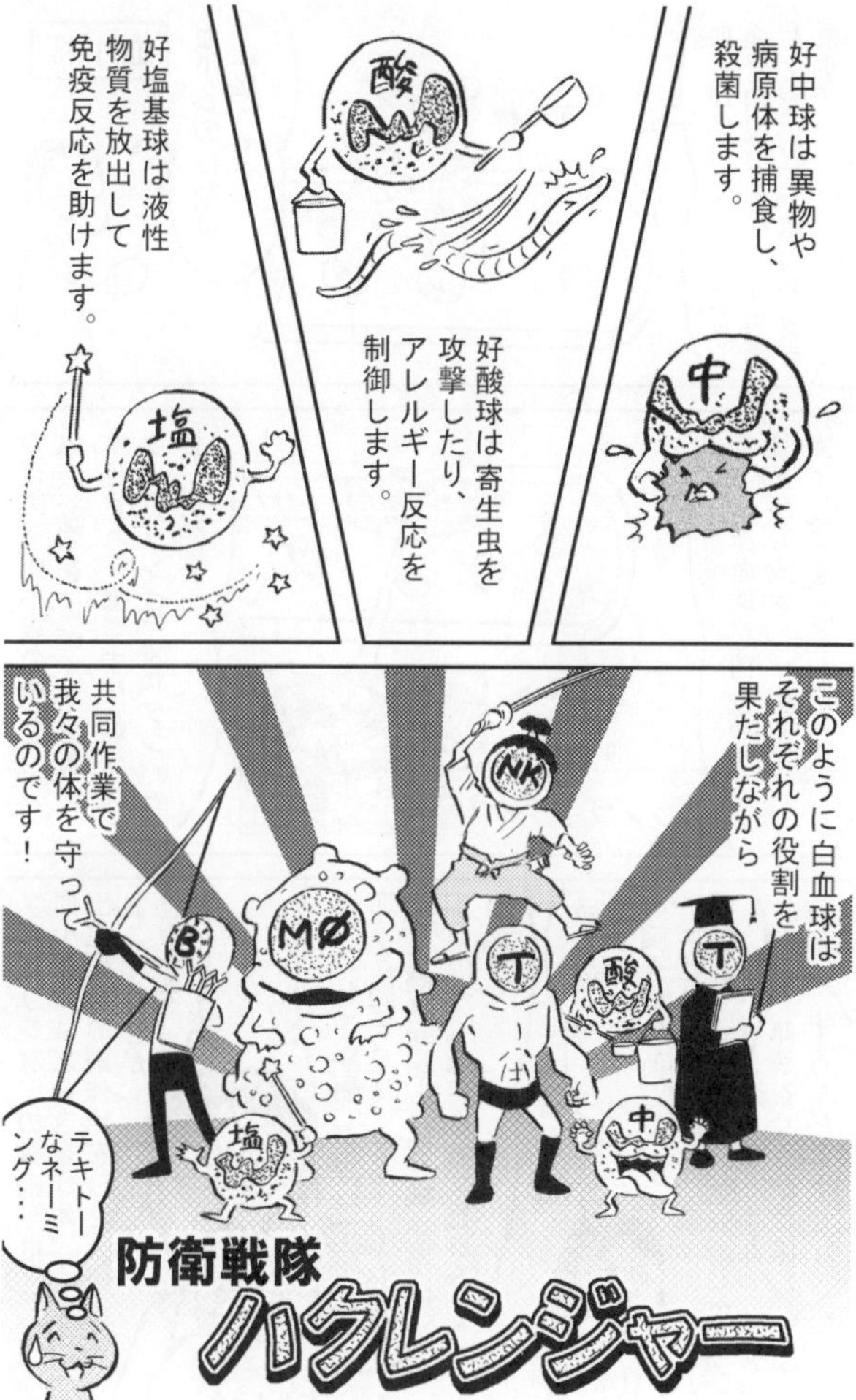

好中球は異物や病原体を捕食し、殺菌します。
中
好酸球は寄生虫を攻撃したり、アレルギー反応を制御します。
酸
好塩基球は液性物質を放出して免疫反応を助けます。
塩
このように白血球はそれぞれの役割を果たしながら
共同作業で我々の体を守っているのです！
NK
T
酸
T
MØ
B
中
塩
テキトーなネーミング…
防衛戦隊
ハクレンジャー

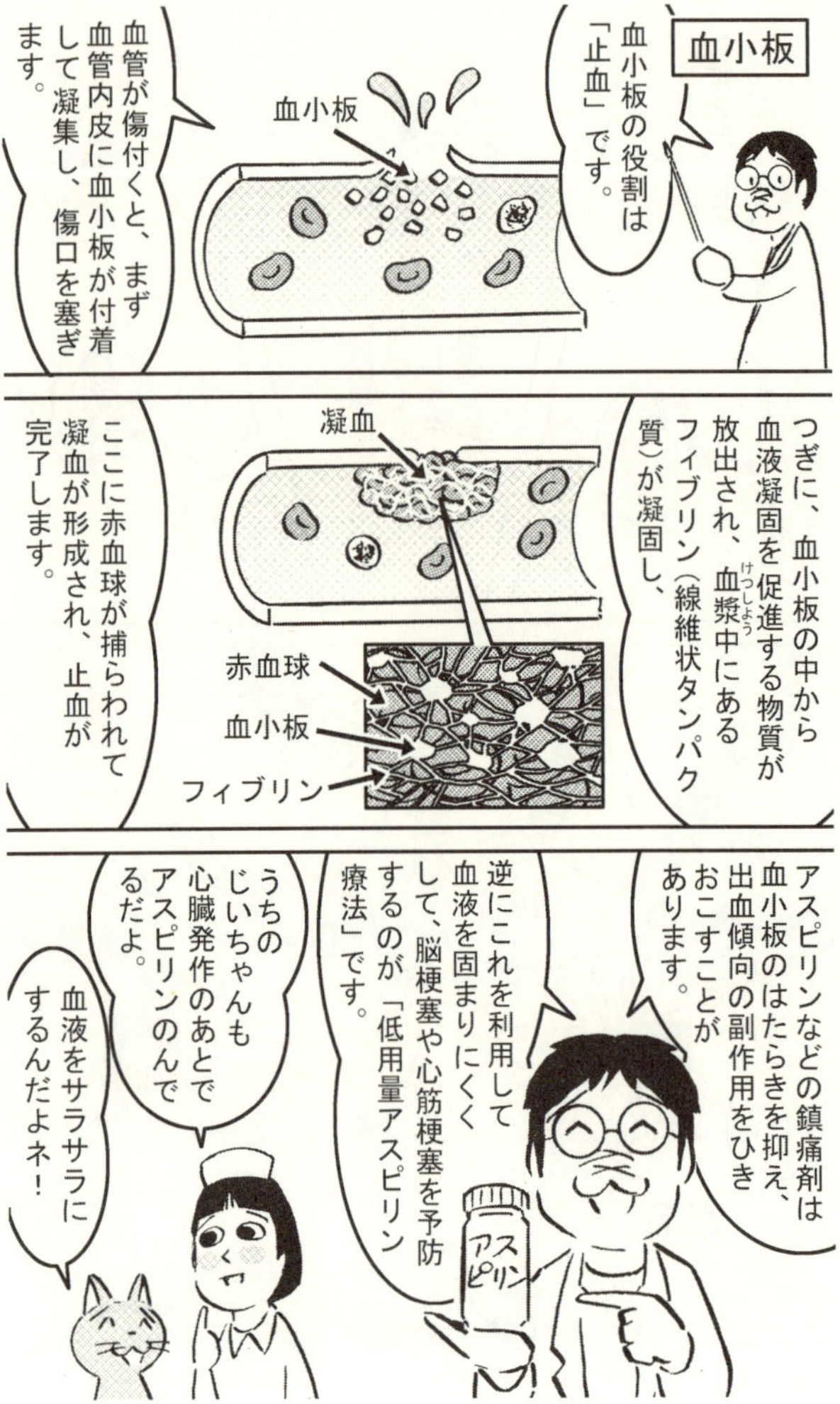

血小板
血小板の役割は「止血」です。
血小板
血管が傷付くと、まず血管内皮に血小板が付着して凝集し、傷口を塞ぎます。
つぎに、血小板の中から血液凝固を促進する物質が放出され、血漿《けっしょう》中にあるフィブリン（線維状タンパク質）が凝固し、
凝血
赤血球
血小板
フィブリン
ここに赤血球が捕らわれて凝血が形成され、止血が完了します。
アスピリンなどの鎮痛剤は血小板のはたらきを抑え、出血傾向の副作用をひきおこすことがあります。
逆にこれを利用して血液を固まりにくくして、脳梗塞や心筋梗塞を予防するのが「低用量アスピリン療法」です。
アスピリン
うちのじいちゃんも心臓発作のあとでアスピリンのんでるだよ。
血液をサラサラにするんだよネ！

第四章 循環器

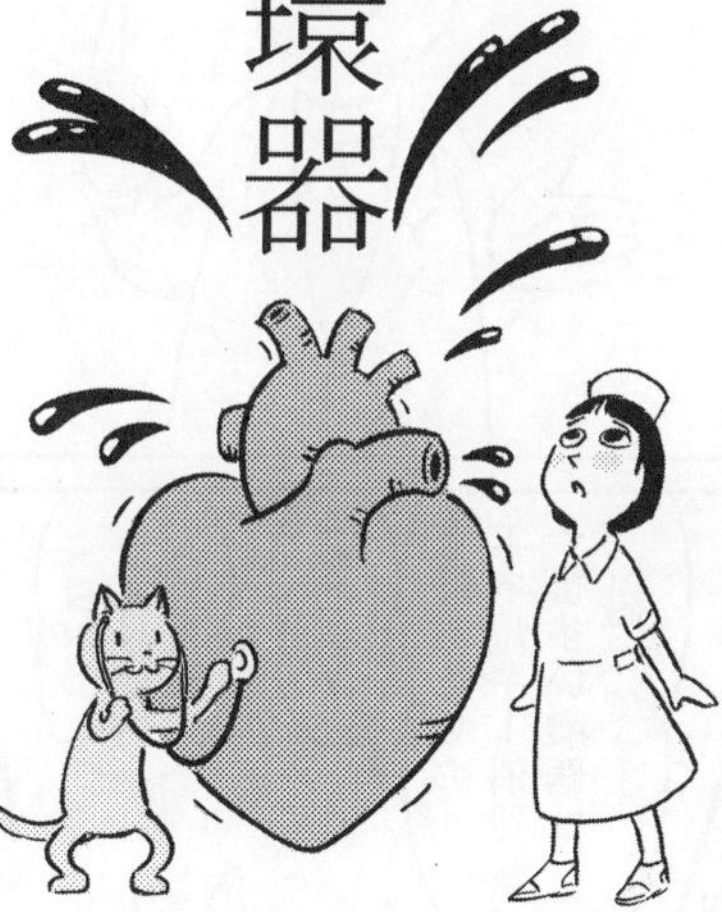

では、また皆さんに質問です！
ヒトの体で最も「働き者」の臓器は、何でしょう？
心臓？
一日中フル稼働だもんね。
ご名答！
重量あたりのエネルギー消費量が一番多い臓器は、「心臓」です！

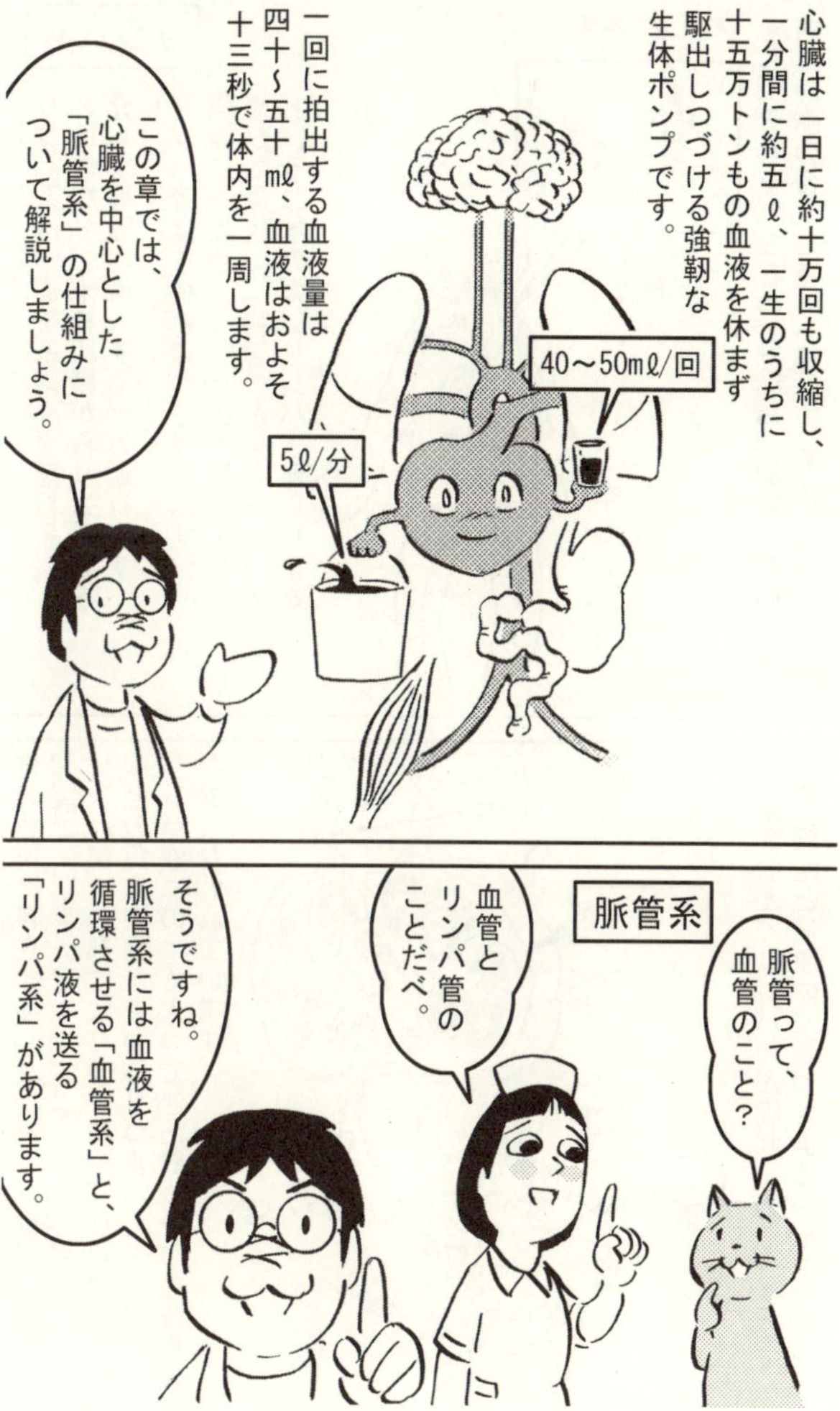
心臓は一日に約十万回も収縮し、一分間に約五ℓ、一生のうちに十五万トンもの血液を休まず駆出しつづける強靭な生体ポンプです。
40〜50mℓ/回
5ℓ/分
一回に拍出する血液量は四十〜五十mℓ、血液はおよそ十三秒で体内を一周します。
この章では、心臓を中心とした「脈管系」の仕組みについて解説しましょう。
脈管系
脈管って、血管のこと?
血管とリンパ管のことだべ。
そうですね。脈管系には血液を循環させる「血管系」と、リンパ液を送る「リンパ系」があります。

リンパ系

リンパ系は、血管系（＝循環器系）とは異なり、末梢組織からリンパ管を介して静脈へ流入する一方通行です。

リンパ管は末梢組織から滲み出す組織液を集め、リンパ節を経て集合し、やがて最後に「胸管」と「右リンパ本管」という二本の太いリンパ管となります。

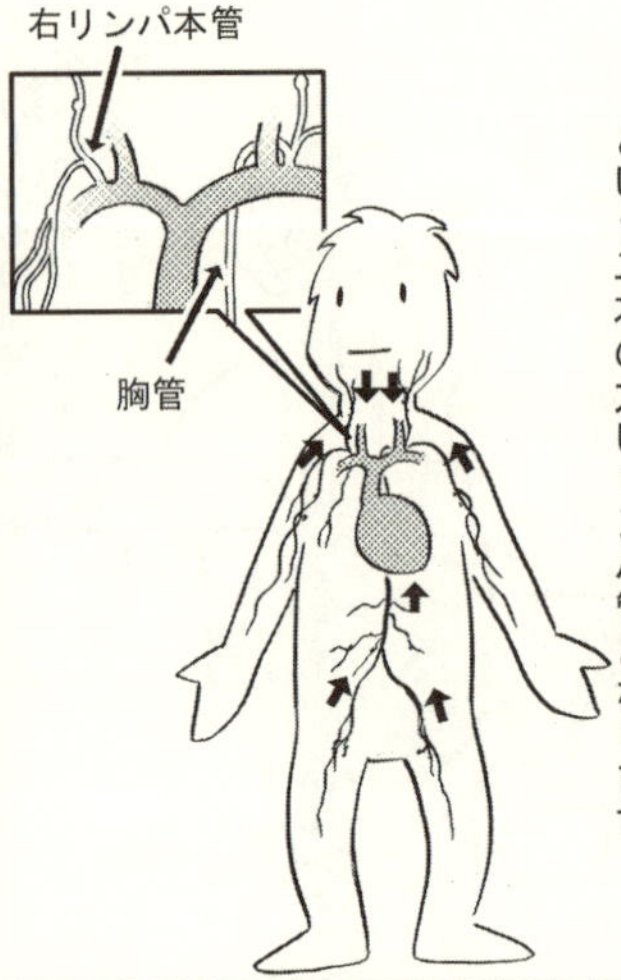
右リンパ本管
胸管

そしてそれぞれ左右の「静脈角（鎖骨下静脈と内頸静脈の合流地点）」で静脈に流入します。

体の各所に存在する「リンパ節」は、いわば「関所」のようなところです。

リンパ節の内部にはリンパ球やマクロファージなどの免疫細胞がぎっしりつまっており、リンパ液にのって入ってきた異物との免疫反応がおこなわれています。

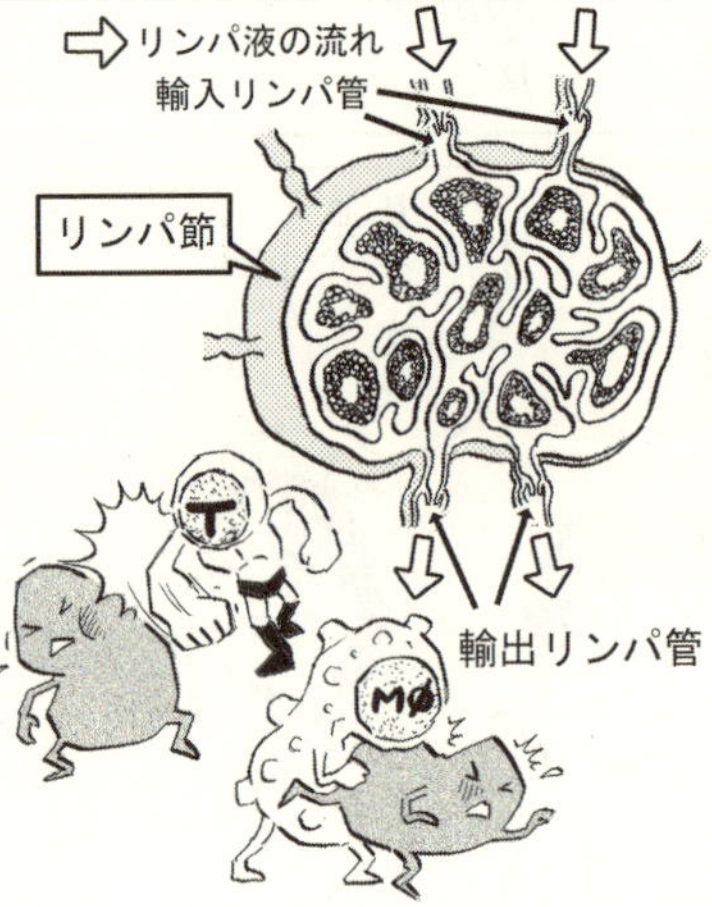
リンパ液の流れ
輸入リンパ管
リンパ節
輸出リンパ管
T
Mφ

感染症などでリンパ節が腫れるのは、そこで免疫細胞と病原体が戦っているからです。

血管系

血管は血液を運ぶ管です。

ヒトの全身にはりめぐらされている血管の長さは実に十万km、地球を二周するほどの長さです。

このうち目に見える血管は五%のみで、残りは目に見えない毛細血管です。

血管系は酸素を末梢組織に送る体循環（左心系）と、

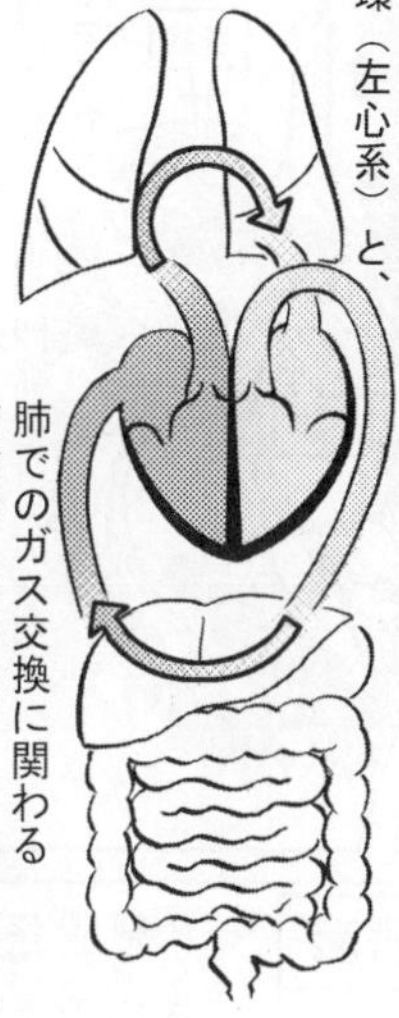

肺でのガス交換に関わる肺循環（右心系）よりなります。

全身の血管系は基本的に「動脈→毛細血管→静脈」という順でつながっています。

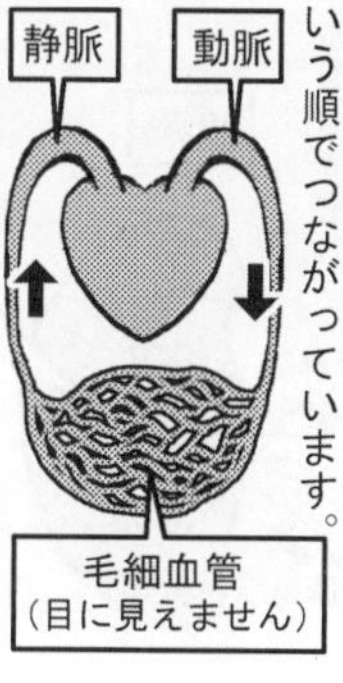

しかし例外的に「毛細血管→太い血管→毛細血管」という順につながっている部位もあります。

この、毛細血管と毛細血管との間に存在する太い血管を「門脈」と呼びます。

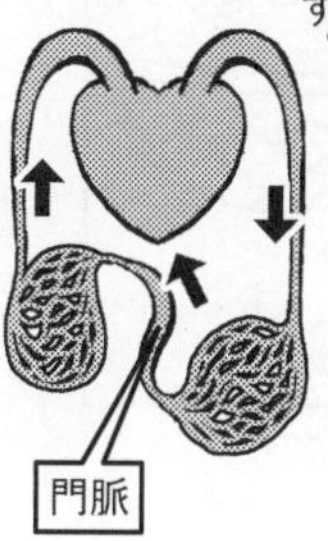

ヒトの門脈は肝臓と視床下部と副腎にみられますが、肝臓の門脈が最も大きな脈管であるため、ふつう「門脈」といえば「肝門脈」のことを指します。

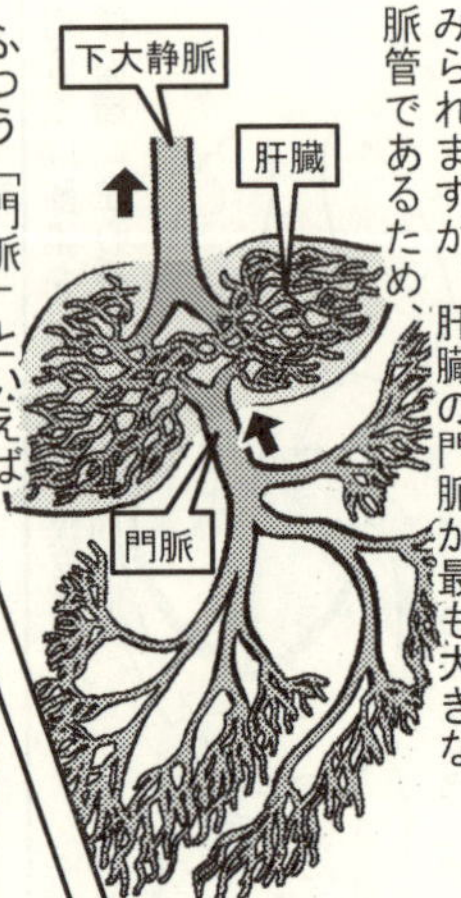

ちなみに、ヒトの体には「動脈→毛細血管→動脈」という特異な血管のつながりをしている箇所もあります。

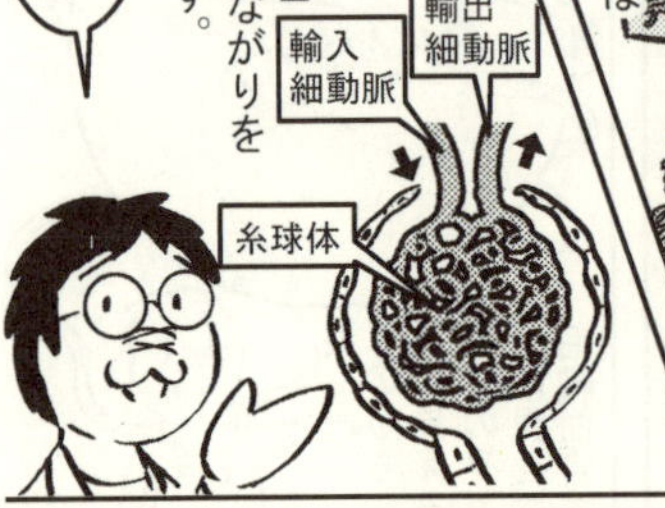

体の掃除機　脾臓

脾臓《ひぞう》は主に、血液を壊して回収する作用をしています。脾臓の血管はフィルターのような構造になっていて、そこに食細胞がたくさん存在しています。

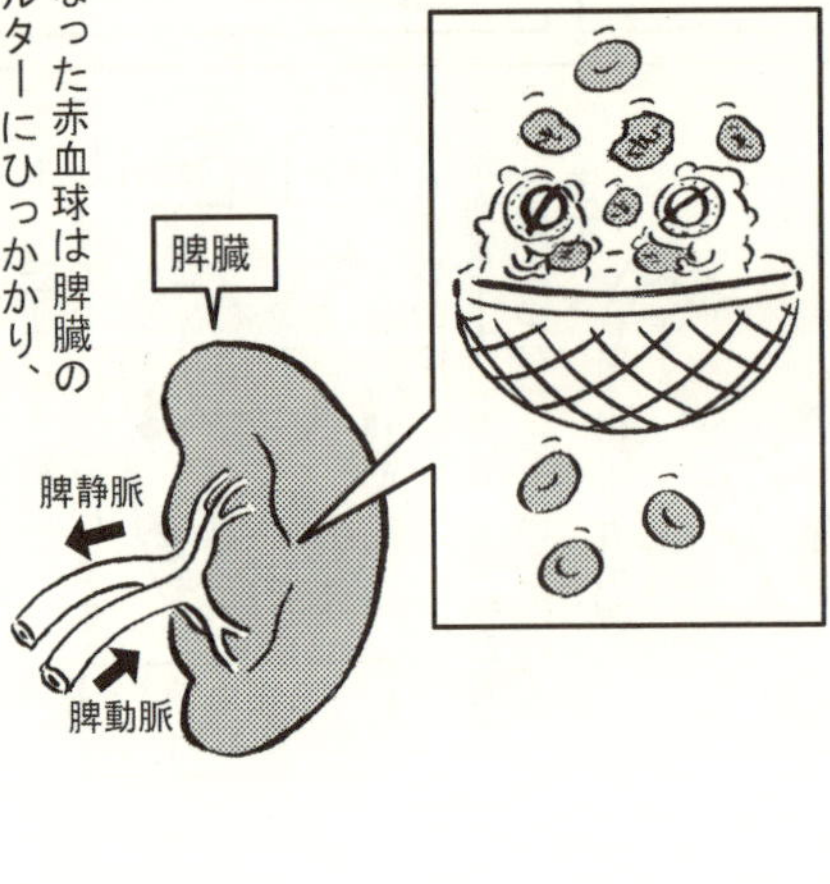

古くなった赤血球は脾臓のフィルターにひっかかり、そこで食細胞に食べられてしまうのです。

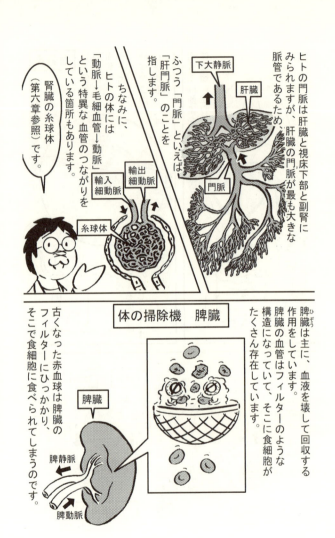

また、脾臓には多くの免疫細胞が充満しており、全身のリンパ球の四分の一が集まっています。
そしてフィルターで濾すように、血液中の細菌や異物も取り除いています。
脾臓はいわば「体の掃除機」です。
進化が乱すシンメトリー
我々生物は数十億年をかけて、シンプルな形態のものから複雑な形に進化してきました。
進化の歴史は 複雑化の歴史といっても過言ではありません。
ここで思い出話をひとつ。
ボクは若い頃、京都のウイルス研究所というラボで研究生活をしていました。
大
当時、研究所長は「成人T細胞白血病ウイルス」を発見し、
ノーベル賞候補といわれていた日沼頼夫先生。
日沼頼夫
(1925〜2015)

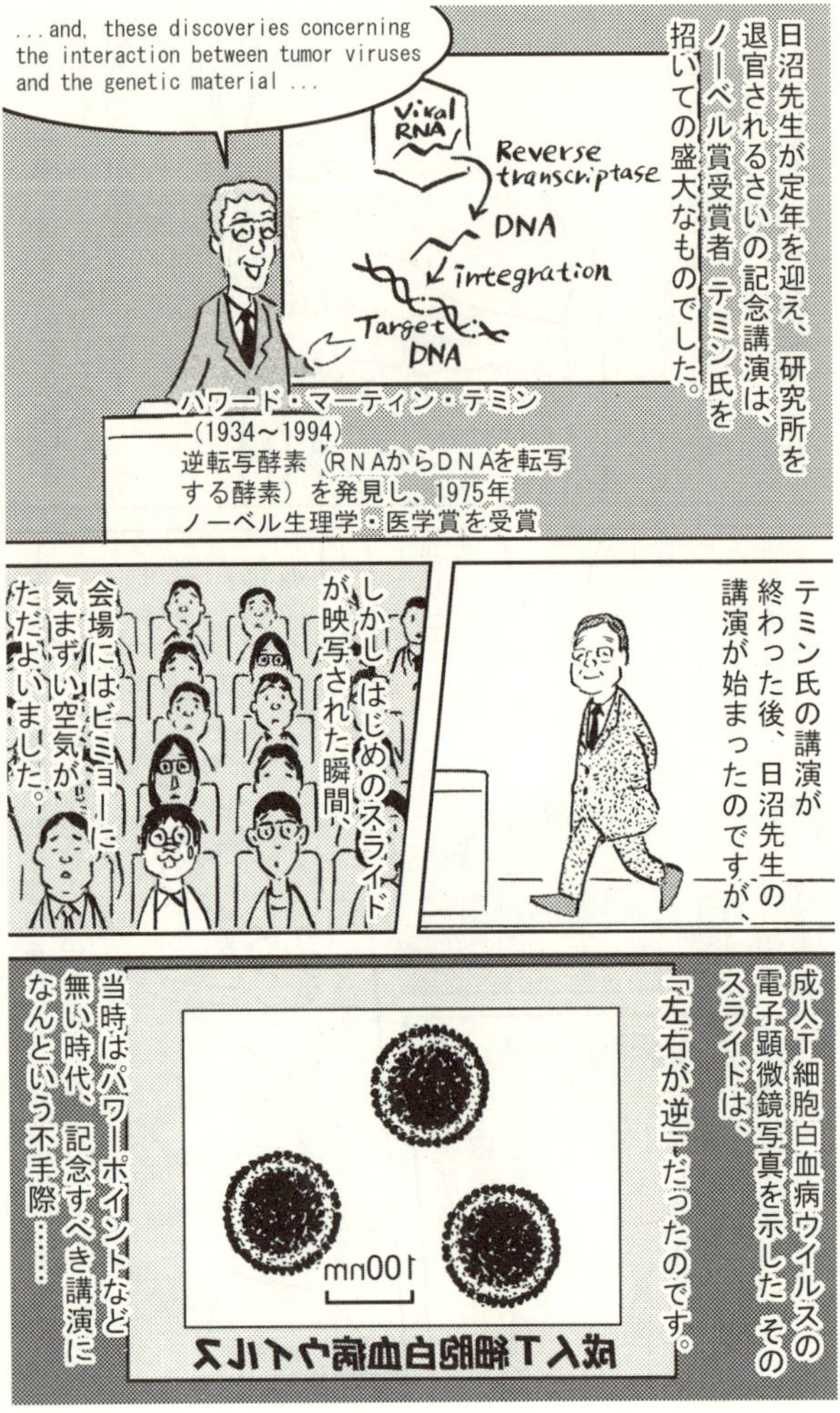
日沼先生が定年を迎え、研究所を退官されるさいの記念講演は、ノーベル賞受賞者 テミン氏を招いての盛大なものでした。
...and, these discoveries concerning the interaction between tumor viruses and the genetic material ...
Viral RNA
Reverse transcriptase
DNA
integration
Target DNA
ハワード・マーティン・テミン
(1934〜1994)
逆転写酵素（RNAからDNAを転写する酵素）を発見し、1975年ノーベル生理学・医学賞を受賞
テミン氏の講演が終わった後、日沼先生の講演が始まったのですが、
しかし はじめのスライドが映写された瞬間、
会場にはビミョーに気まずい空気がただよいました。
成人T細胞白血病ウイルスの電子顕微鏡写真を示した その スライドは、
「左右が逆」だったのです。
100nm
成人T細胞白血病ウイルス
当時はパワーポイントなど無い時代、記念すべき講演になんという不手際……

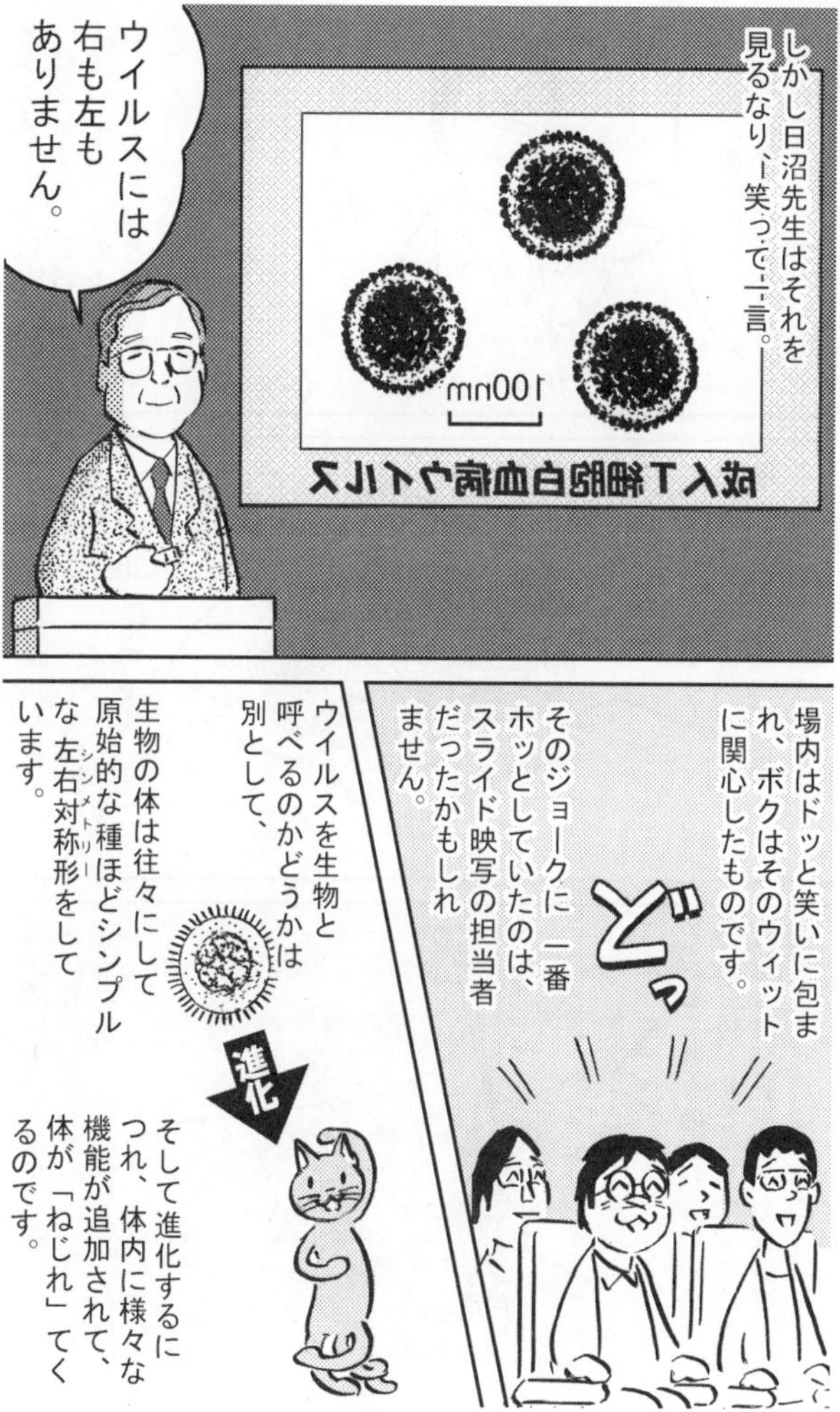
しかし日沼先生はそれを見るなり、笑って一言。
100nm
成人T細胞白血病ウイルス
ウイルスには右も左もありません。
場内はドッと笑いに包まれ、ボクはそのウィットに関心したものです。
どっ
そのジョークに一番ホッとしていたのは、スライド映写の担当者だったかもしれません。
ウイルスを生物と呼べるのかどうかは別として、
生物の体は往々にして原始的な種ほどシンプルな左右対称形《シンメトリー》をしています。
進化
そして進化するにつれ、体内に様々な機能が追加されて、体が「ねじれ」てくるのです。

ヒトの体も外面は左右対称に見えますが、毎日、画像診断や手術でその中をのぞいている我々医者の目から見ると、

その構造はシンメトリーとはほど遠いものです。
その一番の例が「右心系と左心系」でしょう。

ヒトは魚から進化しました。魚の心臓は一心房一心室のシンプルなものです。

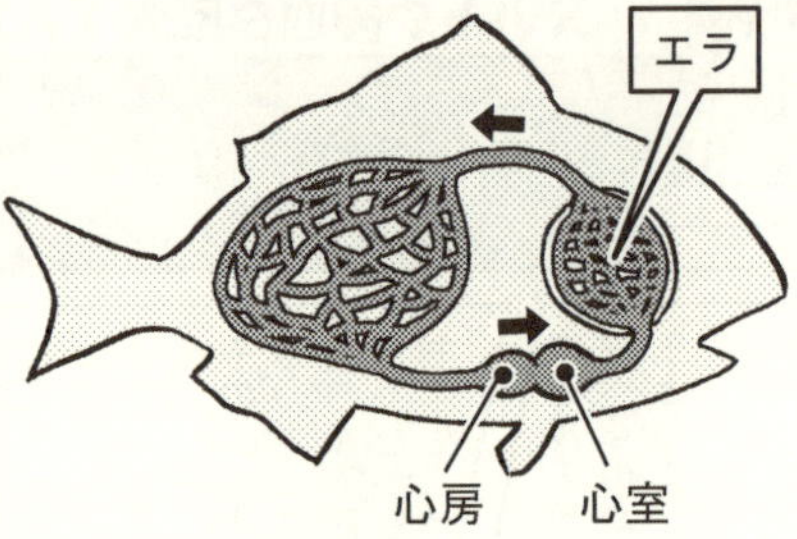
エラ
心房
心室

彼らはエラを使って水中から酸素を取り込んでいます。

魚が陸に上がる進化を遂げるさい必要となったのは、空気中から酸素を取り込む器官＝肺でした。

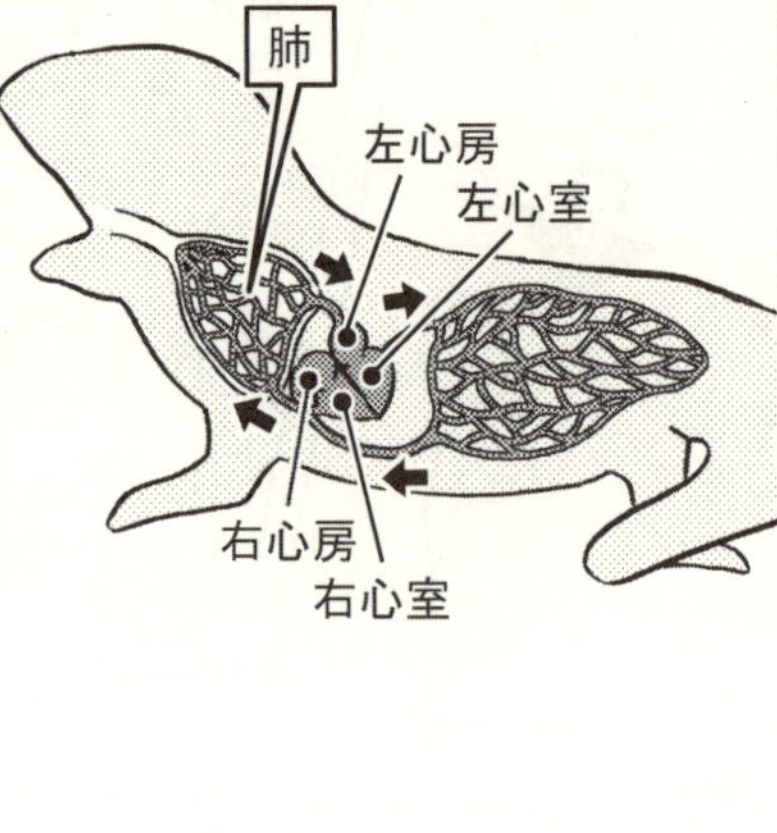
肺
左心房
左心室
右心房
右心室

そうして我々の先祖は効率のよいガス交換をするために、肺にガンガンと血液を送る強力な循環系も後付けしたのです。

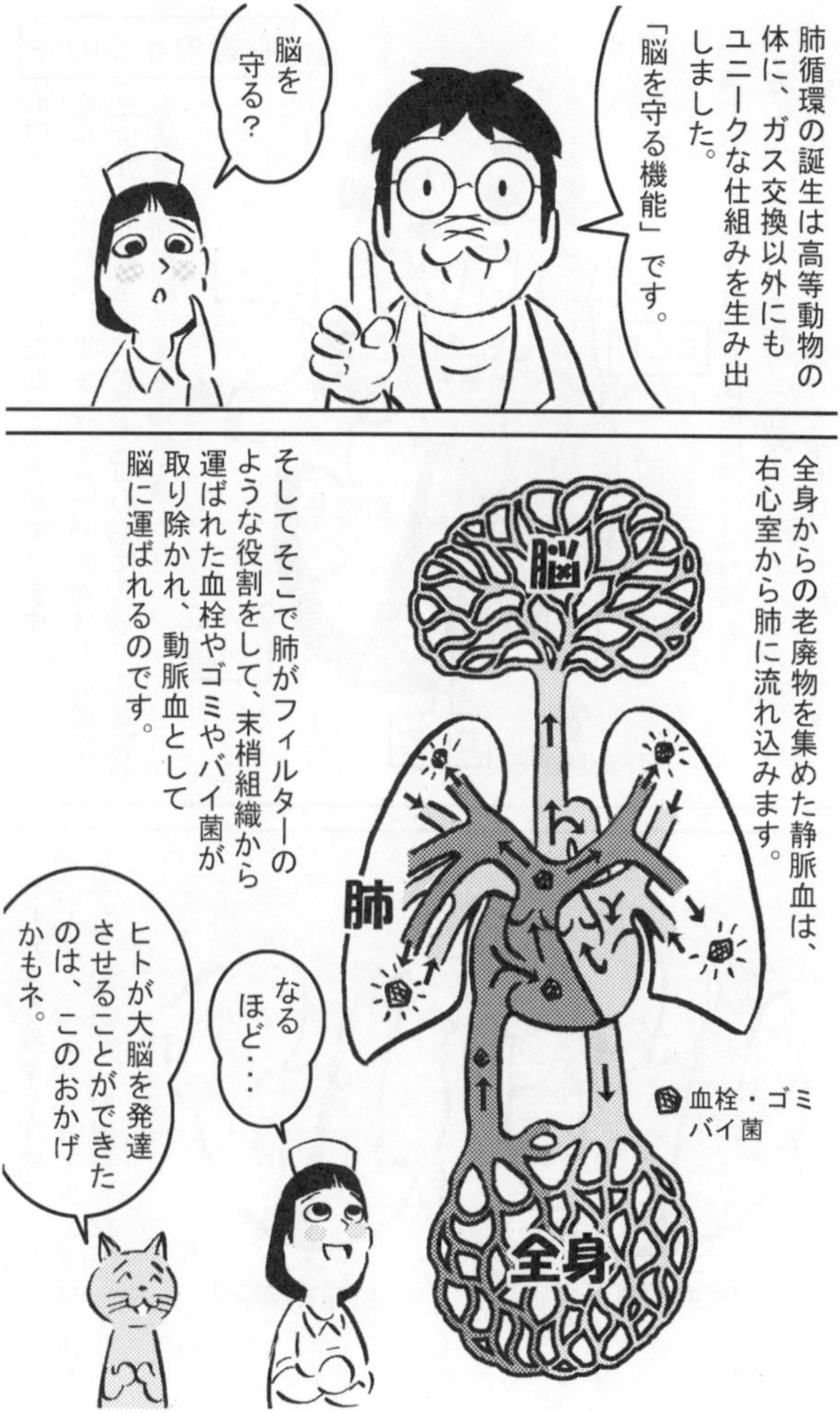
肺循環の誕生は高等動物の体に、ガス交換以外にもユニークな仕組みを生み出しました。
「脳を守る機能」です。
脳を守る？
全身からの老廃物を集めた静脈血は、右心室から肺に流れ込みます。
脳
肺
全身
血栓・ゴミ
バイ菌
そしてそこで肺がフィルターのような役割をして、末梢組織から運ばれた血栓やゴミやバイ菌が取り除かれ、動脈血として脳に運ばれるのです。
なるほど…
ヒトが大脳を発達させることができたのは、このおかげかもネ。

心臓の４つの弁

心臓には図に示した四つの弁があります。

全身から大静脈に集まってきた静脈血は右心房から三尖《さんせん》弁（右房室弁）をへて右心室に入り、肺動脈弁を通って肺動脈に送られます。

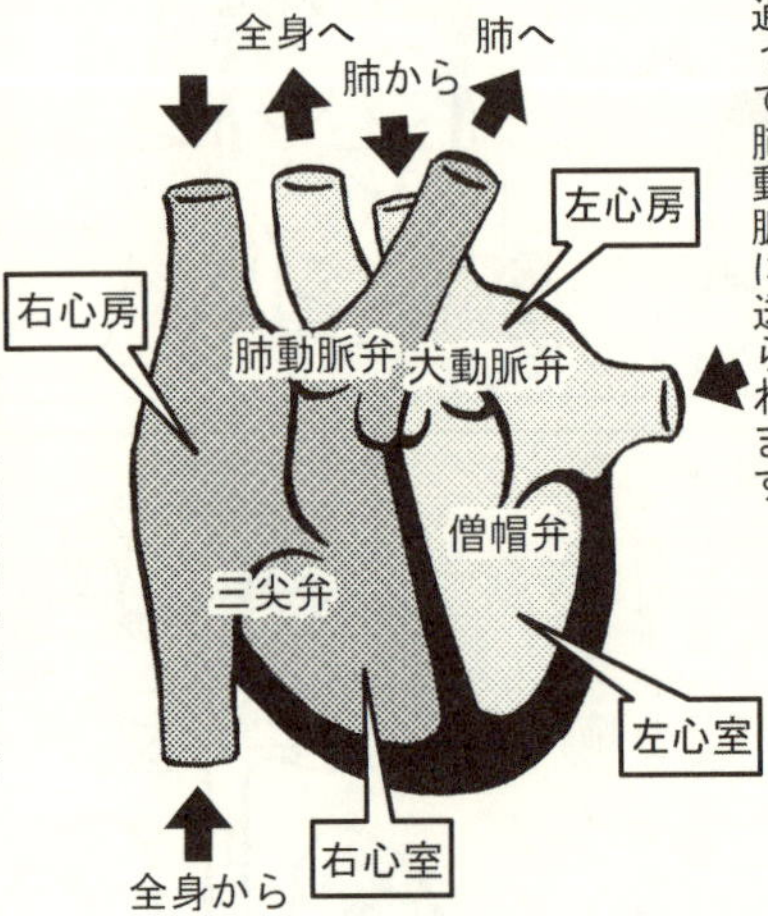

肺でガス交換を行った後の血液は肺静脈をへて左心房へ入り、僧帽《そうぼう》弁（左房室弁）をへて左心室に送られ、大動脈弁を通って全身に送り出されます。

こうした弁が狭窄や閉鎖不全をおこして、心臓がうまく血液を送り出せなくなる疾患が「心臓弁膜症」です。

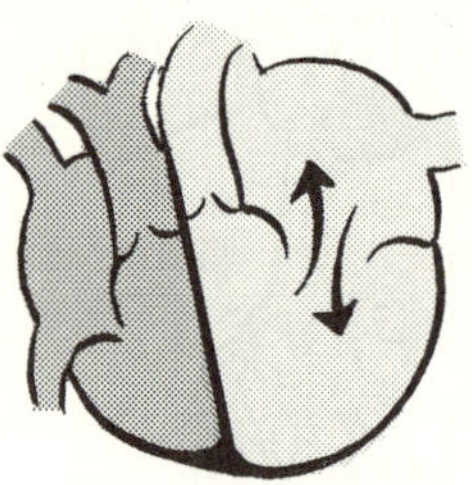
僧帽弁閉鎖不全症

僧帽弁狭窄症

冠状動脈

心臓の表面には心筋を養うための動脈が走っており、「冠状動脈」とよばれます。

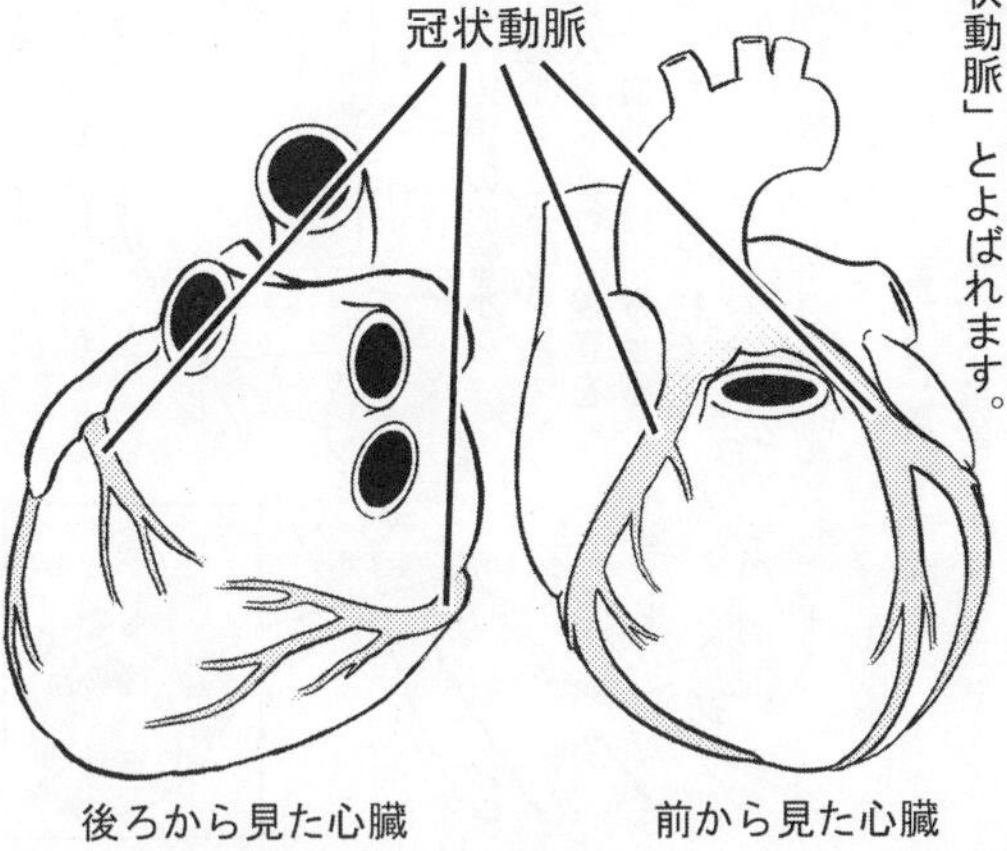
冠状動脈
後ろから見た心臓
前から見た心臓

この動脈が動脈硬化などで狭窄《きょうさく》した疾患が「狭心症」です。

そして血管が完全に詰まって心筋が壊死してしまった状態が「心筋梗塞」です。

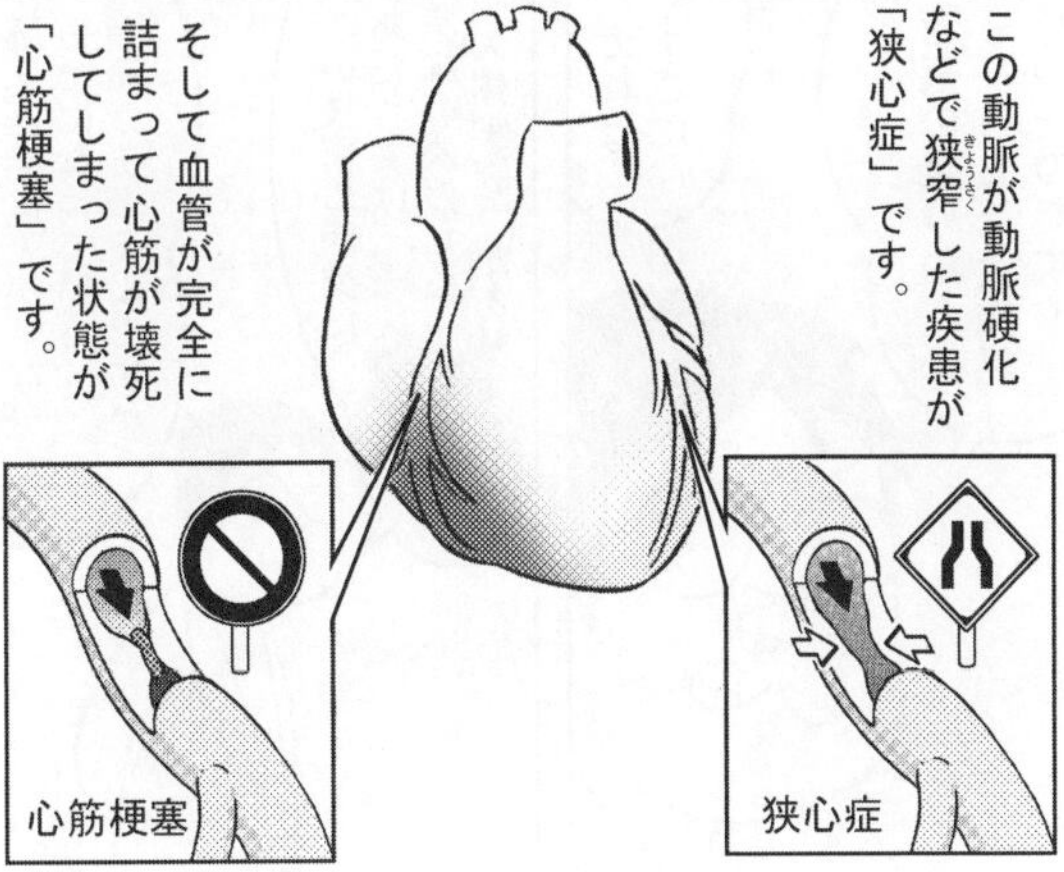
心筋梗塞
狭心症

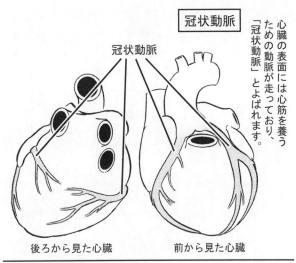

弁膜疾患や狭心症などの診断に欠かせない技術が「心臓カテーテル法」です。
これは、末梢の血管から心臓に細い管を送り込んで、造影剤などを入れて検査をしたり、血管を拡張させる治療をしたりする手技です。
また、この技術は集中治療室での管理を要する患者の循環動態の管理などにも利用されています。
このように、現代の臨床医学に欠かせないものになっている心臓カテーテルですが、
この技術の開発にあたっては、一人の医師の決然たる「人体実験」がありました。
それはまさに、
若気の至りがもたらした大発見だったのです！

若気の至りの大発見
世界ではじめて心臓カテーテルを行った医師はドイツ人医師フォルスマンです。

ヴェルナー・フォルスマン（1904〜1979）

フォルスマンは医学生時代から、心臓カテーテルに興味を持っていました。そこで彼は医師になって早々、上司に人体実験を提案しました。

心臓カテーテルはウマやイヌでは成功しています！ヒトでもできるハズです！

そんな危険な実験、誰が被験者になるというんだね？

自分の体で実験します！

自殺まがいの考えは捨てなさい!!

上司に禁止されても、彼はあきらめきれませんでした。
ゲルダ・・・ちょっと相談があるんだけど・・・
何ですか？
ゲルダ・ディッツェンは外科の看護師でした。
局所麻酔で静脈切開をする手術道具を一式、出してほしいんだけど・・・
先生、あの実験をするつもりですね？
え・・・いや――・・・
その――・・・

噂は聞きましたよ。尿道カテーテルを自分の手の血管から心臓にまで入れるんでしょ？
冗談じゃありませんわ！
ゲルダはフォルスマンの求めを拒みました。
しかし、その後・・・
先生・・・
先日のお話ですが・・・
？
もし、私のカラダを実験に使うのなら・・・
・・・お受けしますわ！

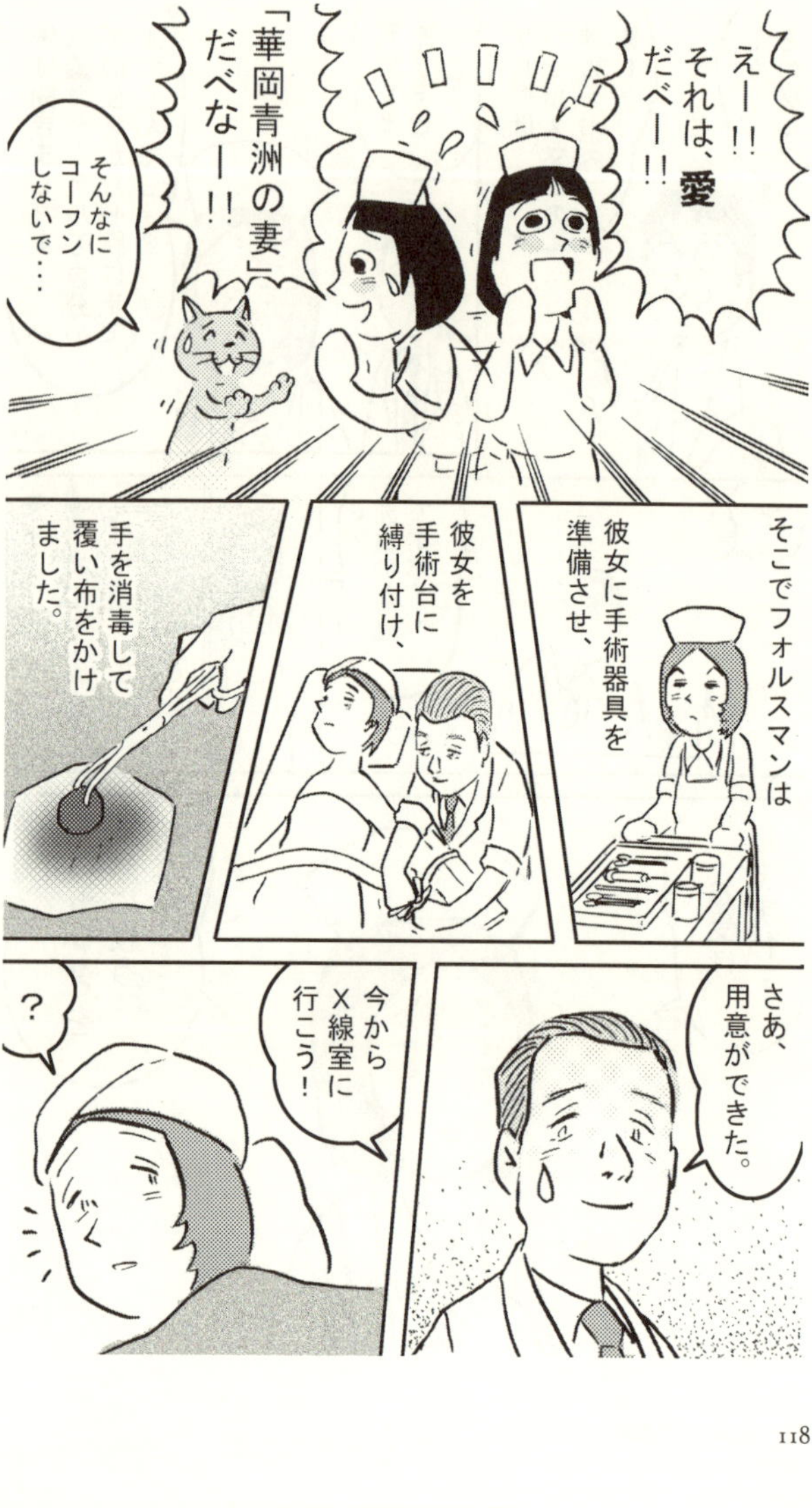
えー!! それは、愛 だべー!!
「華岡青洲の妻」 だべなー!!
そんなに コーフン しないで・・・
そこでフォルスマンは 彼女に手術器具を 準備させ、
彼女を 手術台に 縛り付け、
手を消毒して 覆い布をかけ ました。
さあ、 用意ができた。
今から X線室に 行こう!
?

フォルスマンはゲルダの隙を見て自らの手を消毒、麻酔し、カテーテルを左腕の静脈から挿入していました。

何してるんですかーっ!? 先生ー!?

彼はX線透視室に移り右心房に到達したカテーテルのX線写真を撮りました。

一九二九年 初夏のことです。

上司の言いつけを無視して無茶な実験をした彼はその後、叱責を受けて病院を追われますが、
しかしやがて、この手技が臨床応用されるにつれて、その評価は一変します。

そして一九五六年、世界初の心臓カテーテルに成功したフォルスマンにはノーベル生理学・医学賞が与えられたのです。

で、フォルスマンさんとゲルダさんはその後、結ばれたのけ？
いいえ、彼は実験の四年後に、泌尿器科の女医さんと結婚しました。
えーー！がっかりだべーー！
男女の間はいろいろあるんだよ・・・
ともあれ、若気の至りは時に人類を救うものです。
そして、彼の業績から言えることはひとつ・・・

周囲から
なんだかんだと
言われても、
所詮
やったもん
勝ち・・・
そう、
人生は 結局、
やったもん
勝ち なの
です
!!
がっかり
だべ・・・
ウニ
ちゃん・・・

特殊な筋肉　心筋
お肉でも食べて元気つけようよ、ウニちゃん。
んだな。
ロース、ミノ、ハツ…焼肉にはいろんな種類があります。
しかしヒトの体にもこの三種の筋肉があることを、皆さんはご存じでしょうか？

ひとつは主として骨に付く「骨格筋」です。
ロース

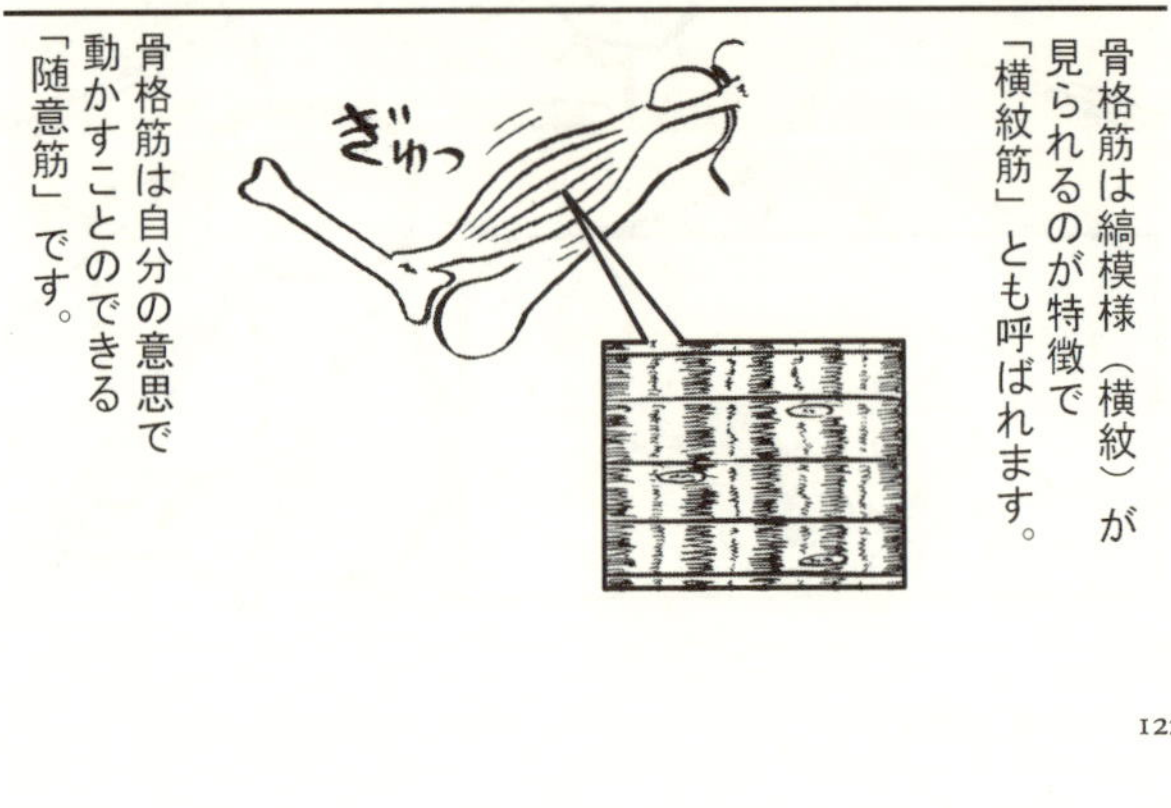
骨格筋は縞模様（横紋）が見られるのが特徴で「横紋筋」とも呼ばれます。
ぎゅっ
骨格筋は自分の意思で動かすことのできる「随意筋」です。

ふたつめは
主として内臓を動かす
「平滑筋」です。
ミノ

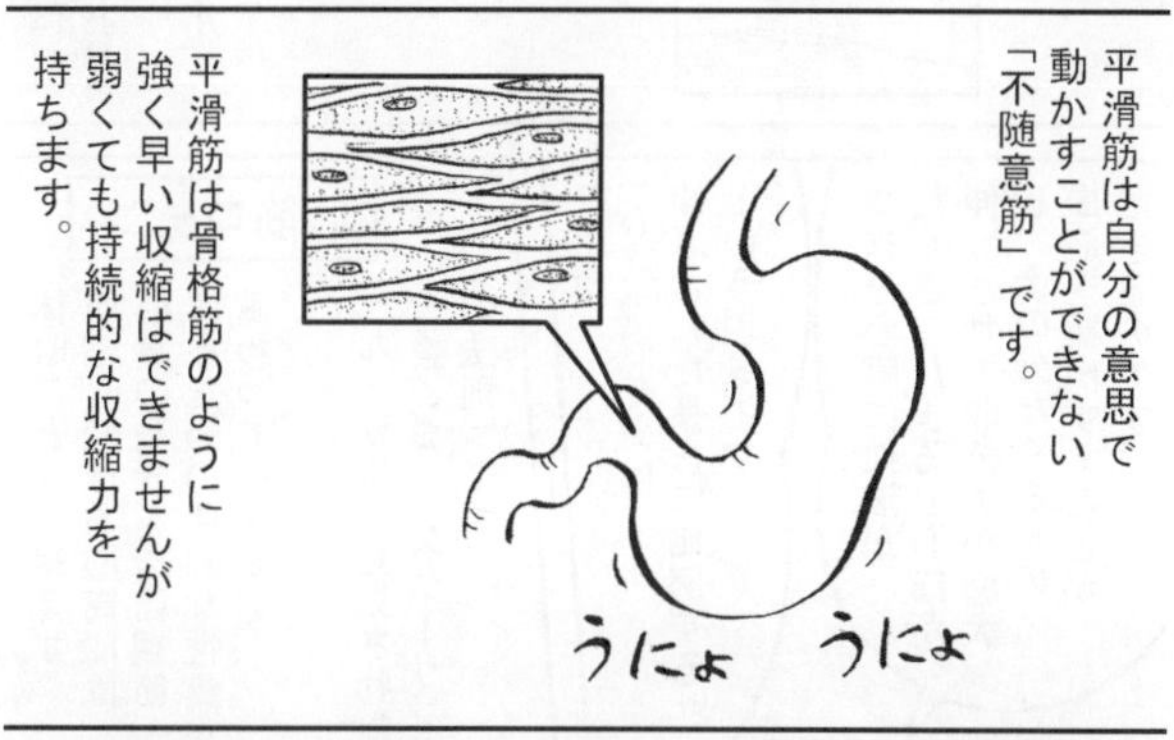
平滑筋は自分の意思で
動かすことができない
「不随意筋」です。
平滑筋は骨格筋のように
強く早い収縮はできませんが
弱くても持続的な収縮力を
持ちます。
うにょ　うにょ

みっつめは
横紋筋と平滑筋の両者の長所
(力強く持続的な収縮運動)
を持つ「心筋」です。
ハツ

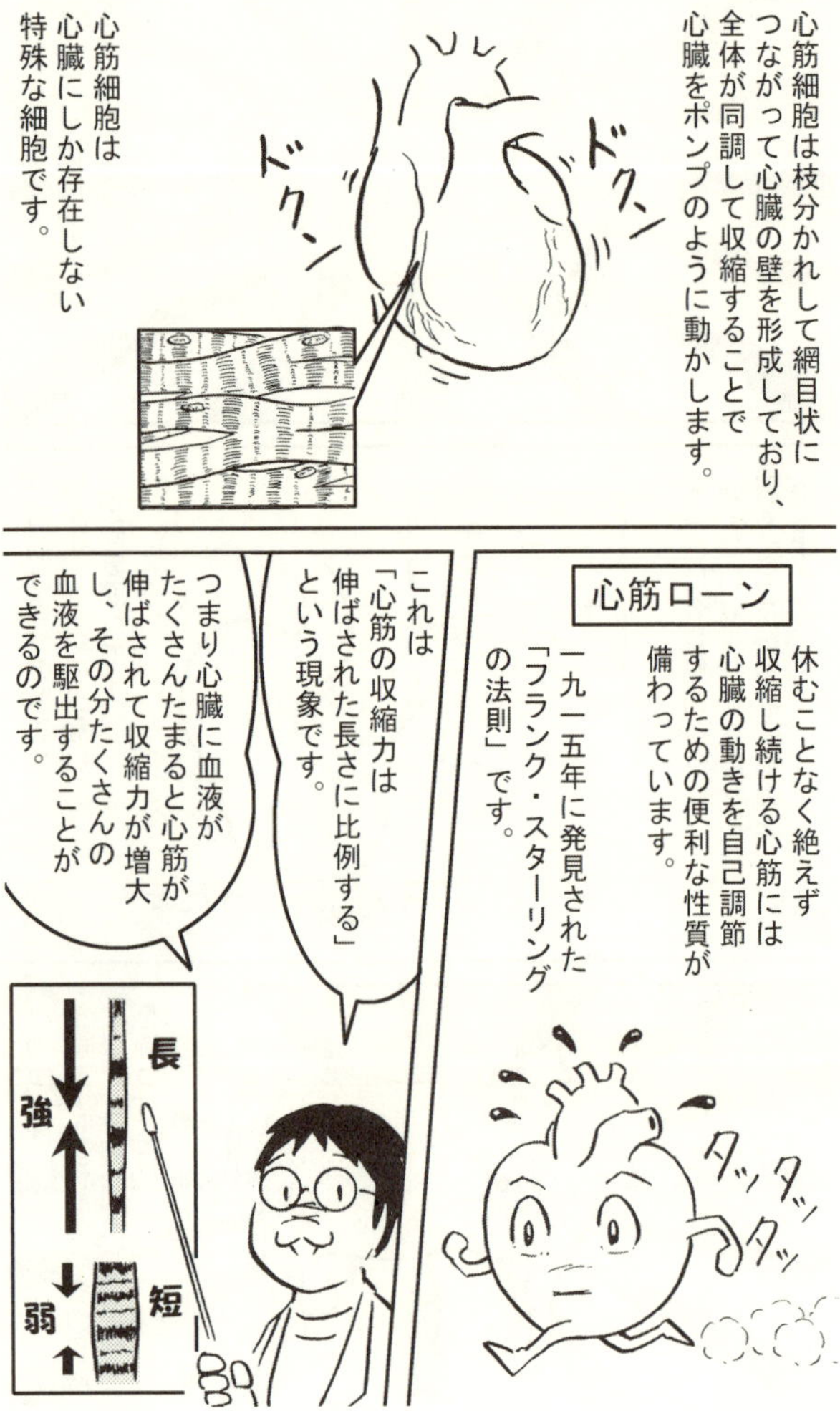
心筋細胞は枝分かれして網目状につながって心臓の壁を形成しており、全体が同調して収縮することで心臓をポンプのように動かします。
ドクン
ドクン
心筋細胞は心臓にしか存在しない特殊な細胞です。
心筋ローン
休むことなく絶えず収縮し続ける心筋には心臓の動きを自己調節するための便利な性質が備わっています。
一九一五年に発見された「フランク・スターリングの法則」です。
タッタッタッ
これは「心筋の収縮力は伸ばされた長さに比例する」という現象です。
つまり心臓に血液がたくさんたまると心筋が伸ばされて収縮力が増大し、その分たくさんの血液を駆出することができるのです。
長
強
短
弱

「フランク・スターリングの法則」はたとえて言えば、毎月の収入額に合わせて、返済するローンの額が変わるシステムといえましょう！

今月は儲かりました。

では返済額を増やしましょう。

今月は赤字で…

じゃ返済しなくていいです。

刺激伝導系

心臓の運動は「刺激伝導系」によって調節されています。

刺激伝導系とは心臓のてっぺんの「洞房《どうぼう》結節」という「ペースメーカー（規則的に電気信号を出す部分）」から起こる電気的興奮を特殊な心筋線維を通して心筋全体に使えるシステムです。

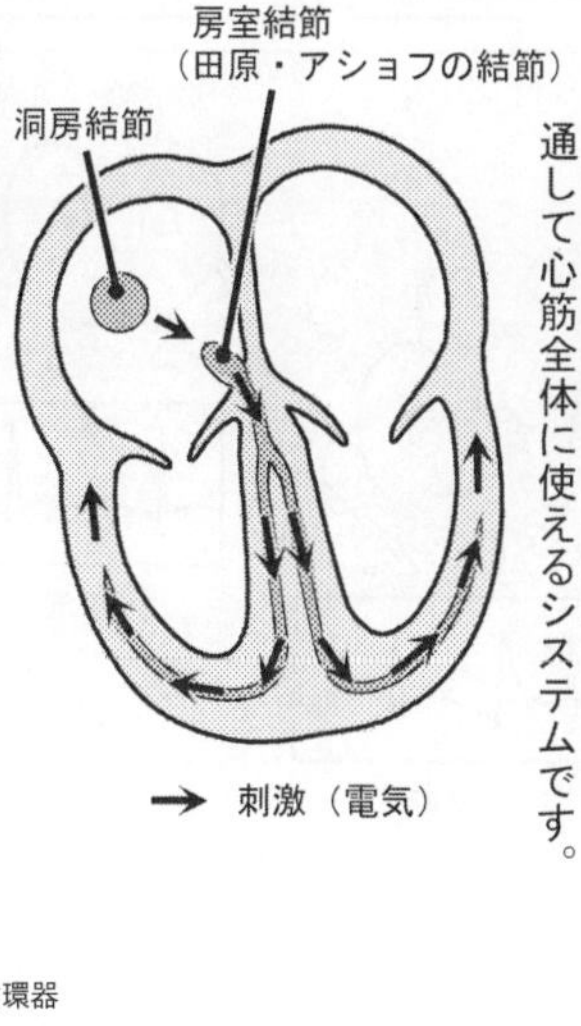
房室結節
（田原・アショフの結節）
洞房結節
→ 刺激（電気）

心房と心室の間にもペースメーカーがあり、発見者の田原淳（一八七三〜一九五二）の名前をとって「田原・アショフの結節」と名付けられています。

この刺激伝達が阻止されている状態を「ブロック」と呼びますが、その場合は心臓がうまく動かなくなることがあります。

これを補って適切な電気刺激を心臓に伝えさせる医療機器が「心臓ペースメーカー」です。

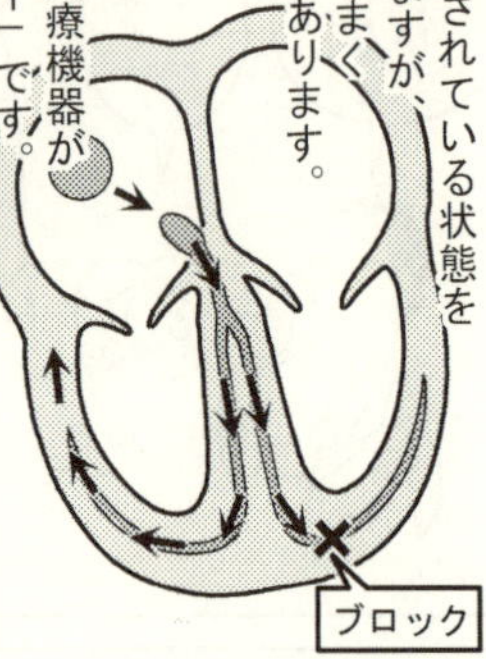

心電図

心臓が動く刺激は電気で伝えられるため、これを体表から測定すると心臓の動きが分かります。

これが「心電図」です。

心電図検査で診断できる代表的疾患は心臓の脈が乱れる「不整脈」です。

正常

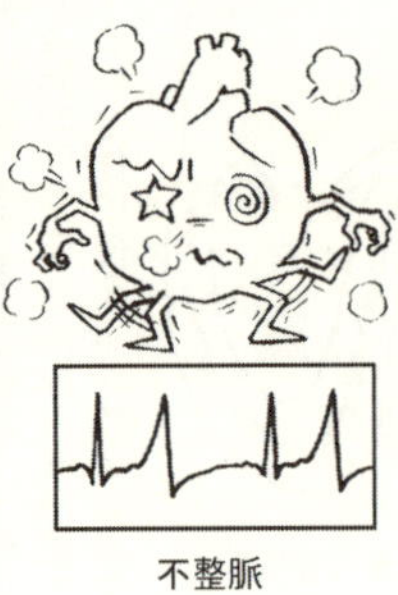
不整脈

心房・心室の動きの異常は電気信号でとらえられ、徐脈（脈が遅くなる）、頻脈（早くなる）、期外収縮（乱れる）、心房細動（心房がブルブルふるえ脈が乱れる）等の異常がわかります。

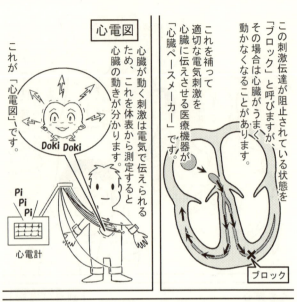

もうひとつは「虚血性心疾患」です。

狭心症

狭心症や心筋梗塞など、心臓に血液が足りなくなった状態では、心電図に特徴的な異常が現れます。

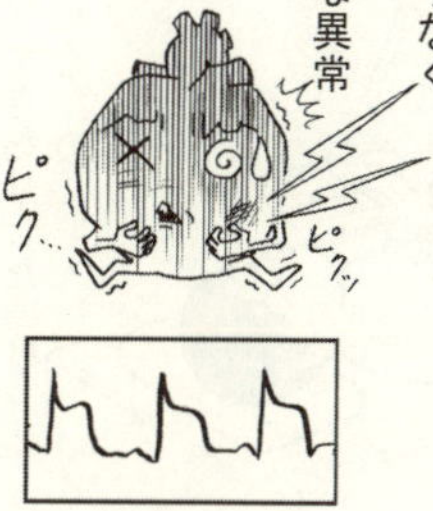

心筋梗塞

さらに心臓の刺激伝導系の障害である「ブロック」や、

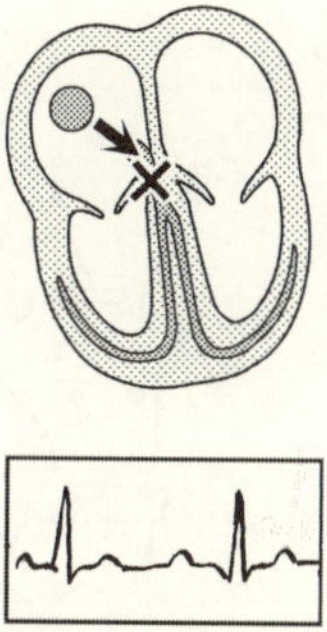

ブロック

異常な伝導路の存在により時に発作的な不整脈を起こす「副伝導路症候群」なども診断できます。

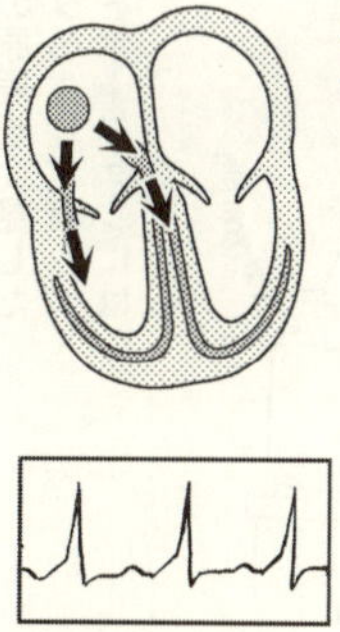

副伝導路症候群

その他、血中のカリウムやカルシウムなどが高すぎたり低すぎたりした時は心電図に変化が現れるため、

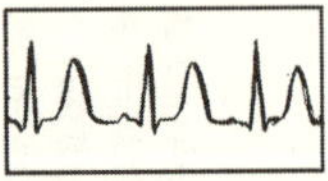

高カリウム血症

心電図を読むことで心臓病以外の全身の電解質バランスの異常がわかることもあります。

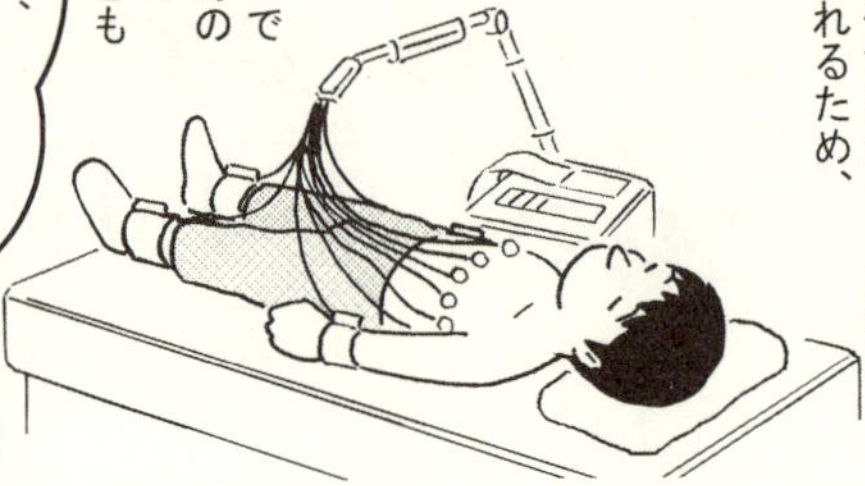

ふーん、心電図でわかるのは心臓の病気だけじゃないんだ・・・

こうした心電図の原理を発見したオランダの生理学者アイントホーフェンには

ウィレム・アイントホーフェン
(1860～1927)

一九二四年、ノーベル生理学・医学賞が与えられています。

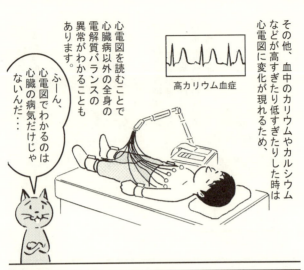

このようにさまざまな疾患の診断に役立つ心電図ですが、実は大きな限界があります。

それは不整脈や狭心症などの心電図の異常は、心臓に異常が起こっている時にしかとらえられないということです。

ですから患者さんが「毎年の健康診断では心電図が正常です」とおっしゃられても、我々医者はあまり安心はしないのです。

健診では正常だったんです。

そうですか・・・

そこで診断のためには運動負荷をかけて心臓をわざといじめて、異常が出るか調べる検査（負荷心電図）や、

一日中心電図をつけっぱなしにしておいて、不整脈が出るかどうか記録する検査（ホルター心電図）などが行われます。

最近は発作時に患者さんが自分で心電図の異常を調べることができる携帯心電計も使われています。

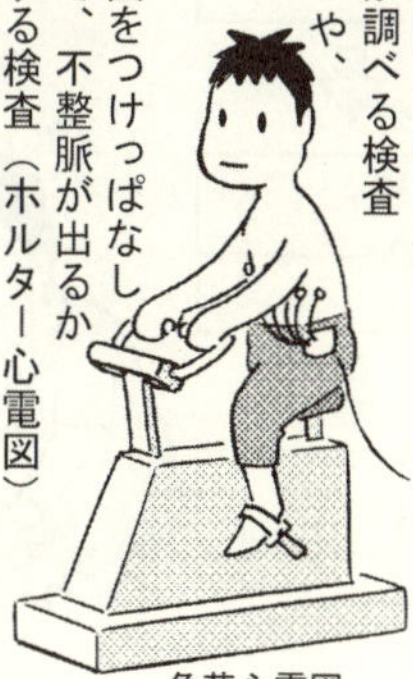
負荷心電図

ホルター心電図

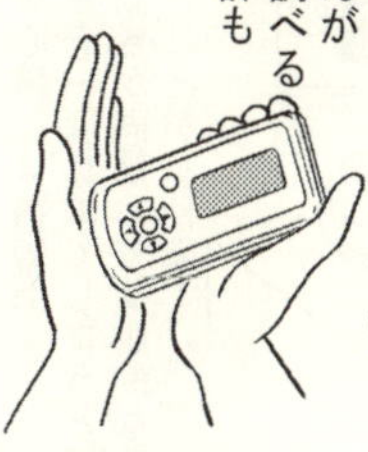
携帯心電計

心停止

臨床的に「心停止」と呼ばれている状態は心電図でとらえると図のようにふたつのパターンがあります。

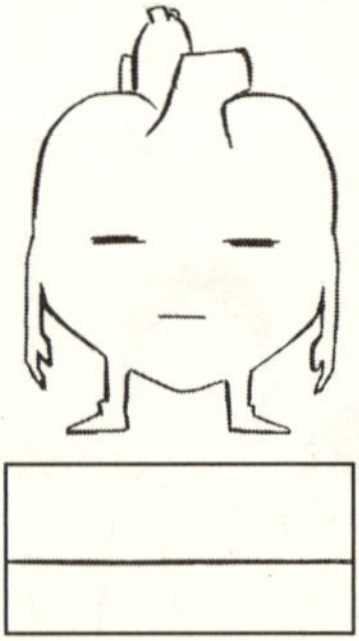

A　心静止

B　心室細動

Aは心筋の活動がまったくとまってしまった状態で「心静止」、Bは心筋がでたらめに収縮して心臓がブルブルふるえているだけの状態で「心室細動」と呼びます。

心室細動に陥っている心臓には通電のショックを与えて動きを一度止めてしまうと、その後、心筋細胞の動きが同調して律動的なポンプ運動が再開することがあります。

蘇生の時などにする「DC」とか「カウンターショック」という電気ショックがこれです。

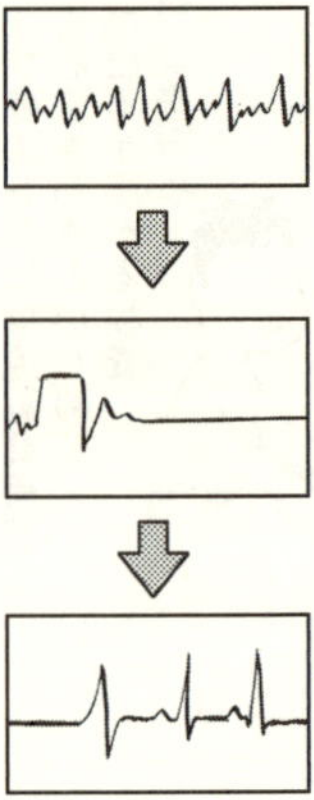

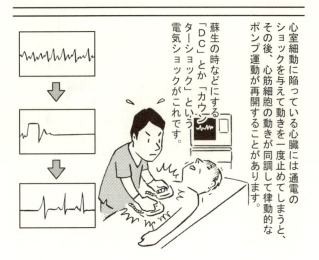

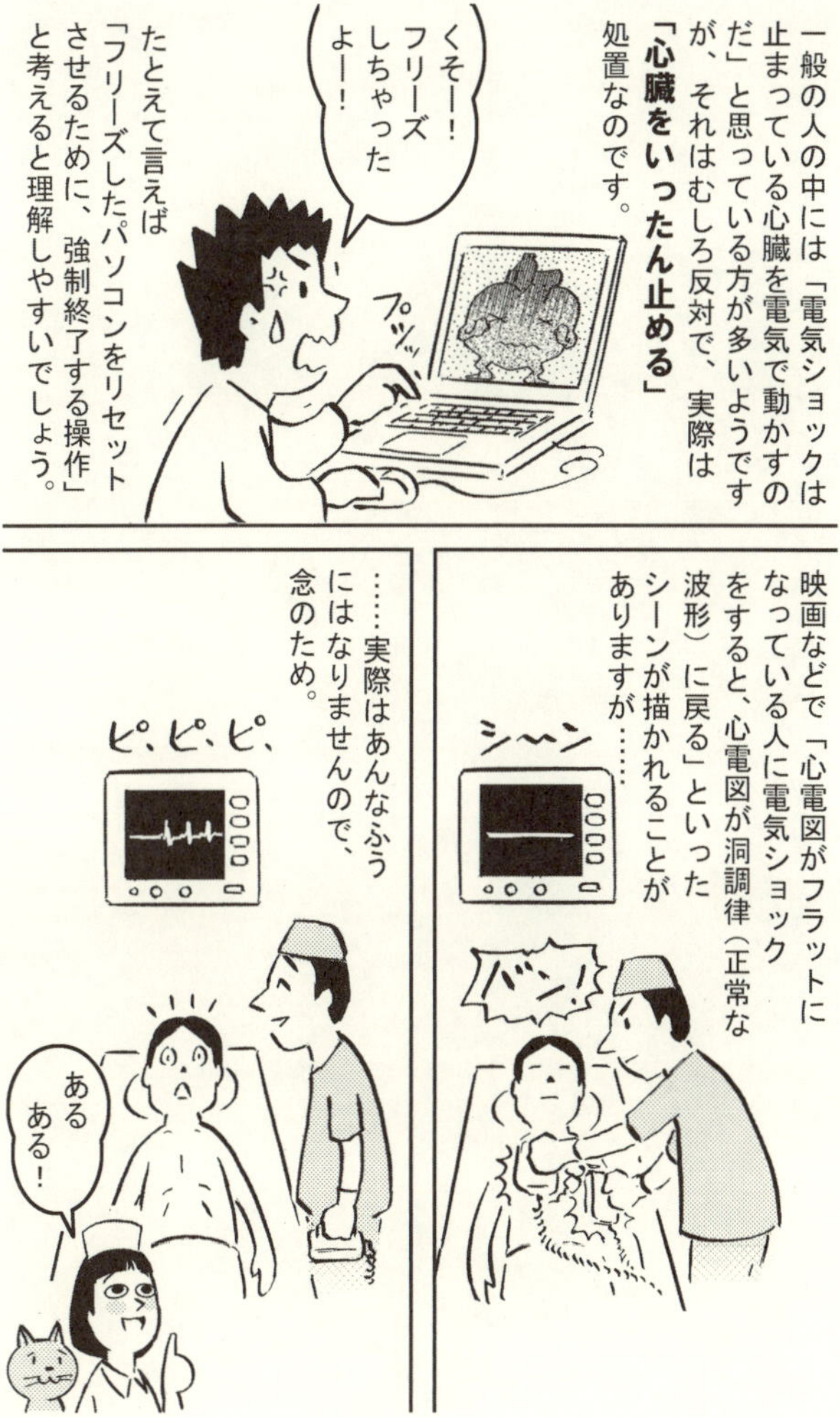
一般の人の中には「電気ショックは止まっている心臓を電気で動かすのだ」と思っている方が多いようですが、それはむしろ反対で、実際は**「心臓をいったん止める」**処置なのです。

くそー！フリーズしちゃったよー！

プツッ
たとえて言えば「フリーズしたパソコンをリセットさせるために、強制終了する操作」と考えると理解しやすいでしょう。

映画などで「心電図がフラットになっている人に電気ショックをすると、心電図が洞調律（正常な波形）に戻る」といったシーンが描かれることがありますが……

シーン
バン！

……実際はあんなふうにはなりませんので、念のため。
ピ、ピ、ピ、
あるある！

第五章 呼吸器

では、ここで皆さんに質問です！
魚にとって、「肺」にあたる臓器とは何でしょう？
エラ!!
役割から言うとそうですね！でも正解は、「うきぶくろ」！

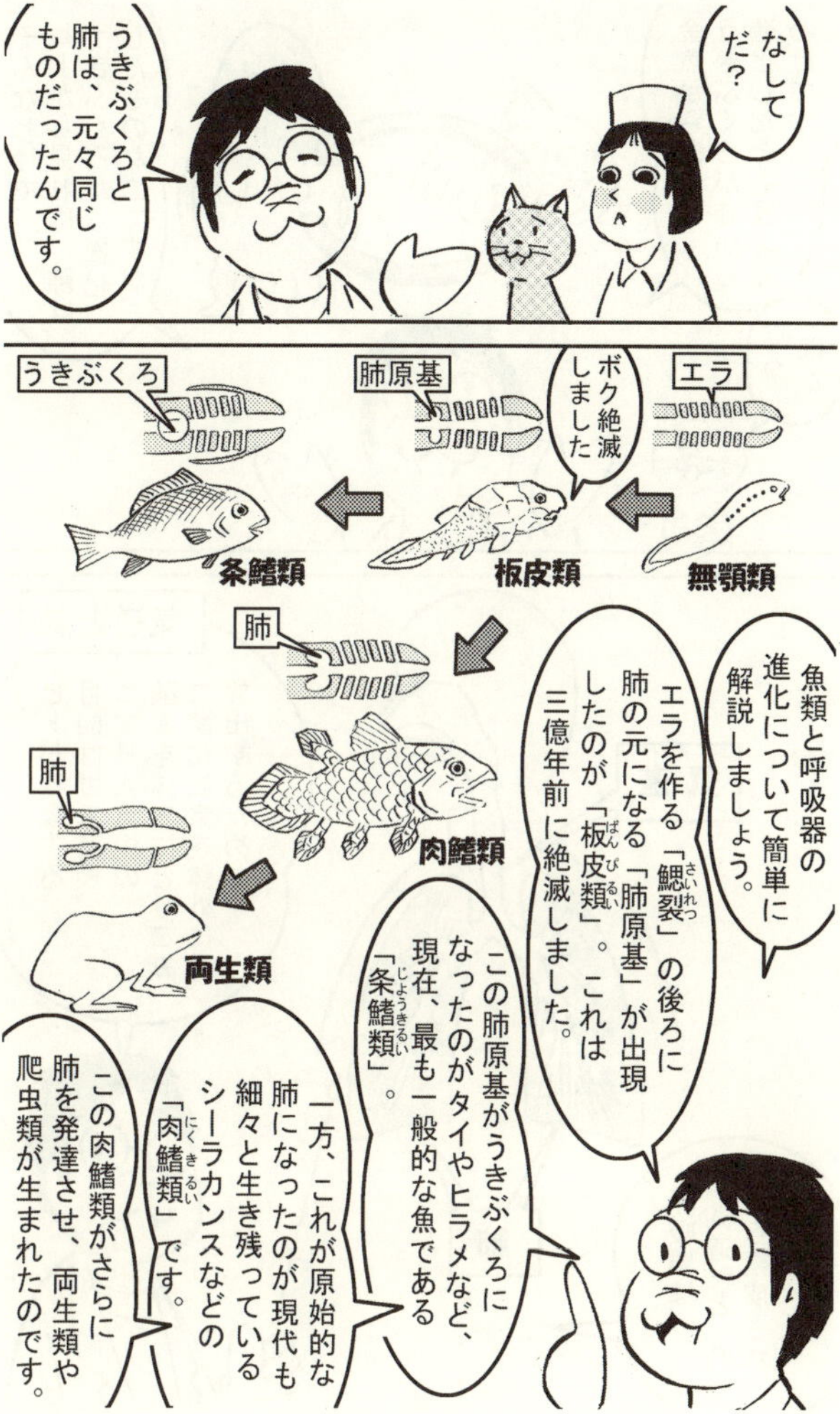
なしてだ？
うきぶくろと肺は、元々同じものだったんです。
エラ
肺原基
うきぶくろ
ボク絶滅しました
無顎類
板皮類
条鰭類
肺
肉鰭類
肺
両生類
魚類と呼吸器の進化について簡単に解説しましょう。
エラを作る「鰓裂《さいれつ》」の後ろに肺の元になる「肺原基」が出現したのが「板皮類《ばんぴるい》」。これは三億年前に絶滅しました。
この肺原基がうきぶくろになったのがタイやヒラメなど、現在、最も一般的な魚である「条鰭類《じょうきるい》」。
一方、これが原始的な肺になったのが現代も細々と生き残っているシーラカンスなどの「肉鰭類《にくきるい》」です。
この肉鰭類がさらに肺を発達させ、両生類や爬虫類が生まれたのです。

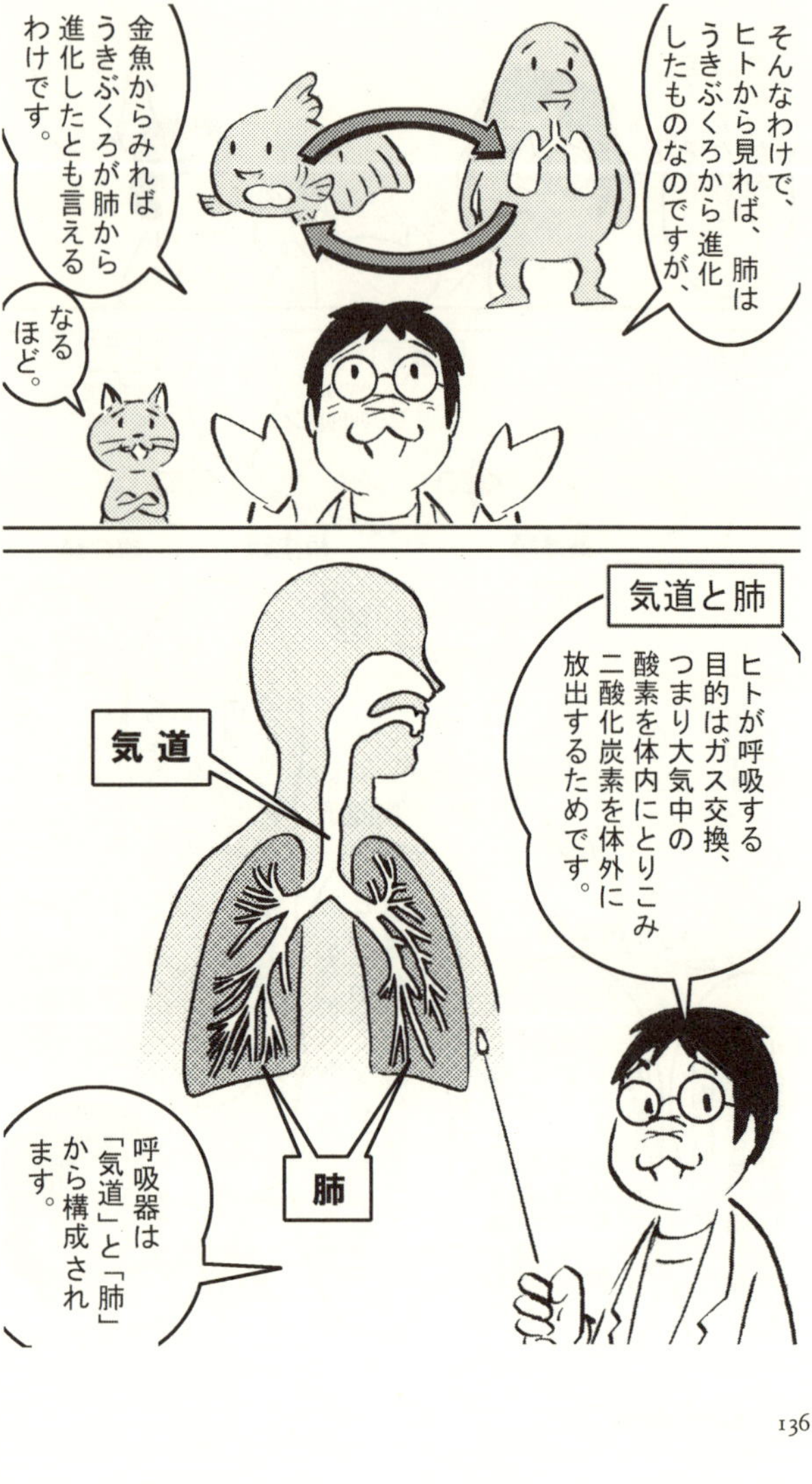

そんなわけで、ヒトから見れば、肺はうきぶくろから進化したものなのですが、
金魚からみればうきぶくろが肺から進化したとも言えるわけです。
なるほど。
気道と肺
ヒトが呼吸する目的はガス交換、つまり大気中の酸素を体内にとりこみ二酸化炭素を体外に放出するためです。
気道
肺
呼吸器は「気道」と「肺」から構成されます。

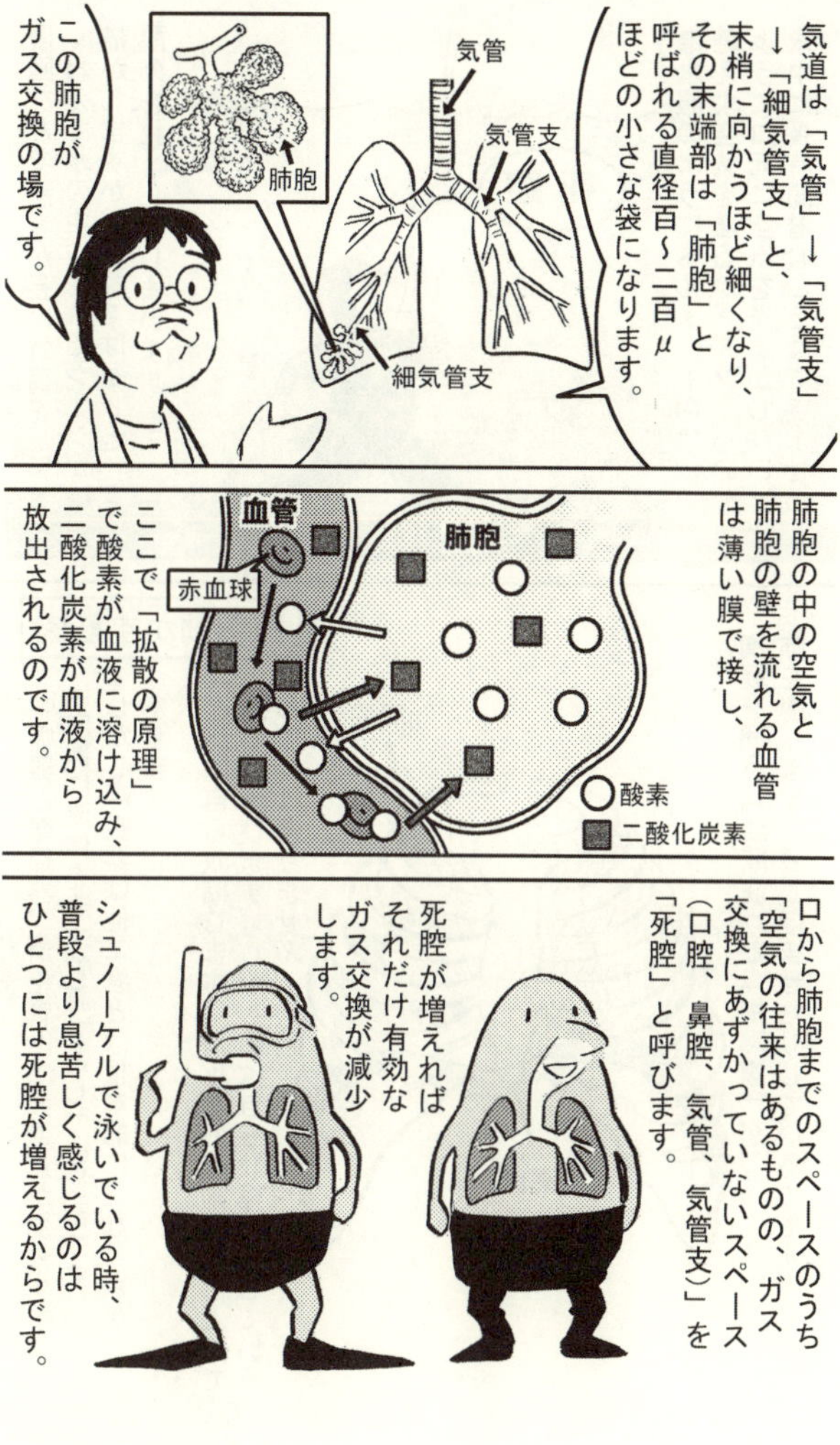
気道は「気管」→「気管支」→「細気管支」と、末梢に向かうほど細くなり、その末端部は「肺胞」と呼ばれる直径百〜二百μほどの小さな袋になります。
気管
気管支
細気管支
肺胞
この肺胞がガス交換の場です。
肺胞の中の空気と肺胞の壁を流れる血管は薄い膜で接し、
肺胞
血管
赤血球
酸素
二酸化炭素
ここで「拡散の原理」で酸素が血液に溶け込み、二酸化炭素が血液から放出されるのです。
口から肺胞までのスペースのうち「空気の往来はあるものの、ガス交換にあずかっていないスペース（口腔、鼻腔、気管、気管支）」を「死腔」と呼びます。
死腔が増えればそれだけ有効なガス交換が減少します。
シュノーケルで泳いでいる時、普段より息苦しく感じるのはひとつには死腔が増えるからです。

漫画などで忍者が長い竹筒をくわえて水の中に隠れるシーンが描かれますが、あれではすぐに酸欠を起こしてしまいます。

潜水服のようにヘルメット内に絶えず空気を送るか、スクーバのように口元に空気を送るかしないと、水中に長時間潜むことはできません。

肺を動かす筋肉

呼吸器と循環器、消化管には共通点があります。「内部に流体を流す管腔」としての役割です。しかし呼吸器は他二者とは根本的に異なる点があります。

心臓は自ら収縮します。消化管も蠕動運動によって食物を運びます。しかし肺は自ら収縮拡張しているわけではありません。

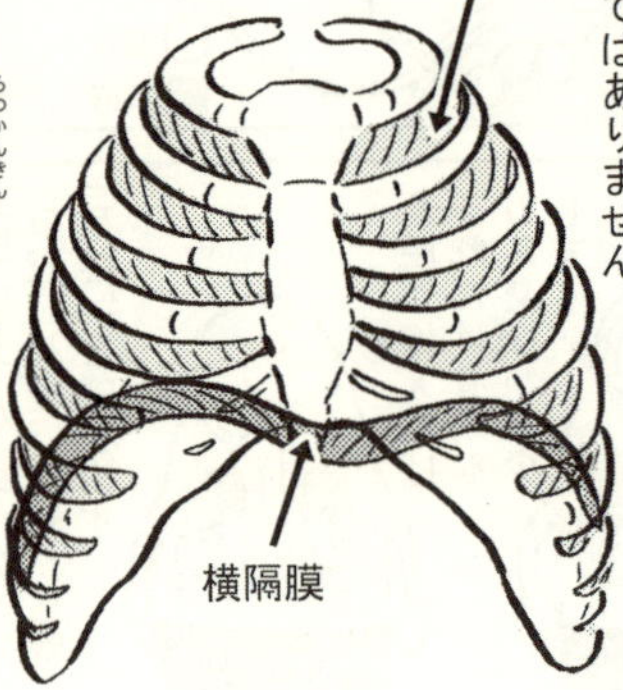

胸腔を囲う「肋間筋《ろっかんきん》」と「横隔膜」が、肺を膨らませたりしぼませたりしているのです。

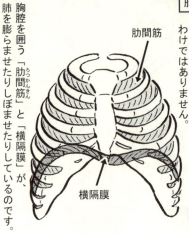

肺は「胸腔」という瓶の中に納められた袋のようなものです。その袋と瓶の間は「胸膜腔」と呼ばれるスペースです。

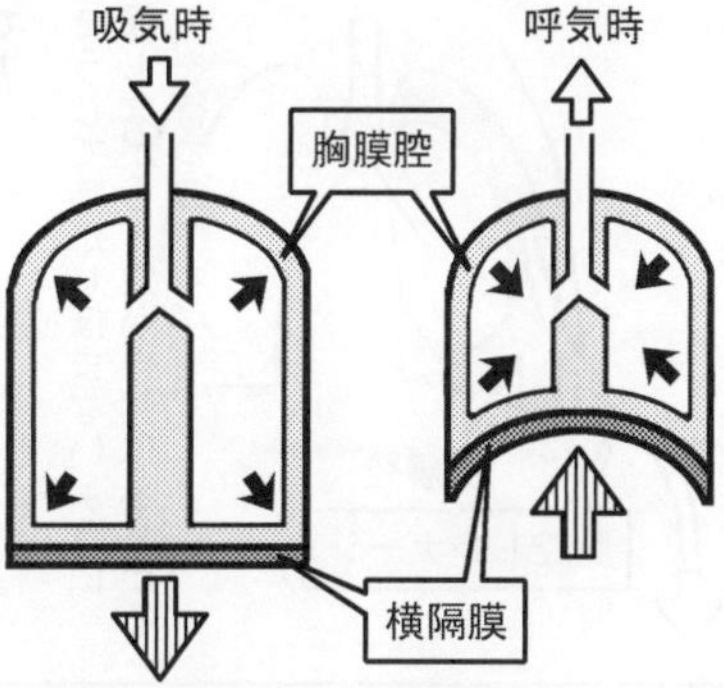

横隔膜が下がると、このスペースに陰圧がかかり、肺が膨らむのです。

胸腔内の陰圧が肺を膨らませることは「気胸」という疾患を見ればよく理解できます。気胸とは肺に穴が開くことで胸腔内に空気が漏れ出して肺がしぼんでしまう病気です。

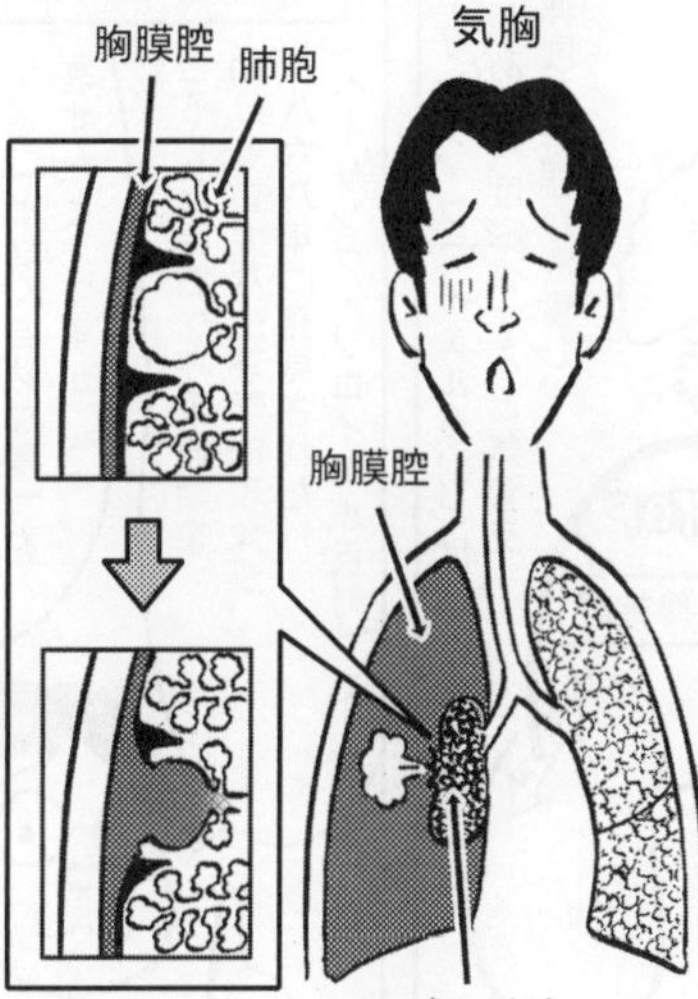

その多くは肺胞の一部に壁が壊れた袋のような病変ができて、それが破れることによって発症します。

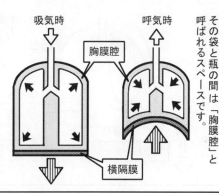

気胸の治療には、肋間から細い管を胸腔に挿入して持続的に陰圧をかける「胸腔ドレナージ」が有効です。

こうして肺がしぼまないように保ちながら、穴が自然にふさがるのを待つのです。

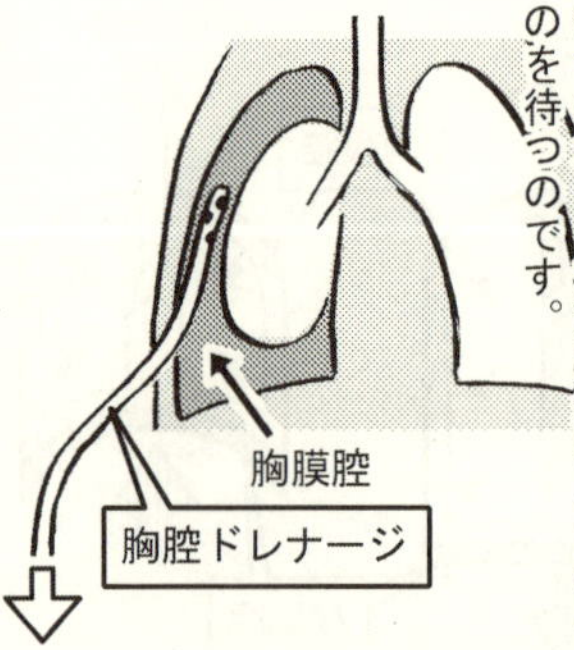
胸膜腔
胸腔ドレナージ

胸腔ドレナージは肺や心臓、食道の手術など、胸腔を開いた後に肺をしぼませないようにするためにも行われる処置です。

呼吸運動とガス交換
「息を（吸う）吐くように〇〇する」という言葉があります。これは「意識することなく自然な様」を表すたとえですが、
こうした自然な呼吸運動を助ける重要な生理学的現象が、一八六八年に発見された「ヘーリング・ブロイエル反射」です。

ヘーリング・ブロイエル反射とは「肺がある程度膨張すると気管支の伸展受容器が興奮し、

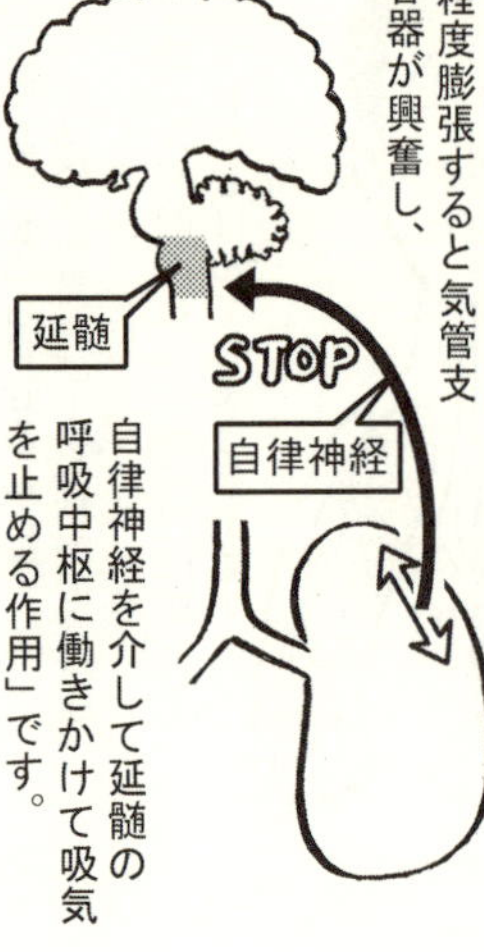
延髄
STOP
自律神経

自律神経を介して延髄の呼吸中枢に働きかけて吸気を止める作用」です。

これはたとえて言えば、「予算の決まっている飲み会で、予算がオーバーすれば自然にオーダーがストップされるシステム」と考えていただくとよいでしょう。

カンパーイ
会計の時に伝票を見てびっくりすることもなく、
五万八千円です。

財布をさがして焦る必要もないわけです。

ここ、カード使えます？

あるある！

この作用によって、我々は肺の過度の膨張を防ぎ、呼吸リズムを意識することなく作ることができるのです。

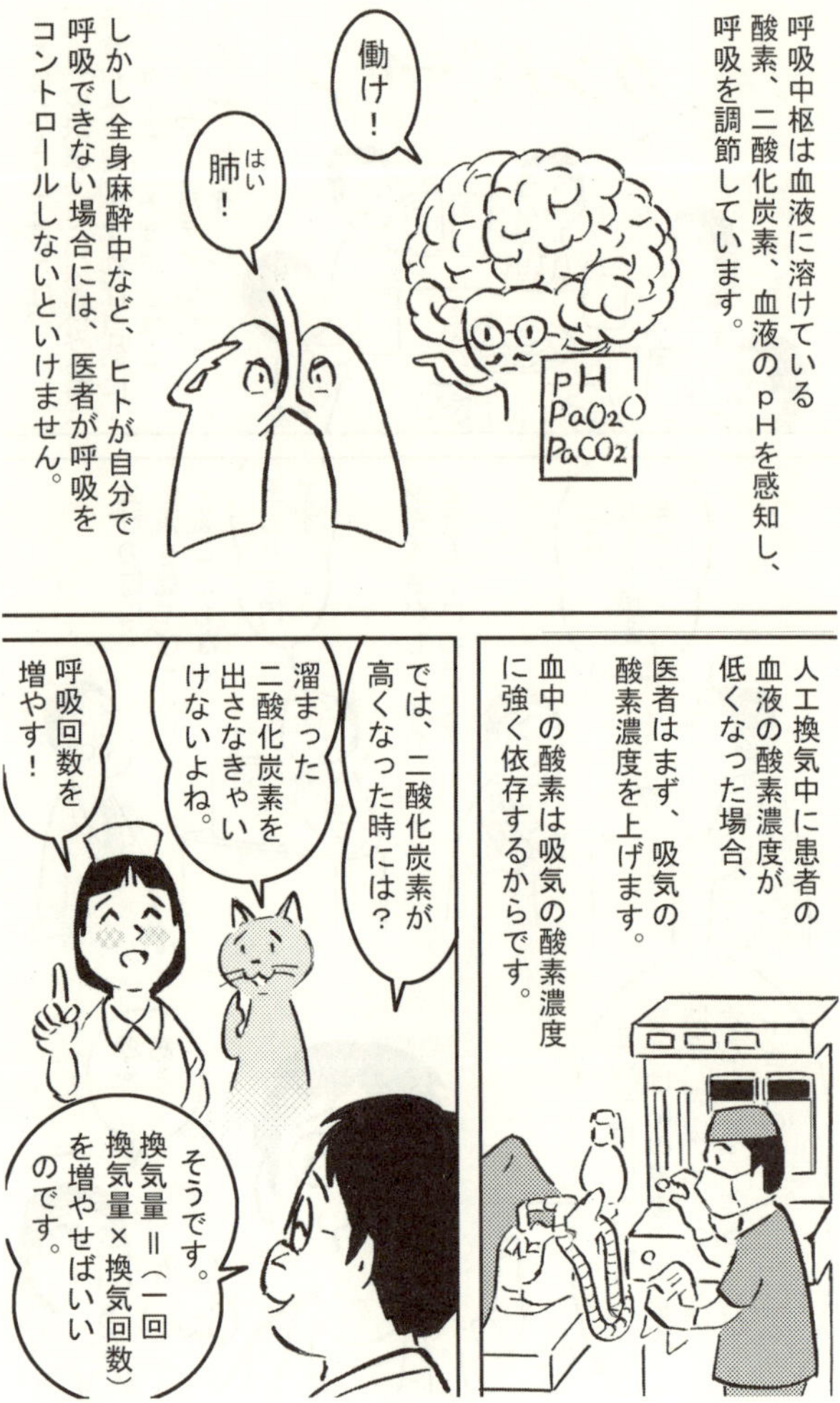
呼吸中枢は血液に溶けている酸素、二酸化炭素、血液のpHを感知し、呼吸を調節しています。
働け!
肺《はい》!
pH
PaO2
PaCO2
しかし全身麻酔中など、ヒトが自分で呼吸できない場合には、医者が呼吸をコントロールしないといけません。
人工換気中に患者の血液の酸素濃度が低くなった場合、
医者はまず、吸気の酸素濃度を上げます。
血中の酸素は吸気の酸素濃度に強く依存するからです。
では、二酸化炭素が高くなった時には?
溜まった二酸化炭素を出さなきゃいけないよね。
呼吸回数を増やす!
そうです。換気量=(一回換気量×換気回数)を増やせばいいのです。

二酸化炭素の血中濃度は換気量に強く影響されます。
もちろん換気量があまりに少ない場合は血液中の酸素も低くなるのですが、
二酸化炭素は酸素より二十倍も拡散能力が高いのです。
CO_2
O_2
そんなわけで、呼吸をしすぎた場合「酸素が溜まりすぎて困る」ことはないのですが、「二酸化炭素が抜けすぎて困った事態が生じる」ことがあります。
「過換気症候群」です。
はぁ
はぁ
はぁ
はぁ
はぁ
過換気症候群は若い女性に多く、精神的なストレスなどで呼吸が早くなって失神を起こす疾患です。
CO_2
CO_2
CO_2
バタッ
二酸化炭素が血液から抜けすぎると、血液がアルカリ性に傾いて（呼吸性アルカローシス）手足がしびれたり、脳の血管が収縮して失神をおこしたりするのです。

このさい、昔の医学書には二酸化炭素が体から飛びすぎないようにするために「紙袋を口にあてて呼吸させる方法」が紹介されていました。

ス〜
ハ〜
ス〜
ハ〜

しかし こうした「ペーパーバッグ法」は低酸素を引き起こしてかえって危険であるため、現在では「おこなうべきではない処置」とされていますので、ご用心。

また、素潜りをする前に酸素を体に溜めておくため深呼吸をすることがありますが、

あまり深呼吸しすぎると体から二酸化炭素が抜けてしまい、水中で低酸素になっても息苦しさを感じにくくなります。

ス〜
ハ〜
CO_2

その結果、浮上を始めた時には低酸素が進んでおり、水圧の減少による酸素分圧の低下も加わって、水面近くで意識を失ってしまうことがあります。

これが「シャローウォーターブラックアウト」と呼ばれる現象です。

深呼吸のしすぎには気を付けましょうね。

また、慢性呼吸不全の患者さんでは、高二酸化炭素血症に体が慣れてしまい、

呼吸中枢が酸素の低下だけに反応するようになっていることがあります。

?
CO_2↑

こうした患者さんが呼吸障害を起こしたさいには、高濃度の酸素を与えると、かえってどんどん呼吸が抑制されてしまうこともあるため 注意が必要です。

O_2

ふーん、酸素が害になる時もあるんだね。

呼吸機能検査

呼吸機能を調べるための代表的な検査が「スパイロメトリー」です。

フ〜ッ

これは マウスピースを口にくわえ、思いっきり息を吸い込んだ後いっきに吐き出すことで、肺の機能を調べる検査です。

スパイロメトリーで測定される重要な数値はふたつです。ひとつは「肺活量」で、成人男性ではおよそ三〜四ℓ、女性では二〜三ℓです。

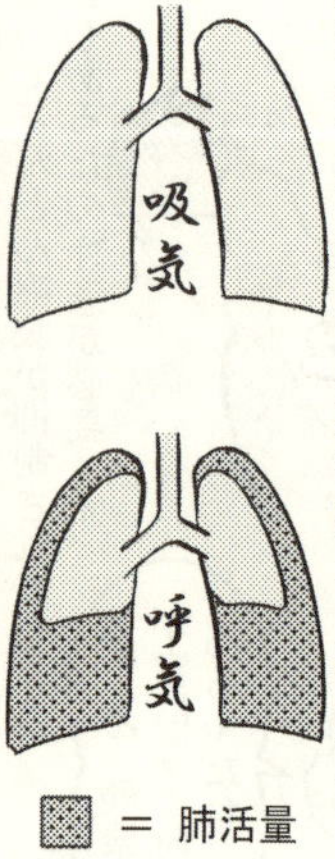

もうひとつは「一秒率」です。一秒率とは、息をできるだけ多く吸い込んだ後で思い切り速く吐き出したときに、はじめの一秒で肺活量のどのくらいが吐き出されるか、という数値で、平均は七十〜八十％です。

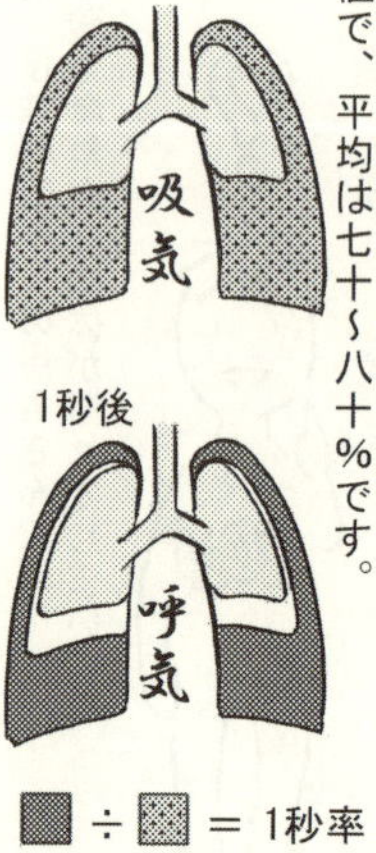

肺活量が年齢と身長から予測された平均値の八十％以下に低下している場合を肺の「拘束性障害」と呼びます。

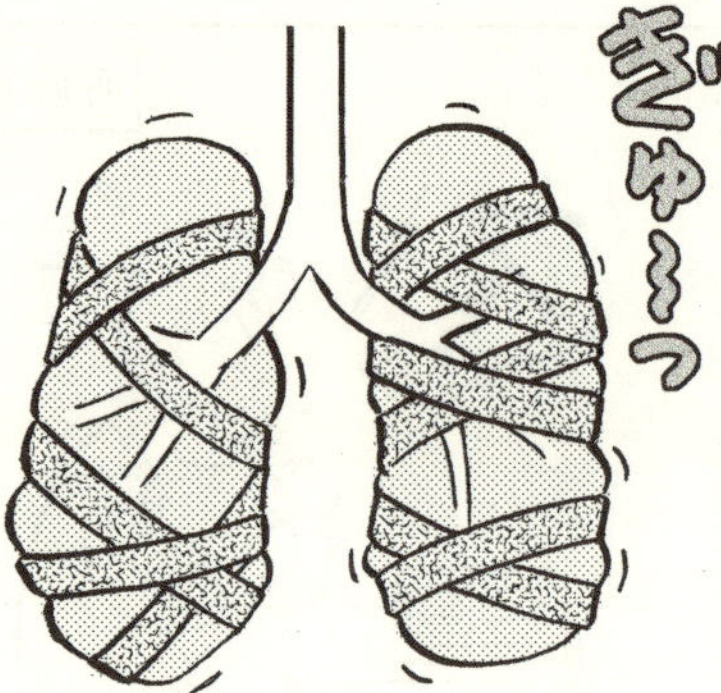

これは、何らかの原因で肺活量が少なくなっている状態で「間質性肺炎」、「肺線維症」などがその代表です。

一秒率が七十％以下に低下している場合を、肺の「閉塞性障害」と呼びます。

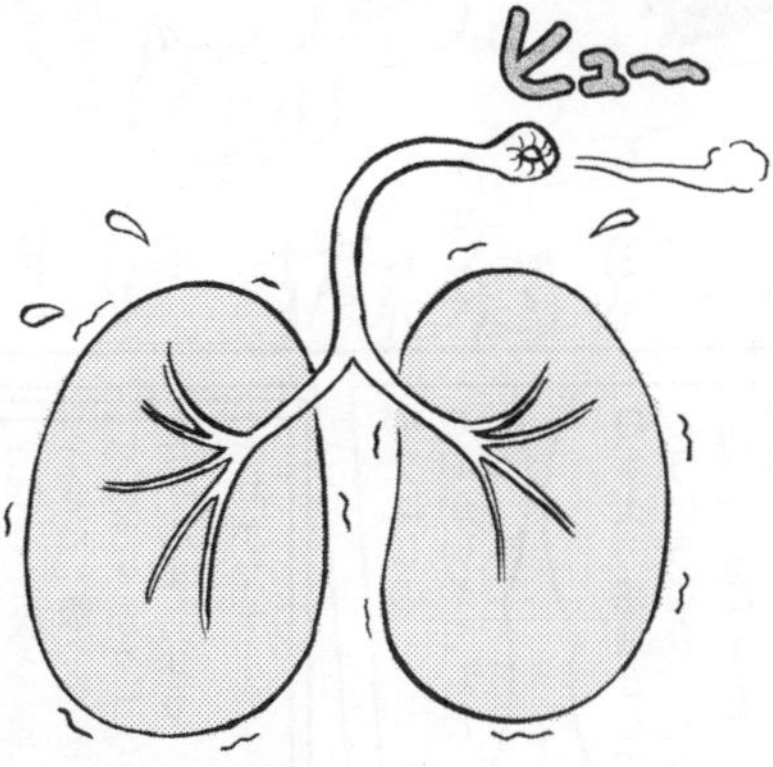

これは気道の抵抗が高かったり、肺の弾性が低下して息を勢いよく吐き出せない状態で「気管支喘息」や「慢性気管支炎」、「肺気腫」などがその代表です。

この慢性気管支炎と肺気腫は、まとめて「COPD（慢性閉塞性肺疾患）」と呼ばれます。

COPDは呼吸困難が不可逆的に進行していく疾患です。その最大の原因は喫煙であるため、別名「たばこ病」とも表現されています。

ちなみにCOPDに限らず、

たばこは医学的見地から見れば、百害あって一利なしの悪習です。

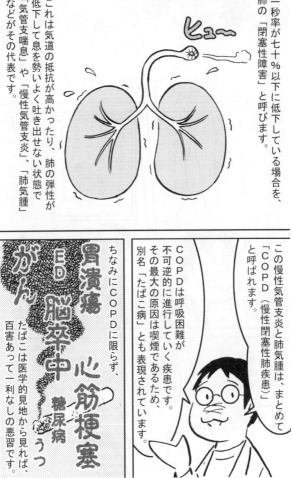

たばこの、さらに罪深いところは「受動喫煙」によって、本人だけではなく周囲の人にまで害をおよぼすことです。
毒
毒
昔、テレビのCMでこういうのがありました。
たばこを吸うときは「吸ってもいいですか？」とたずねましょう。それがマナーです。
ボクはこのCMがいやでした。
日本人の感性としてこういう場合、たとえ「嫌だなあ」と思っても「いいですよ」と言ってしまう人は多いのではないでしょうか？
そしてその結果、喫煙者はその言葉を免罪符に、
公共の場に毒物をまき散らすのです！
免

世の中には
たばこを吸いながら
反原発を訴えている
人がいますが、
あれは自分がいかにアホであるかを宣伝しているようなものです。
それはいいすぎだよ。
いえ、医師としてあえてもう一度！
たばこを吸いながら反原発を唱える人は、
とんでもないアホです!!

センセ、今、たくさんの人を敵に回したぞー。
そうだよ、宮崎駿さんだって、ヘビースモーカーだけど原発反対だよ。
え・・・
前言撤回！「たばこは文化」とも言えましょう・・・
オホン
いいかげんだなあ・・・
でも、健康のため
吸いすぎには注意して下さいネ！

第六章 泌尿器

さて、では皆さんに質問です！
ヒトが尿を出すのは何のためでしょう？
いらないモノを捨てるため！
んだ。排泄だべ！
ではその結果、得られるのは？

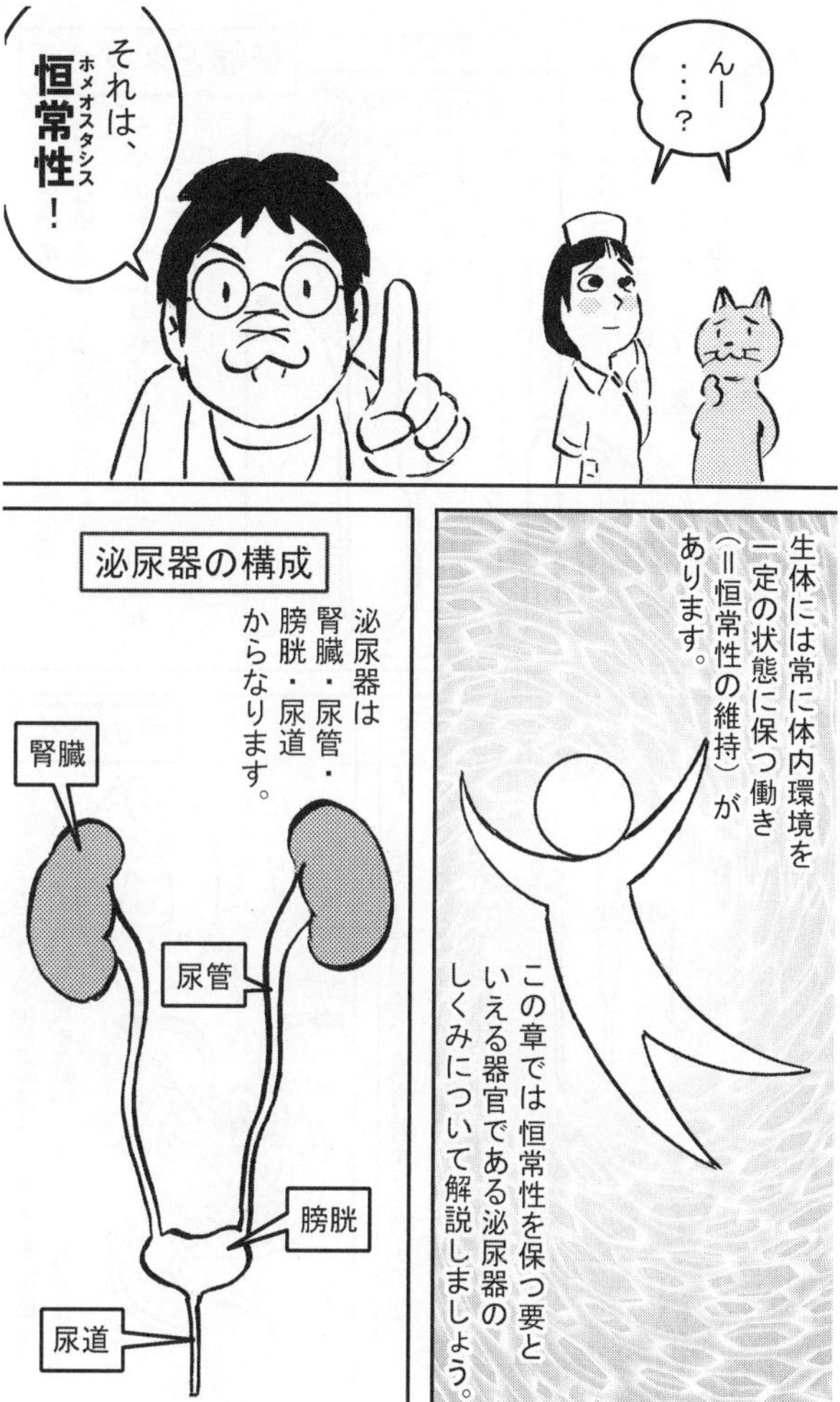
んー…？
それは、恒常性《ホメオスタシス》！
生体には常に体内環境を一定の状態に保つ働き（＝恒常性の維持）があります。
この章では恒常性を保つ要といえる器官である泌尿器のしくみについて解説しましょう。
泌尿器の構成
泌尿器は腎臓・尿管・膀胱・尿道からなります。
腎臓
尿管
膀胱
尿道

腎臓とネフロン

尿は腎臓の「ネフロン」と呼ばれる微小な構造物の中で作られます。一つの腎臓には約百万個のネフロンが存在しています。

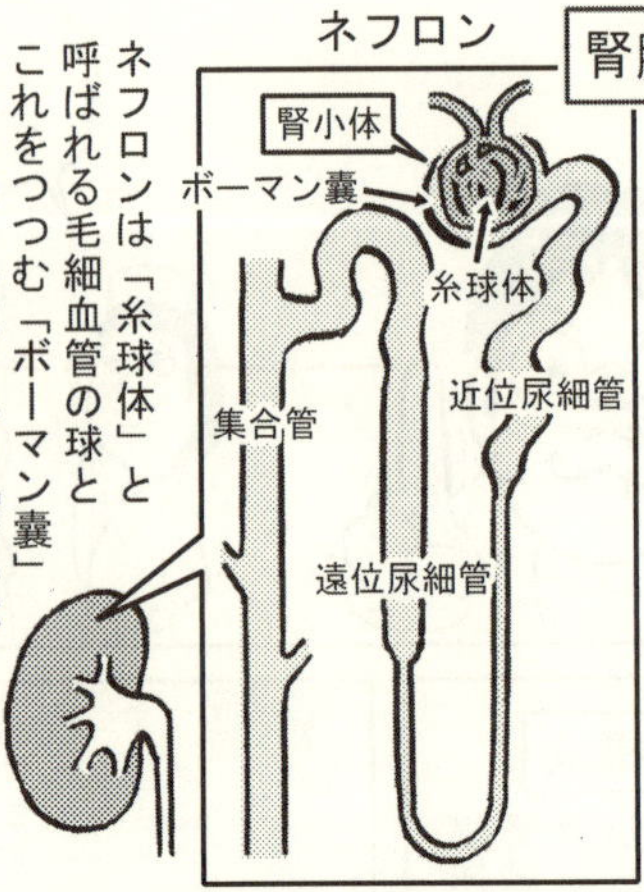

ネフロンは「糸球体」と呼ばれる毛細血管の球とこれをつつむ「ボーマン嚢」という袋で形成される「腎小体」およびこれにつながる「尿細管」、「集合管」という管からなります。

尿の産生

腎動脈に流れ込んだ血液は、まず糸球体で血球とタンパク質を除いた成分が濾過され、尿のもと（原尿）になります。

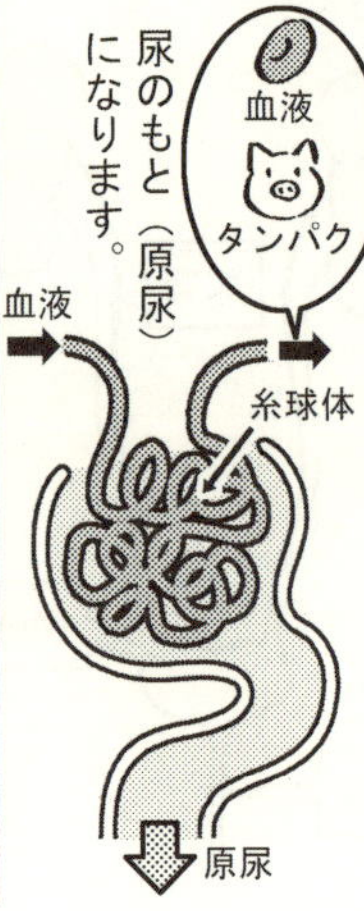

その後、原尿は尿細管、集合管を通過する間に体に必要な成分の再吸収を受け、最終的な排泄物である尿となって「腎盂《じんう》」に排泄されます。

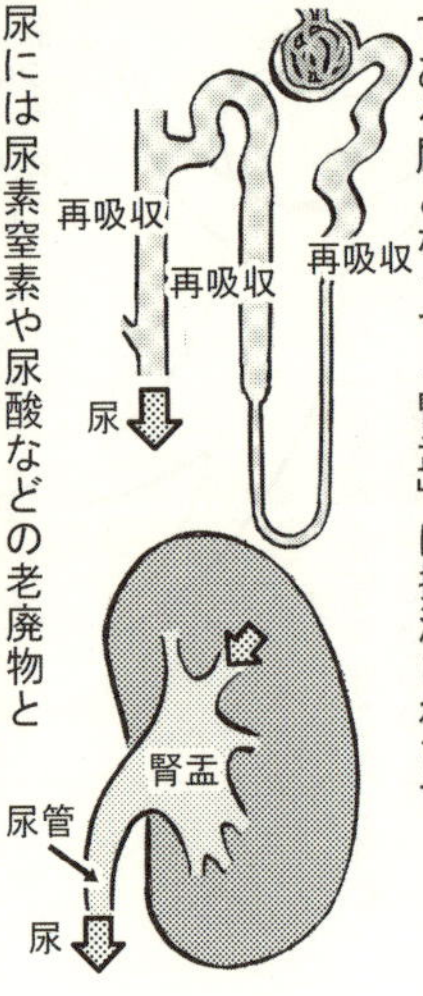

尿には尿素窒素や尿酸などの老廃物とともに、体の中で余剰になった物質が捨てられます。

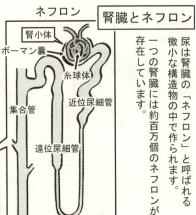

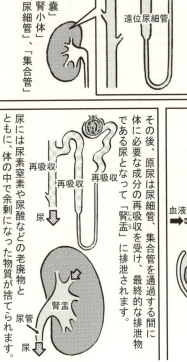

尿細管における物質の再吸収はホルモンの影響を受けて調節されており、血中の電解質やpH、体内の水分量、体液の浸透圧や血圧などの**恒常性**を保っているのです。

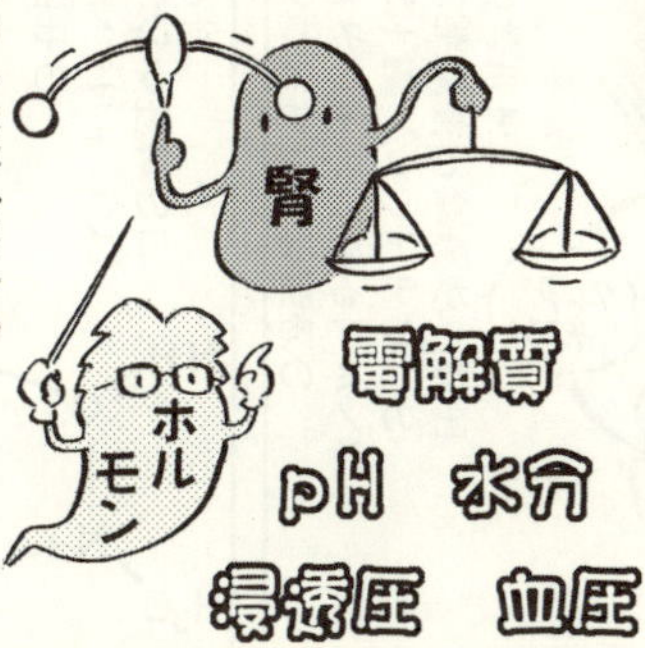

こうしたホルモンの作用については第七章で詳しく解説しましょう。

尿細管では原尿の九十九%が再吸収されるのですが、血中濃度が過剰な物質は再吸収しきれずに尿に排泄されます。

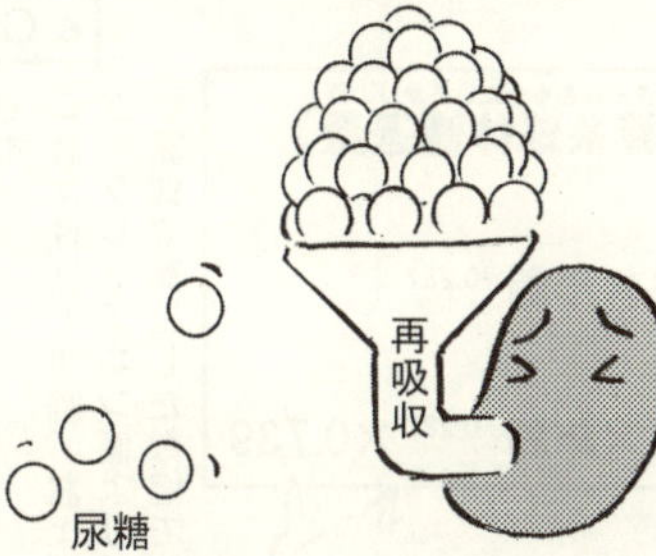

高血糖をきたす糖尿病で、尿に糖が漏れ出すのはこのためです。

また尿細管における糖の吸収能が下がった場合も尿に糖が降ります。

妊娠中に尿糖が出やすい主な原因はこれです。

ヒトの腎機能を一番簡単に知る目安は

血中の「クレアチニン」という物質の値です。

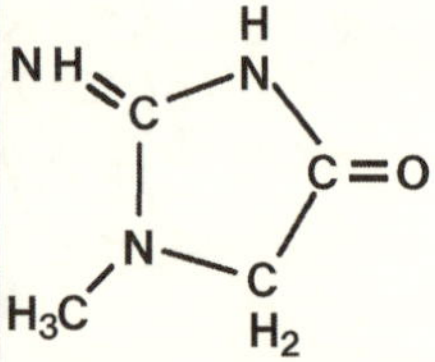

クレアチニンは筋肉のエネルギーになるアミノ酸の一種（クレアチン）の代謝産物で腎臓から排出されます。

腎機能が低下すると血中のクレアチニンが上昇します。

ｅＧＦＲ

近年、腎機能の指標としてよく用いられているものがｅＧＦＲ（推算糸球体濾過量）です。

これは性別と年齢、および血中クレアチニン値よりこの計算式で算出した数値です。

eGFR（推算糸球体濾過量《すいさんしきゅうたいろかりょう》）

（男性）

$194 \times Cr^{-1.094} \times 年齢^{-0.287}$

（女性）

$194 \times Cr^{-1.094} \times 年齢^{-0.287} \times 0.739$

Stage	eGFR値	進行度
1	90以上	機能は正常
2	89〜60	軽度の腎機能低下
3	59〜30	中等度の腎機能低下
4	29〜15	高度の腎機能低下
5	14以下	腎不全

皆さんも健康診断のデータでお手元にクレアチニンの値があれば、ご自分の腎機能を計算してみてください。

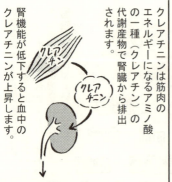

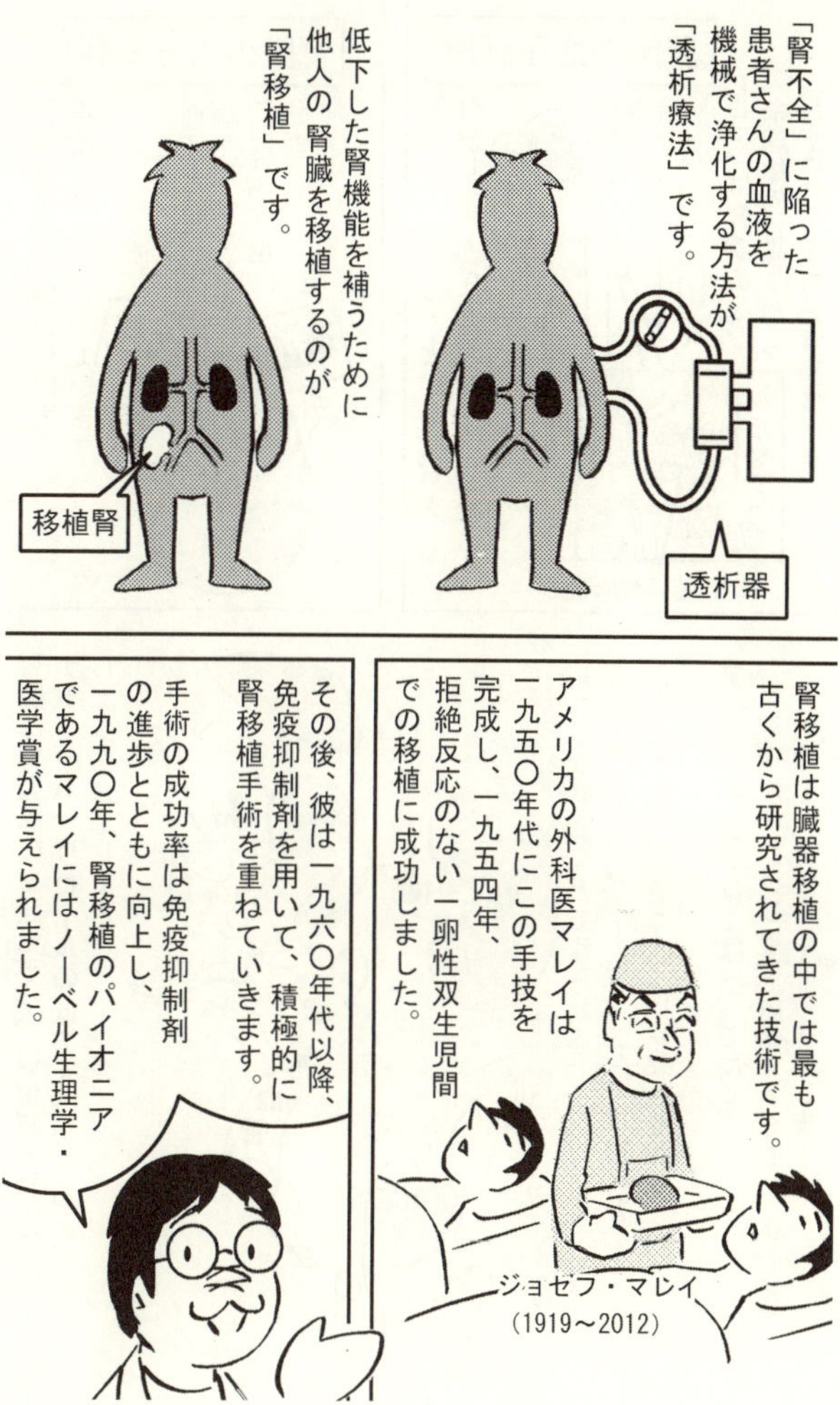
「腎不全」に陥った患者さんの血液を機械で浄化する方法が「透析療法」です。
透析器
低下した腎機能を補うために他人の腎臓を移植するのが「腎移植」です。
移植腎
腎移植は臓器移植の中では最も古くから研究されてきた技術です。
アメリカの外科医マレイは一九五〇年代にこの手技を完成し、一九五四年、拒絶反応のない一卵性双生児間での移植に成功しました。
ジョセフ・マレイ
(1919～2012)
その後、彼は一九六〇年代以降、免疫抑制剤を用いて、積極的に腎移植手術を重ねていきます。
手術の成功率は免疫抑制剤の進歩とともに向上し、一九九〇年、腎移植のパイオニアであるマレイにはノーベル生理学・医学賞が与えられました。

腎臓の内分泌作用

腎臓は排泄器官以外にも重要な働きを担っています。

血圧と造血の調節にかかわる「内分泌作用」です。

腎臓の血圧調節

腎臓は「レニン」という物質を分泌して、血圧を調節しています。

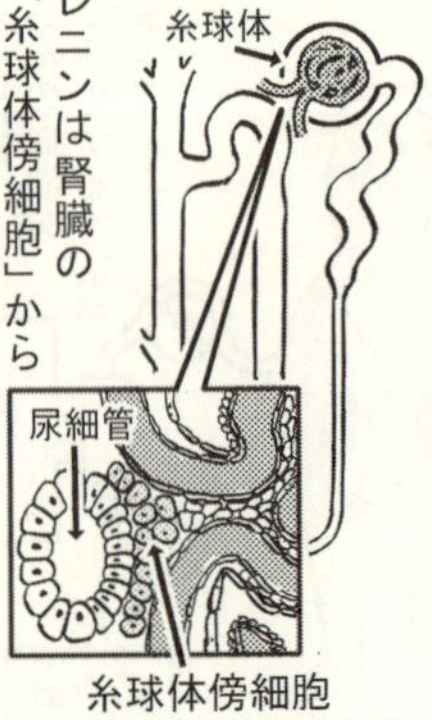

レニンは腎臓の「糸球体傍細胞」から分泌される蛋白分解酵素です。

腎臓は腎動脈の血圧低下や、遠位尿細管内液のナトリウム、クロールの低下を感知すると、レニンを分泌します。

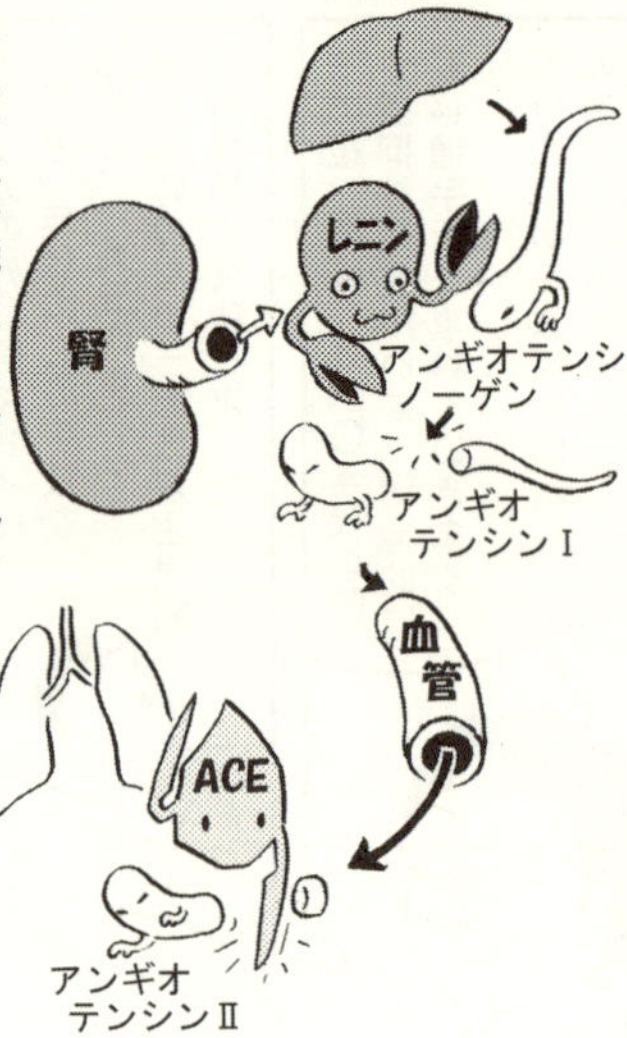

レニンは肝臓などで作られる「アンギオテンシノーゲン」という物質を「アンギオテンシンⅠ」に変化させます。

アンギオテンシンⅠは肺などにある「アンギオテンシン変換酵素（ＡＣＥ）」の作用で「アンギオテンシンⅡ」に変化します。

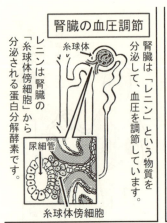

アンギオテンシンⅡは末梢血管を収縮させて血圧を上昇させます。

また、副腎皮質から「アルドステロン」というホルモンが分泌されるのを促進します。

アルドステロンは腎臓からのナトリウムの排泄を抑え、カリウムの排泄を促進して体内の水分量を増やし、血圧を上昇させる作用があります。

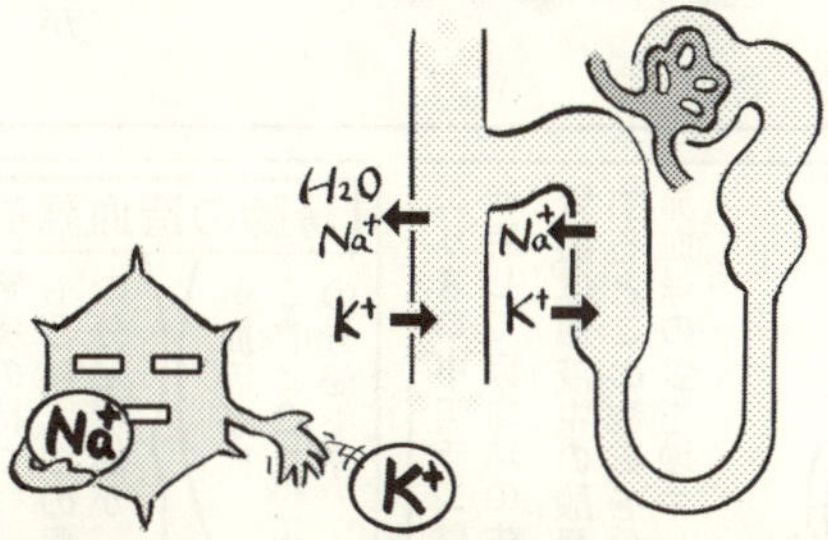

こうした一連のシステムは「レニン－アンギオテンシン－アルドステロン系」と呼ばれ、血圧と体液量、電解質の調節に重要な役割をします。

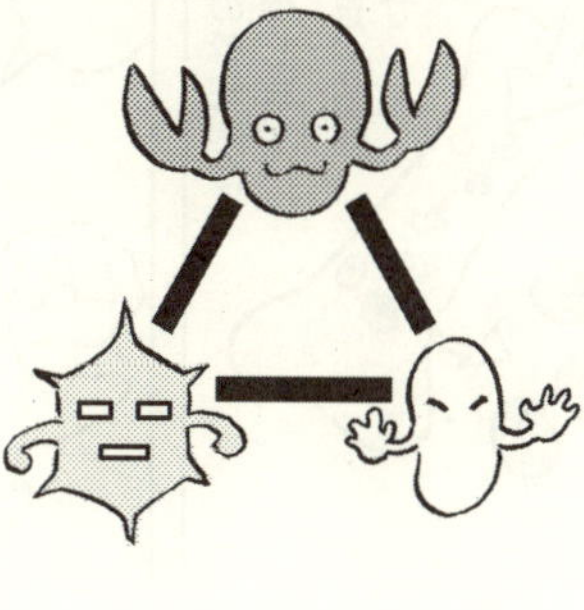

この経路をブロックする薬剤は高血圧症の治療薬として広く臨床で用いられています。

二次性高血圧症（何らかの疾患が原因となって生じる高血圧）の代表が「腎血管性高血圧」です。

これは動脈炎や腫瘍などで腎動脈が圧迫され、腎血流が低下することによって腎臓がレニンを過剰に分泌して血圧が上がってしまう病気です。

腎臓の造血調節

腎臓の持つもうひとつの重要な内分泌機能が
造血因子「エリスロポエチン」の分泌です。
EPO

エリスロポエチンは骨髄の幹細胞に作用して赤血球の生成を促します。腎臓は血液中の酸素の不足を感知するとこの物質を分泌して赤血球の量を増やします。

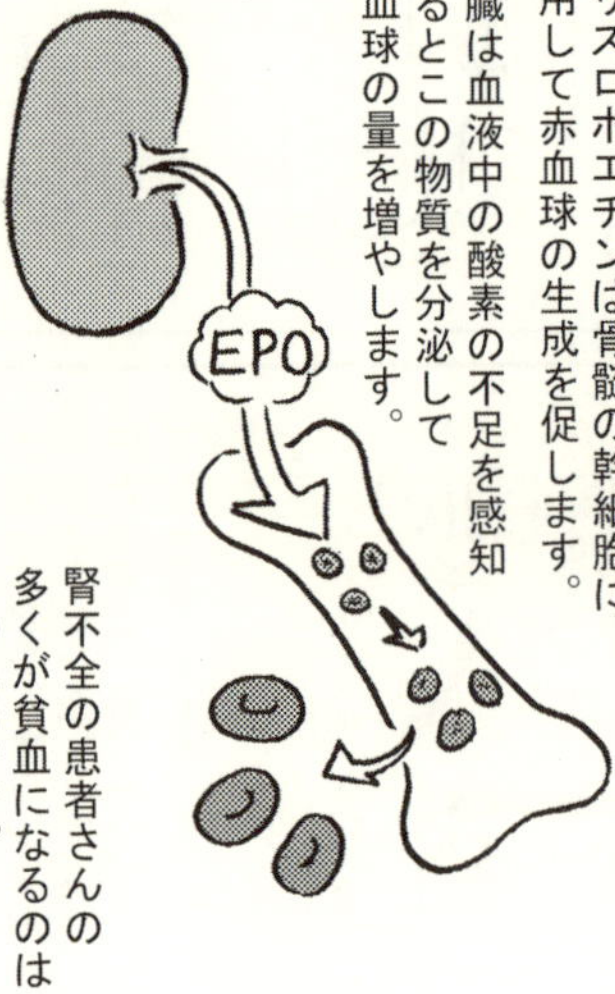
EPO

腎不全の患者さんの多くが貧血になるのはこのためです。

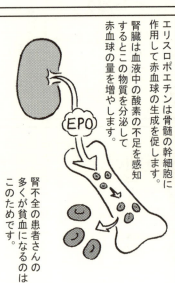

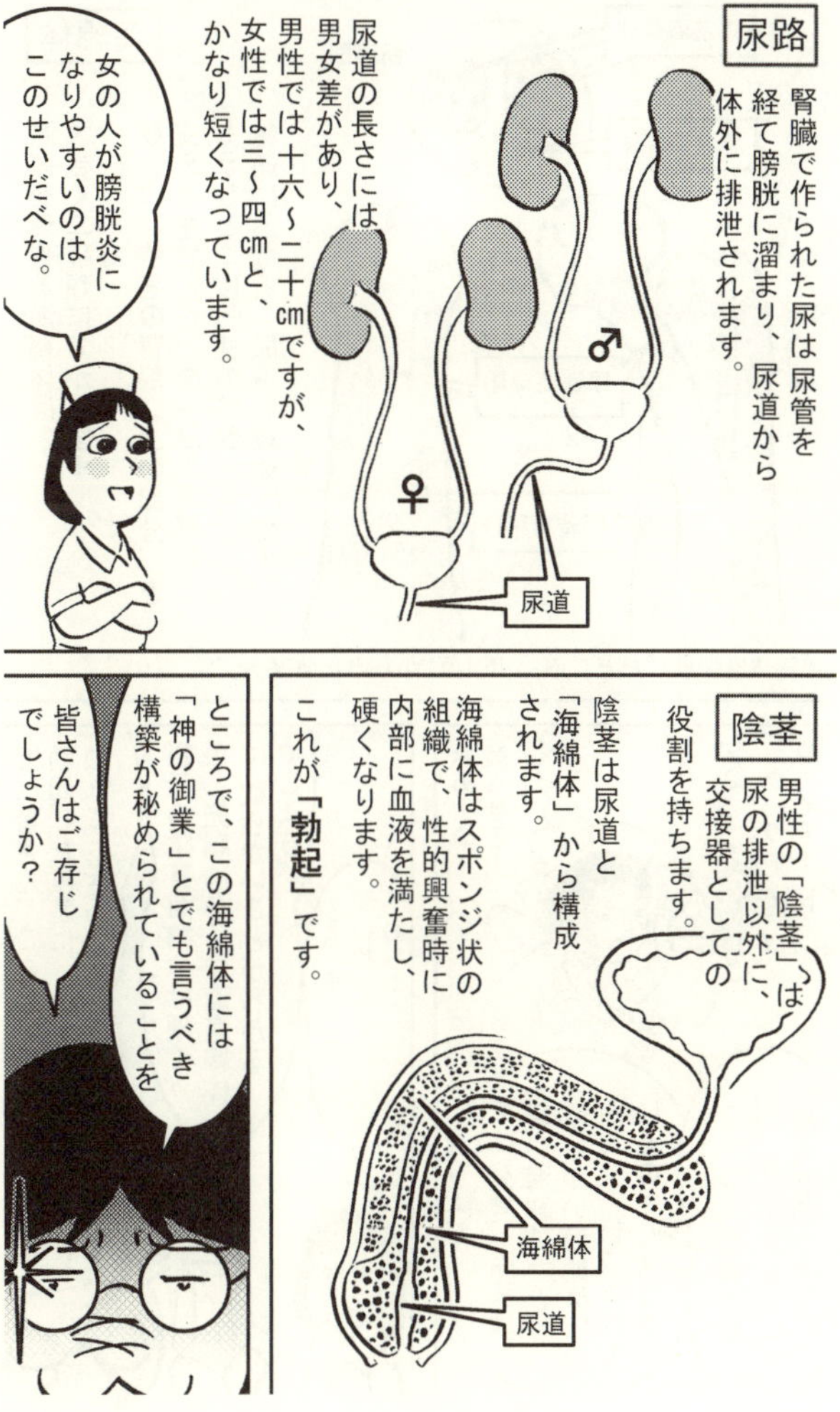
尿路
腎臓で作られた尿は尿管を経て膀胱に溜まり、尿道から体外に排泄されます。
♂
♀
尿道
尿道の長さには男女差があり、男性では十六～二十㎝ですが、女性では三～四㎝と、かなり短くなっています。
女の人が膀胱炎になりやすいのはこのせいだべな。
陰茎
男性の「陰茎」は尿の排泄以外に、交接器としての役割を持ちます。
陰茎は尿道と「海綿体」から構成されます。
海綿体はスポンジ状の組織で、性的興奮時に内部に血液を満たし、硬くなります。
これが「勃起」です。
海綿体
尿道
ところで、この海綿体には「神の御業」とでも言うべき構築が秘められていることを
皆さんはご存じでしょうか？

海綿体

陰茎を形作る海綿体は
大きく二種類に分かれます。
ひとつは陰茎の背部（上の部分）を
支える左右ふたつの「陰茎海綿体」、
もうひとつは陰茎の下部から
亀頭に連なる「尿道海綿体」です。

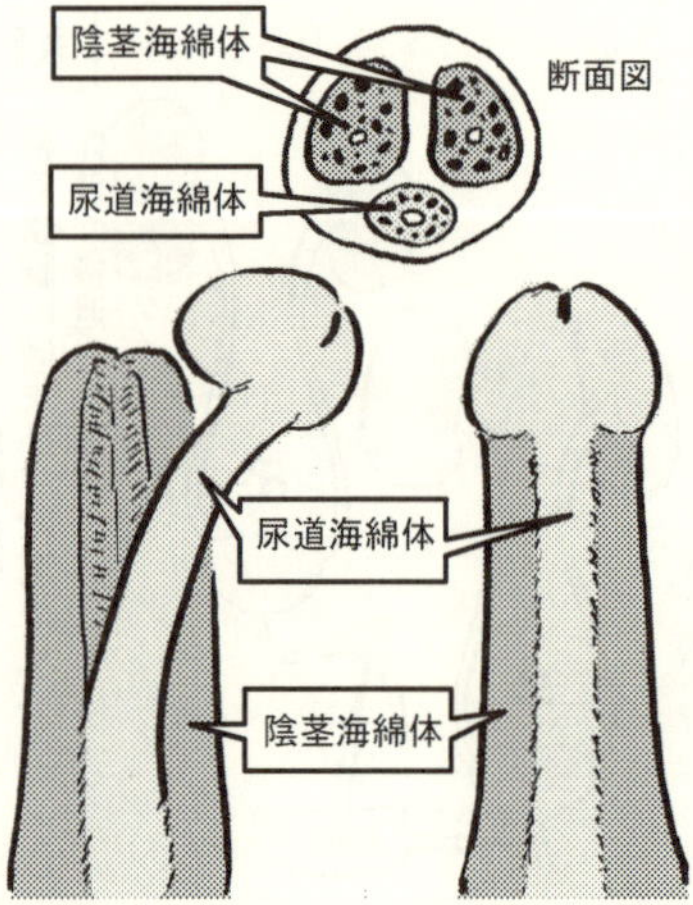

海綿体を切離したところ　下（裏）からみた陰茎

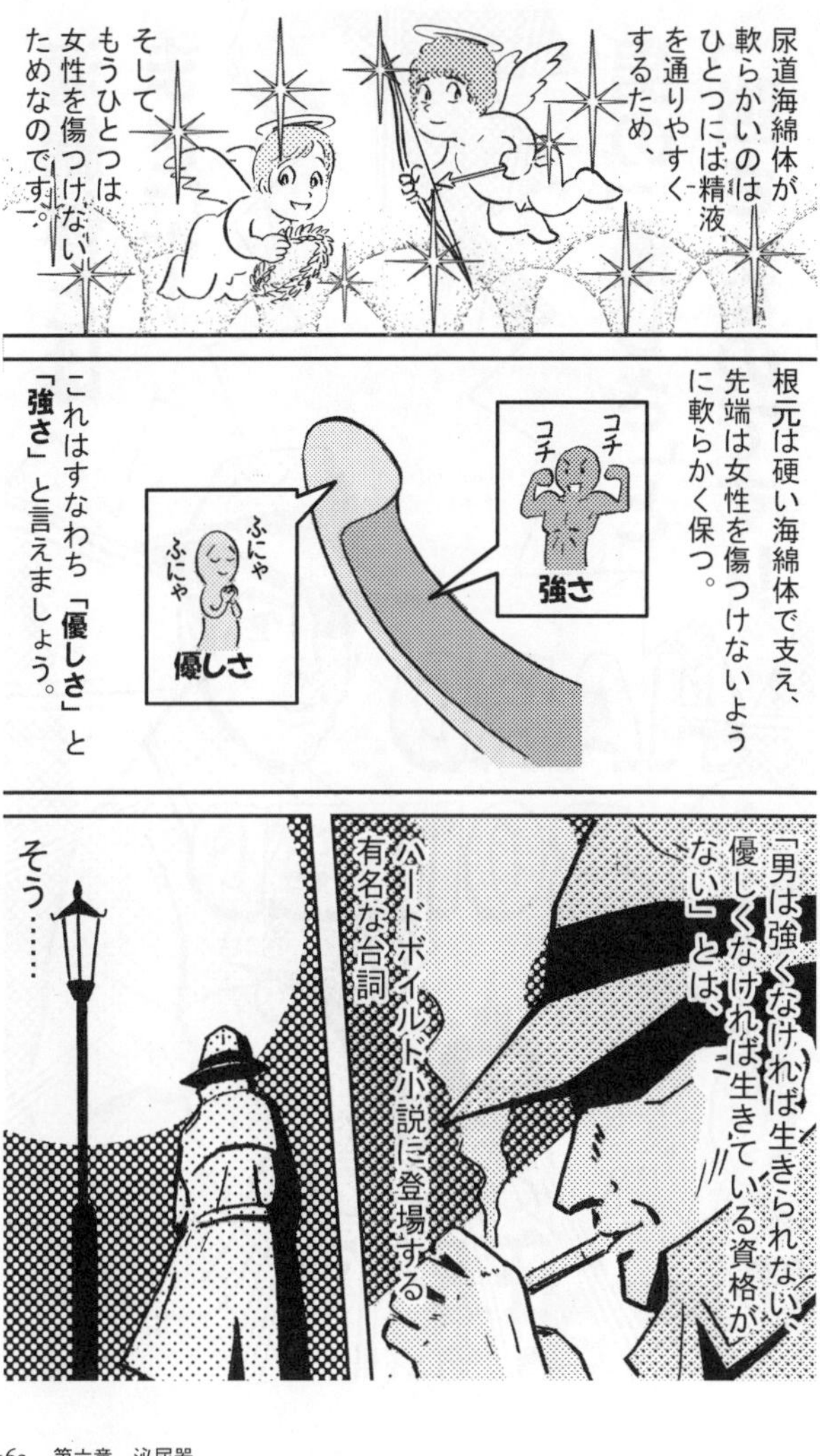

尿道海綿体が軟らかいのはひとつには精液を通りやすくするため、
そしてもうひとつは女性を傷つけないためなのです。
根元は硬い海綿体で支え、先端は女性を傷つけないように軟らかく保つ。
コチコチ
強さ
ふにゃふにゃ
優しさ
これはすなわち「優しさ」と「強さ」と言えましょう。
「男は強くなければ生きられない、優しくなければ生きている資格がない」とは、
ハードボイルド小説に登場する有名な台詞
そう……

海綿体とはまさに！
男の「優しさ」と「強さ」なのです!!
HARD BOILED
ええええっ!!
なんかよくわかんないけどすごいべなー。

さて、人類は長きにわたりこの海綿体の神秘に取り組んできました。

その中には歴史に残る芸術家の名前も刻まれています。

天才レオナルド・ダ・ヴィンチです。

レオナルド・ダ・ヴィンチ
(1452～1519)

ダ・ヴィンチが生きていた時代、「陰茎が勃起するのは海綿体に空気(霊気)が送り込まれるためだ」という説が有力でした。

空気
えー、空気!?

ありえないべー!

驚くことはありません。ヨーロッパでは中世まで「動脈の中には空気が流れている」と信じる人も多かったのです。

しかし ダ・ヴィンチは
この説を疑っていました。
勃起した
陰茎はずしりと
重くなる。
ぎゅっ
とても空気が
流入しているとは
思えないぞ。
まさに
天才の観察眼
ですね。
そうな
の・・・？
時に時代はルネサンス。
学問や芸術にも新しい風が
吹いていました。
中世まで人体解剖を
禁じていたキリスト教会も、
この頃には学問や芸術のため
には解剖を容認する立場を
とりはじめたのです。
芸術家ダ・ヴィンチも
正確な人体デッサンのため、
人体解剖を学んでいました。
そしてある日、
首吊り死体の解剖で
大発見をするのです。
お！
この男は
勃起したまま
死んでるぞ！

早速、彼は男の陰茎を切り開きました。すると……
おおっ!! 中には血液が充満しているではないかっ!!
人類長年の謎が解き明かされた瞬間です。
しかしさすがの天才も海綿体に血液が充満するメカニズムまでは解明できませんでした。
「持主の意思はおかまいなしに大きさを変化させる陰茎」という器官について、彼はこのように考察しています。
やはりこいつは自己固有の智慧を備えているにちがいない・・・
ぎゅっ
にしてもダ・ヴィンチさん、ちょっと「変態」入ってたんじゃねえか?
ヒンヒン
いかにも! **芸術と変態は紙一重**、そして
天才と変態もまた紙一重と言えるかもしれません!

第七章 内分泌器

さて、では
また皆さんに
質問です！
「魚の肺」は
うきぶくろでしたね。
では、「ヒトのエラ」は
どこでしょう。
ココ!!
アハハ、たしかに
「エラの張った顔」と
言えばアゴの骨…
解剖学的には「下顎角」
が出っ張った顔の
ことですよネ。

でも、正解は「副甲状腺」！
何、それ？
内分泌器のひとつだべ。だども・・・
なして？
それは我々のご先祖様が、
水中から陸上に上がるためにとった戦術なのです。
この章は、そんな「内分泌器」について解説しましょう。
ご先祖様
↓

内分泌器

ヒトには五十種類以上のホルモンがあります。内分泌器はホルモンを分泌する器官です。図にヒトの代表的な内分泌器を示します。

［おもな内分泌器］

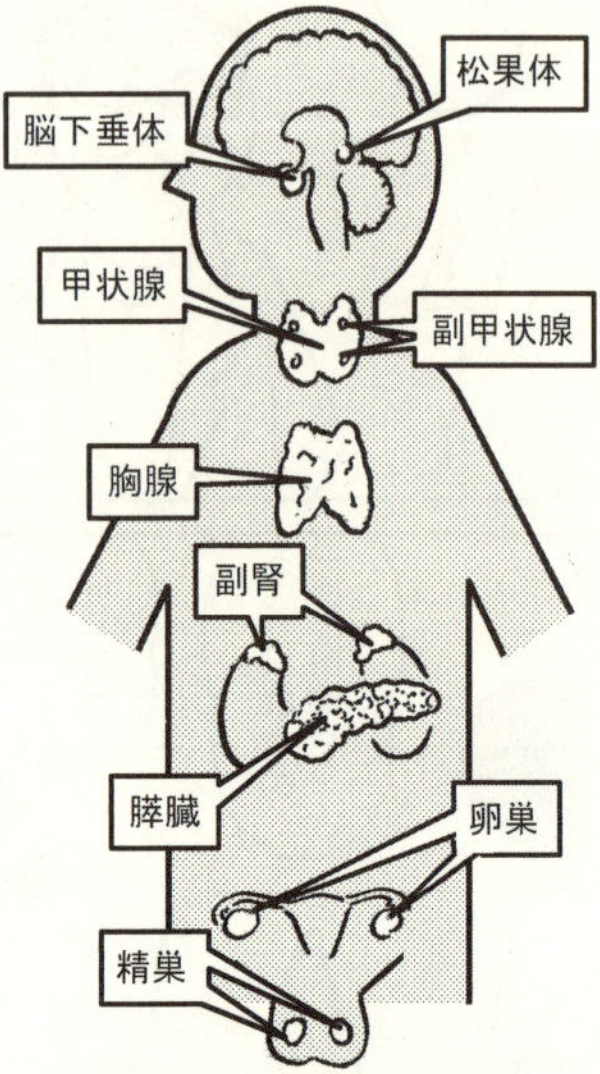

松果体
脳下垂体
甲状腺
副甲状腺
胸腺
副腎
膵臓
卵巣
精巣

この他、腎臓や肝臓、脾臓、消化管などにもホルモンを分泌する作用があります。

脳下垂体

内分泌器の中で最も多くの種類のホルモンを分泌する器官が「脳下垂体《のうかすいたい》」です。

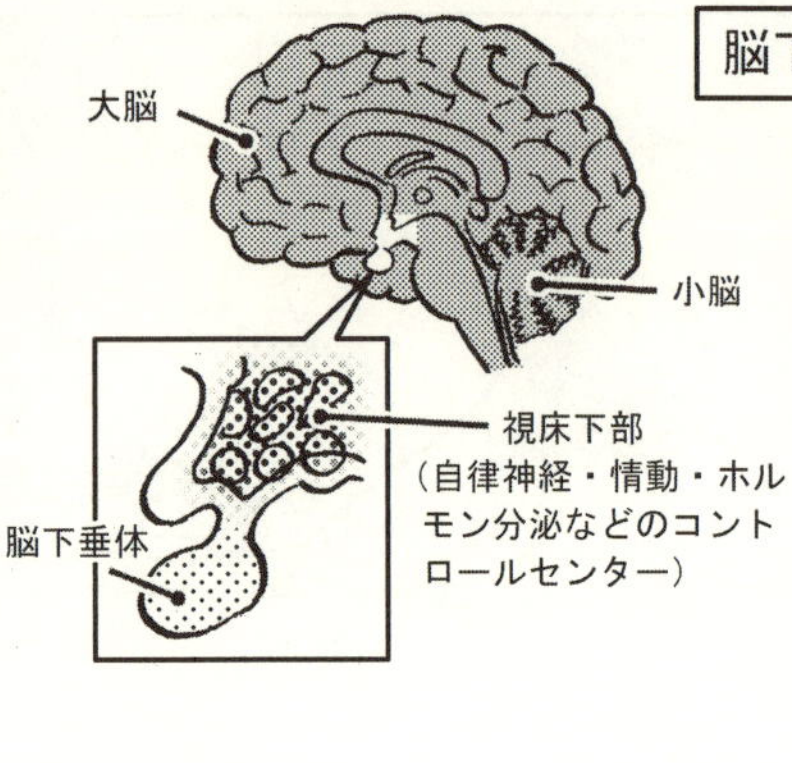

大脳
小脳
視床下部
（自律神経・情動・ホルモン分泌などのコントロールセンター）
脳下垂体

脳下垂体は間脳にある「視床下部」の刺激を受けて、様々なホルモンを分泌します。

下垂体ホルモン

脳下垂体は脳の底の部分に位置し、前葉と後葉、その間に挟まれた小さな中葉からなります。

前葉からは 卵胞刺激ホルモン（ＦＳＨ）、黄体化ホルモン（ＬＨ）、甲状腺刺激ホルモン（ＴＳＨ）、プロラクチン（ＰＲＬ）、成長ホルモン（ＧＨ）、副腎皮質刺激ホルモン（ＡＣＴＨ）が、

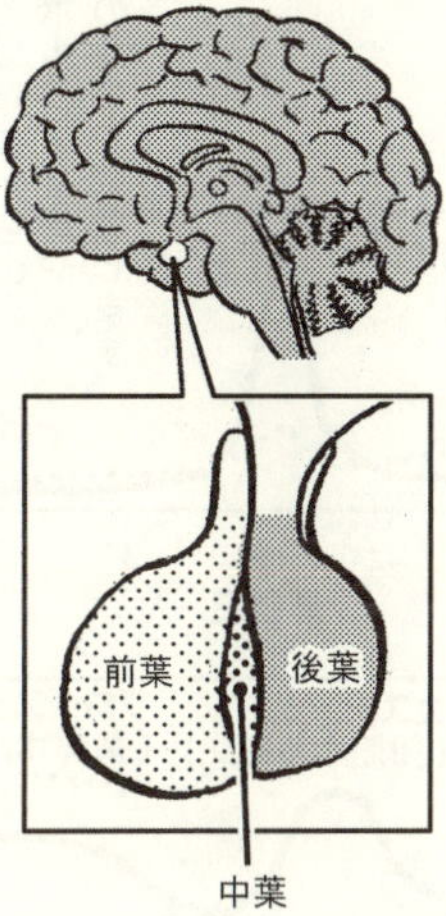

後葉からはバソプレシン（抗利尿ホルモン）やオキシトシンが分泌されます。

中葉はメラニン細胞刺激ホルモン（ＭＳＨ）を分泌しますが、これは臨床的に大きな意義はありません。

では、次にこれらのホルモンの作用について解説していきましょう。

ＦＳＨとＬＨ

ＦＳＨとＬＨは卵巣や精巣（性腺）を刺激するホルモンで、

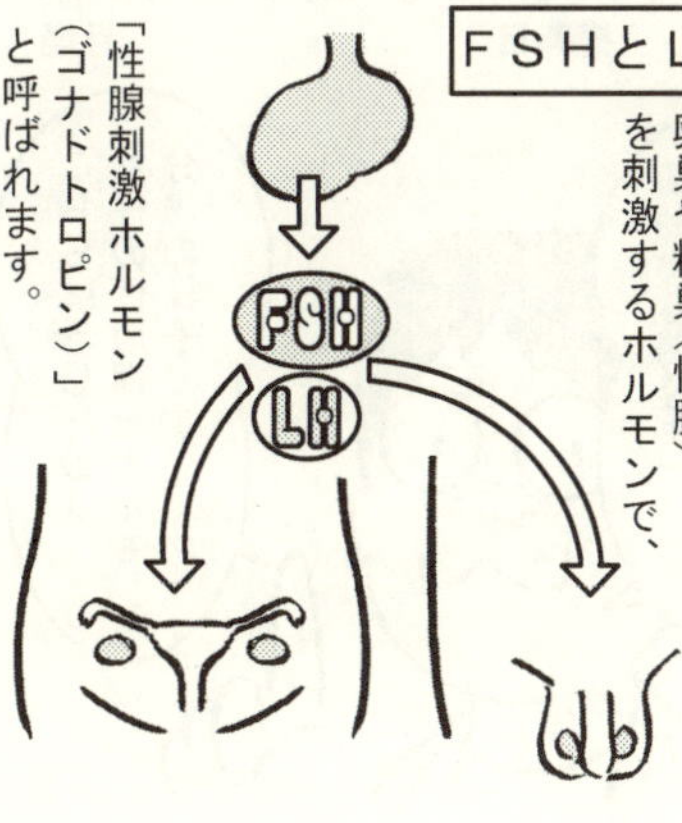

「性腺刺激ホルモン（ゴナドトロピン）」と呼ばれます。

ゴナドトロピンは女性の卵巣からの性ホルモンの分泌や排卵を刺激し、男性では精巣からの男性ホルモン分泌や精子の産生を刺激します。

卵巣から分泌される性ホルモンのエストロゲン（卵胞ホルモン）がいわゆる女性ホルモンです。

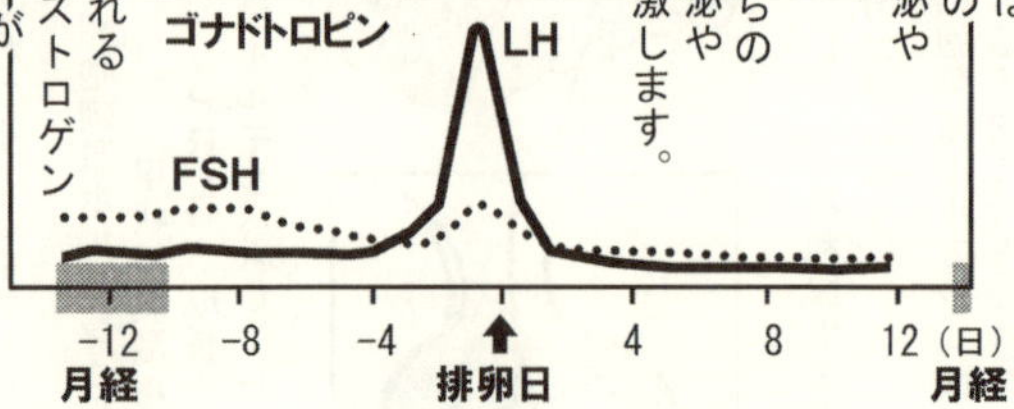

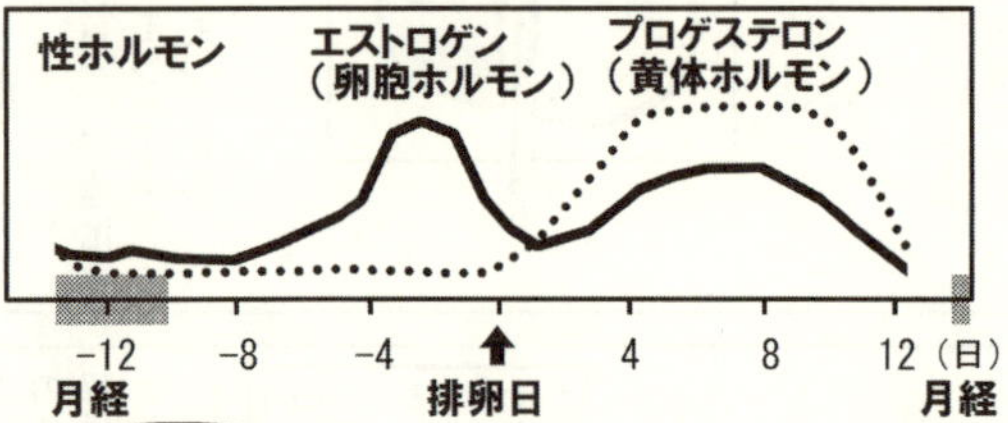

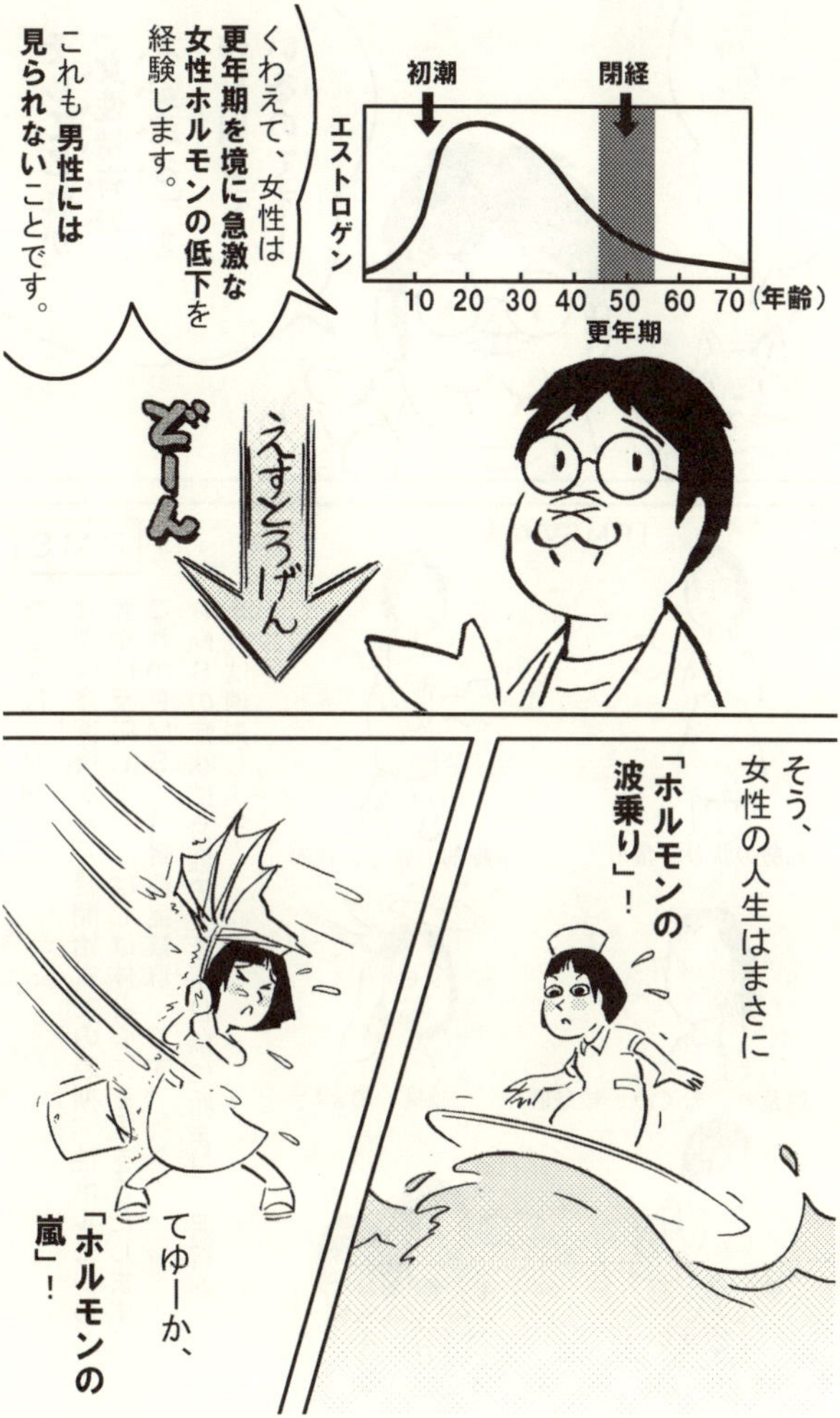
くわえて、女性は
更年期を境に急激な
女性ホルモンの低下を
経験します。
これも男性には
見られないことです。
初潮
閉経
エストロゲン
10 20 30 40 50 60 70（年齢）
更年期
えすとろげん
どーん
そう、
女性の人生はまさに
「ホルモンの
波乗り」！
てゆーか、
「ホルモンの
嵐」！

そしてこれが、「女性特有の不安定さ」を作り出しているのです！
何？それ・・・

ＰＭＳ

たとえば「ＰＭＳ」。

女性は排卵後から月経開始までの時期、性ホルモンの変化に反応して、しばしば体と心に変調をきたします。

これがＰＭＳ（月経前症候群）です。

ＰＭＳの症状は月経の三〜十日前に始まり、月経が来れば消失します。

［ＰＭＳの症状］

乳房の張り、痛み
下腹部の張り、痛み
肌荒れ、むくみ、倦怠感
頭痛、めまい
下痢、便秘
イライラ、うつ、不安

更年期障害

もうひとつは「更年期障害」。五十歳前後になると女性のエストロゲンは急激に低下します。

こうしたホルモンの変化に適応できず、体や心に様々な変調をきたす疾患が、更年期障害です。

[更年期障害の症状]
のぼせ、動悸
発汗、めまい
頭痛、肩こり、しびれ
皮膚の異常感覚
不眠、不安、
イライラ、うつ
倦怠感

女性は生涯にわたり、こうしたホルモンの変化と闘い続けているのです。しかし**「美は乱調にあり」**という言葉にもみられるように、
男性にはみられない女性のこまやかな感性やたおやかな美しさは、女性特有の**不安定さ**こそが生み出しているのかもしれませんネ。
おら、美しいけ？
ビミョー・・・

さて、一般にこうしたホルモンの分泌は共通のシステムによって制御されています。
それは?
んー?
ヒント!
「ネガティブ」、「ポジティブ」!
あ、わかった!「フィードバック作用」だべ!
何、それ?
フィードバック作用
フィードバックとは簡単に説明すると、
「出力が入力を変化させるシステム」です。
出力
入力
ぜんぜん簡単じゃないよ…その説明。
たとえば「甲状腺」で解説しましょう。

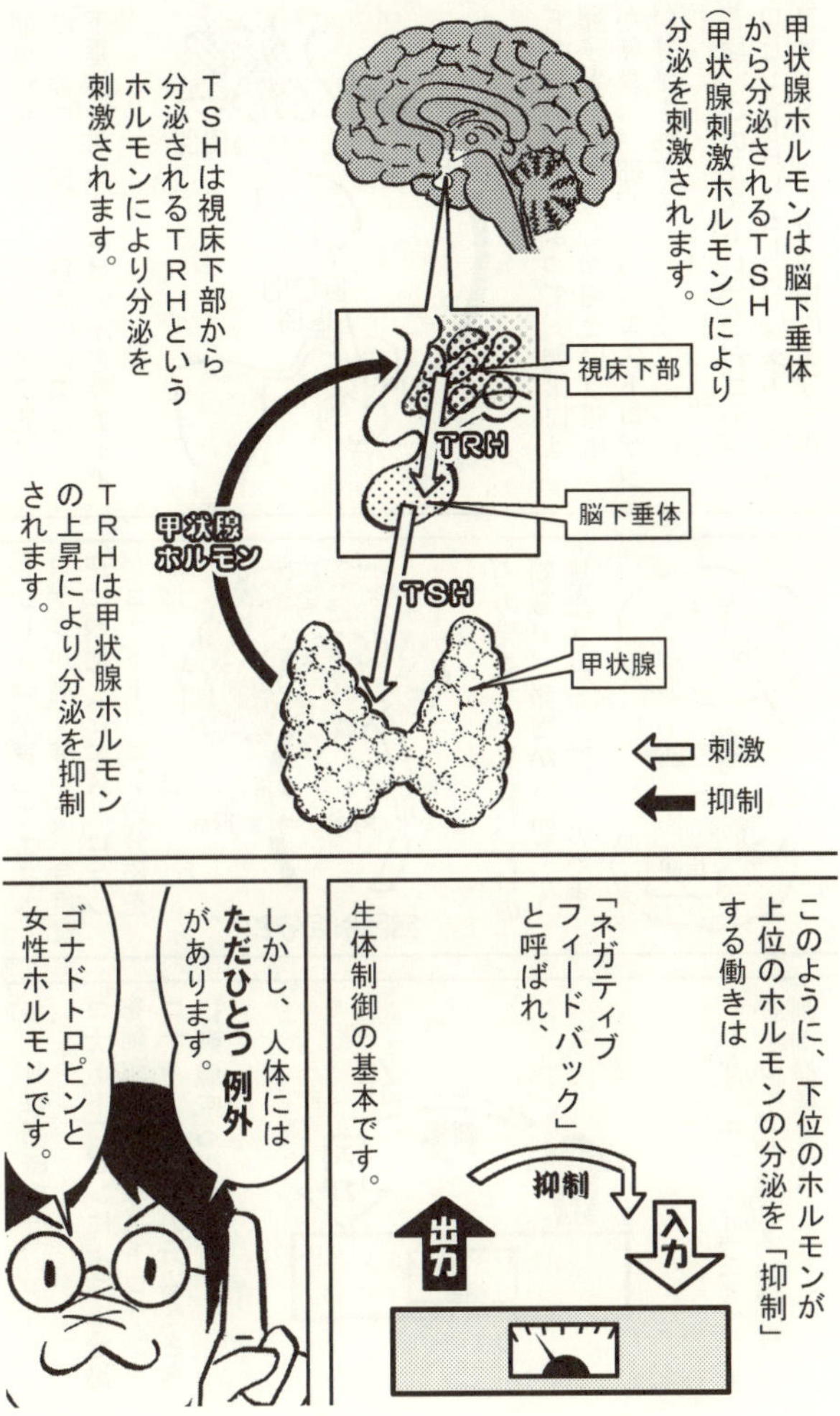
甲状腺ホルモンは脳下垂体から分泌されるＴＳＨ（甲状腺刺激ホルモン）により分泌を刺激されます。
視床下部
TRH
脳下垂体
TSH
甲状腺
甲状腺ホルモン
刺激
抑制
ＴＳＨは視床下部から分泌されるＴＲＨというホルモンにより分泌を刺激されます。
ＴＲＨは甲状腺ホルモンの上昇により分泌を抑制されます。
このように、下位のホルモンが上位のホルモンの分泌を「抑制」する働きは
「ネガティブフィードバック」と呼ばれ、
生体制御の基本です。
抑制
入力
出力
しかし、人体にはただひとつ例外があります。
ゴナドトロピンと女性ホルモンです。

卵巣からのエストロゲン分泌低下は、視床下部－下垂体に作用し、下垂体からのFSH分泌を高めます。

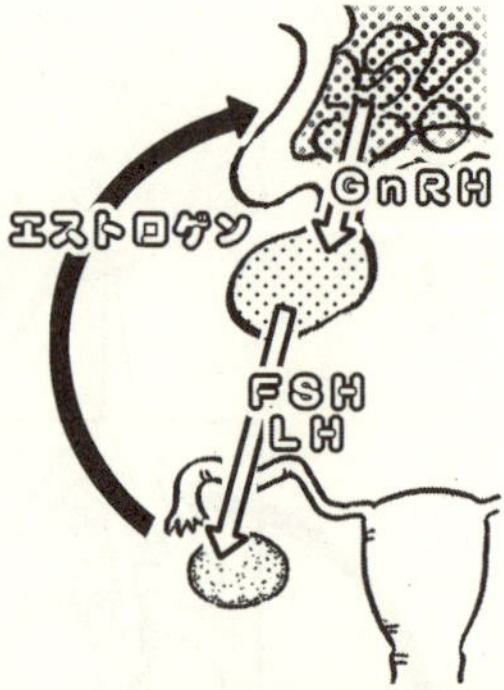

FSHの刺激によって、卵巣には卵子とそれを包む卵胞という組織が発育し、卵胞からはエストロゲンが分泌されます。

普段、このエストロゲンとゴナドトロピン（FSHとLH）はネガティブフィードバックの関係にあります。

しかし卵胞が育ってエストロゲンが高くなると、今度は逆に増加したエストロゲンがゴナドトロピンの分泌を刺激し、

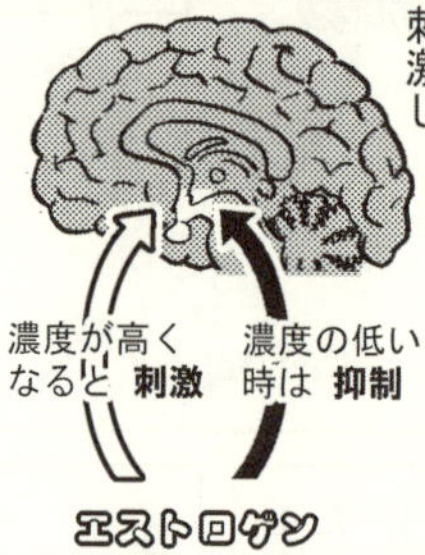

その結果、上昇したLHの刺激で、卵胞から卵子が排出される（排卵）のです。

つまり排卵時には、ゴナドトロピンによって**分泌を刺激される**エストロゲンが、ゴナドトロピンの**分泌をさらに刺激**するのです。

これが「ポジティブフィードバック」と呼ばれる特異な制御機構です。

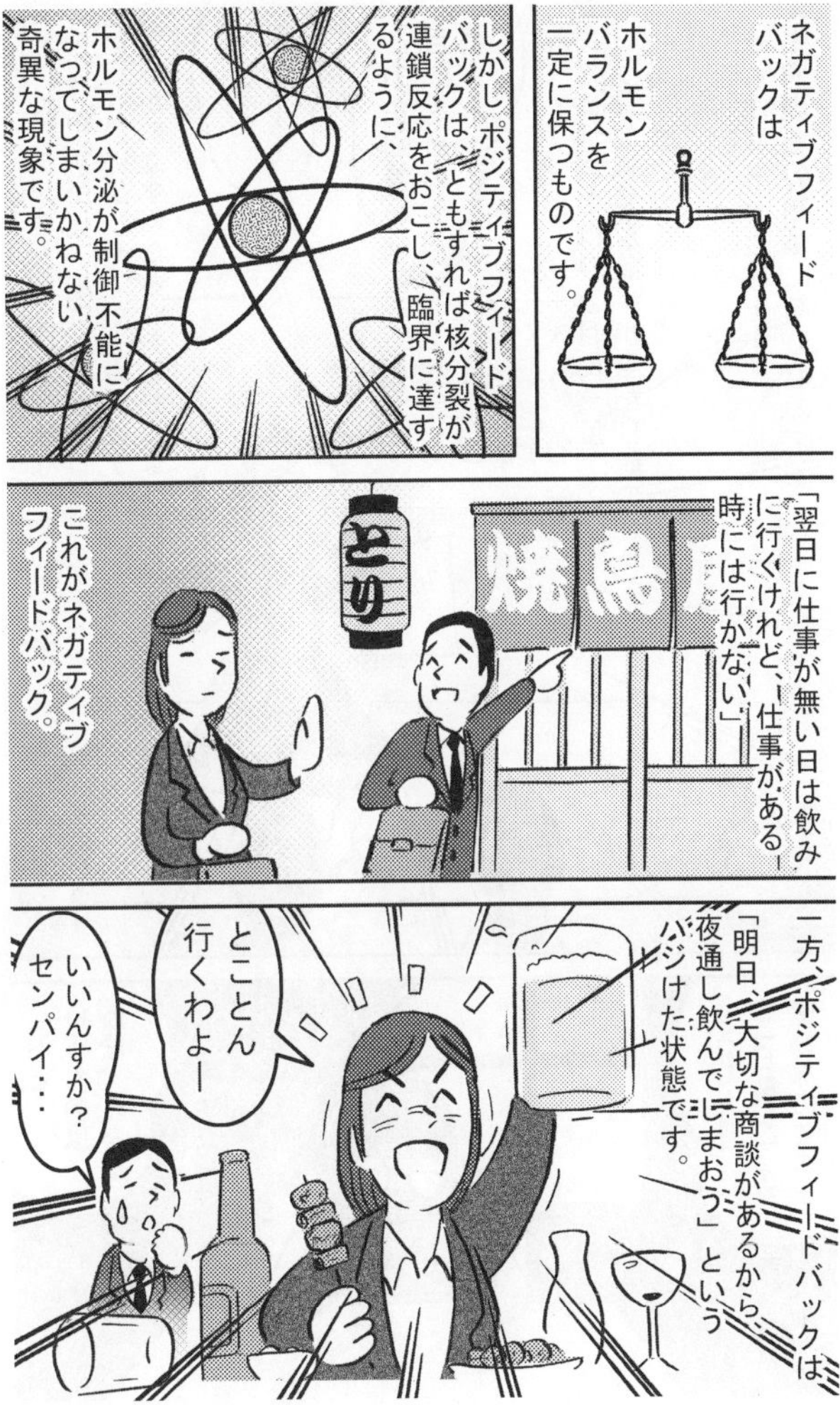

ネガティブフィードバックは
ホルモンバランスを一定に保つものです。
しかしポジティブフィードバックは、ともすれば核分裂が連鎖反応をおこし、臨界に達するように、
ホルモン分泌が制御不能になってしまいかねない奇異な現象です。
「翌日に仕事が無い日は飲みに行くけれど、「仕事がある時には行かない」
焼鳥
とり
これがネガティブフィードバック。
一方、ポジティブフィードバックは「明日、大切な商談があるから夜通し飲んでしまおう」というハジけた状態です。
とことん行くわよー
いいんすか？センパイ・・・

たいていの場合、そういう商談は失敗しますが、アルコールが残ったハイ状態のプレゼンが先方にウケて、交渉が成立することもあるでしょう。
べらんめえーー!!
この企画書が目に入らぬかーー!
うさぎ谷駅前
市民センター
新築工事
プロジ
企画書
ヒック…
女性の体内ではひと月に一度、こうした**「非常識」**が当たり前のように起こっており、
それが我々を生み出す**生殖現象の根源**にあるのです。

ヒトというものは所詮、みんな
こうした**「二日酔い」**の産物なのです!

偉人も聖人も
みな、
「**酔った勢い**」で
生まれてきたのです！
そう、
あなたもわたしも、
人間の本質は
結局、そんな
「**ちゃらんぽらん**」な
ものなのです!!
そうか、人間、
いいかげんで
いいんだべな！
安心
したー。
なんか
不安・・・

閑話休題……
皆さん、カレーは好きですよね。
では、こいつに寄り添って、ピリリと存在感を示している薬味といえば？
らっきょ！
……
福神漬？
そうですね。
では、恒常性の維持に携わる臓器である腎臓に寄り添って、
生体制御にかかわっている内分泌器官といえば？

らっきょ！
…てゆーか、『福神』と『副腎』をかけて、話を進めたかったわけだが
…第一、『らっきょ』はホルモン分泌しないだろ、常識的に考えて…
どうすんだよ、この展開…無視してリカバーできないぞ…　うん…
副腎の話に入るか…

副腎

「副腎」は腎臓の上にひっそり寄り添っている内分泌器官です。

副腎は浅層にある皮質と深層の髄質に分かれ、

皮質からはアルドステロン、コルチゾール、男性ホルモン、

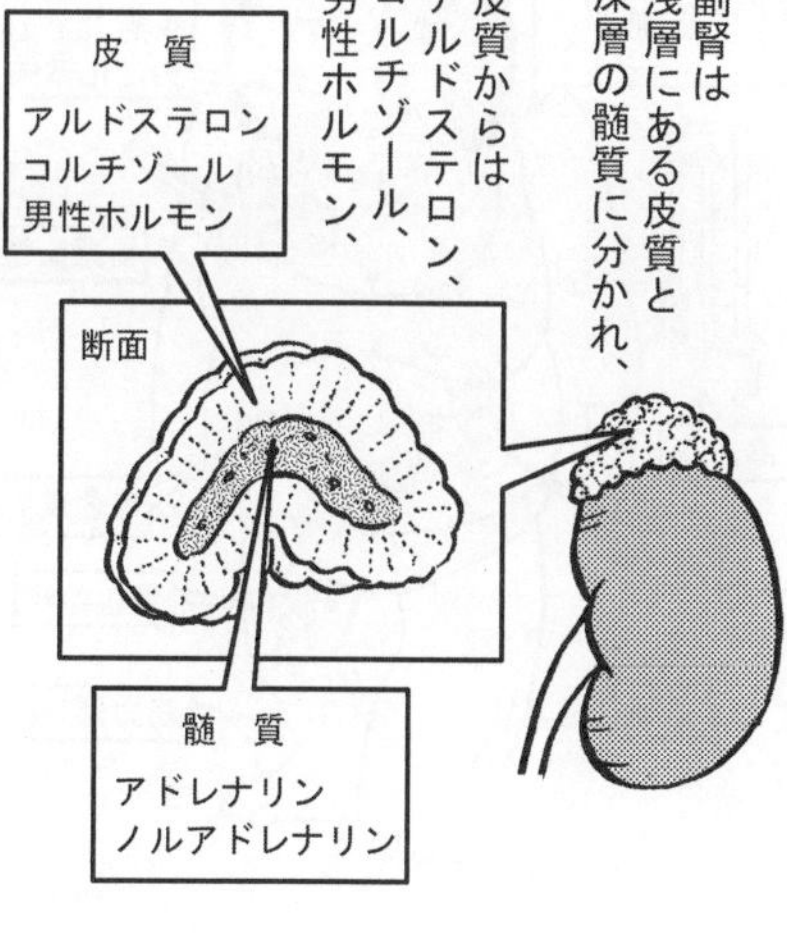
皮　質
アルドステロン
コルチゾール
男性ホルモン
断面
髄　質
アドレナリン
ノルアドレナリン

髄質からはアドレナリンやノルアドレナリンといったホルモンが分泌されます。

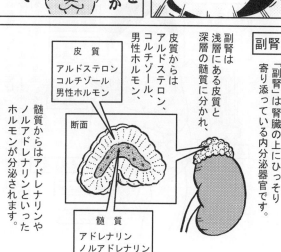

副腎皮質

副腎皮質は下垂体前葉から分泌される副腎皮質刺激ホルモン（ACTH）によって刺激されます。

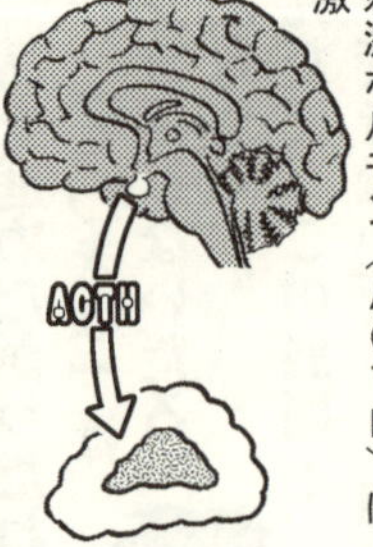
ACTH

副腎皮質から分泌されるコルチゾールは栄養素の代謝を制御し、血糖や血圧を上昇させ、免疫反応を抑制します。

血糖
血圧
コルチゾール
免疫
栄養素

副腎皮質機能亢進症は「クッシング症候群」と呼ばれ、コルチゾールと男性ホルモンの過剰による多彩な症状を呈します。

[クッシング症候群の症状]

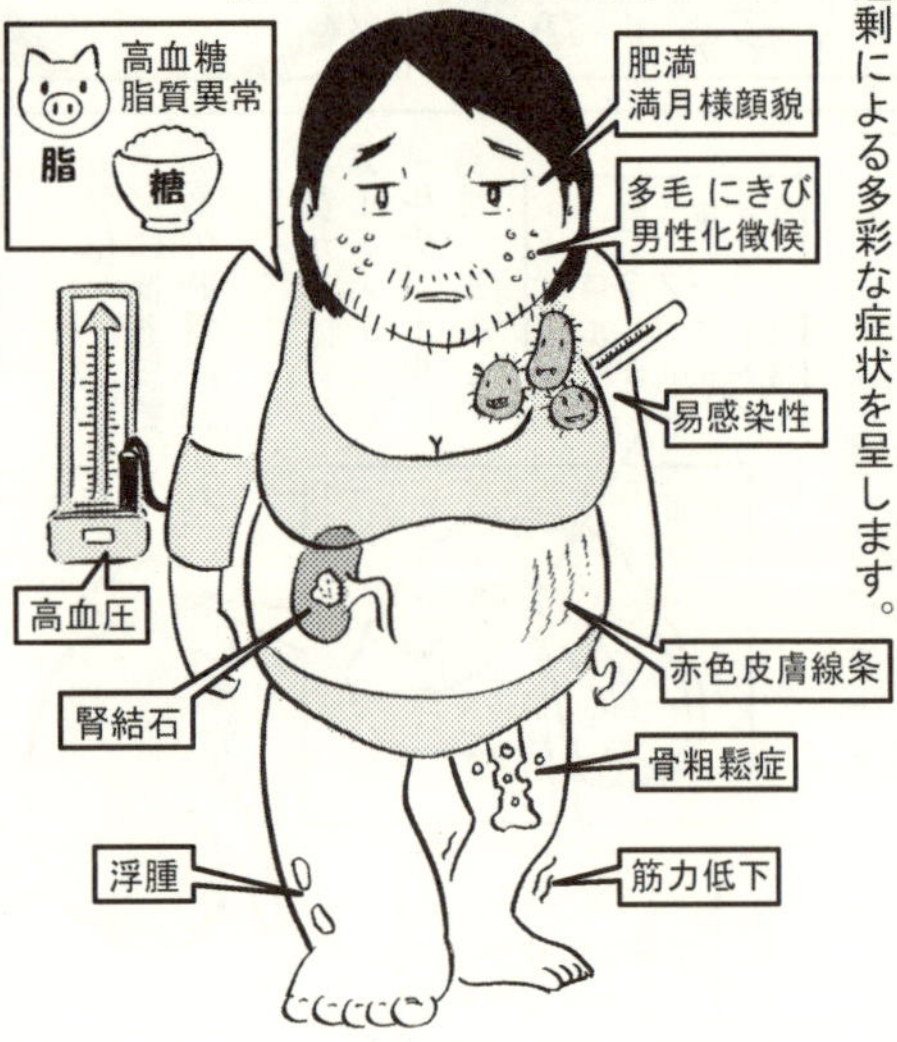
高血糖
脂質異常
脂
糖
肥満
満月様顔貌
多毛 にきび
男性化徴候
易感染性
高血圧
赤色皮膚線条
腎結石
骨粗鬆症
浮腫
筋力低下

いわゆる「ステロイド剤」の副作用でも同様の症状が生じることがあります。

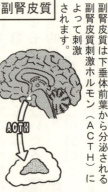

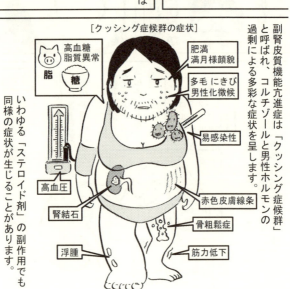

一般に「ステロイド」という言葉は副腎皮質ホルモン、特にコルチゾールと同じような意味で使われます。

本来、ステロイドとは「ステロイド核」という化学構造のことなのですが、いつしかその構造を持つホルモンを意味するようになり、副腎皮質ホルモンの代名詞になったのです。

コルチゾールの化学構造

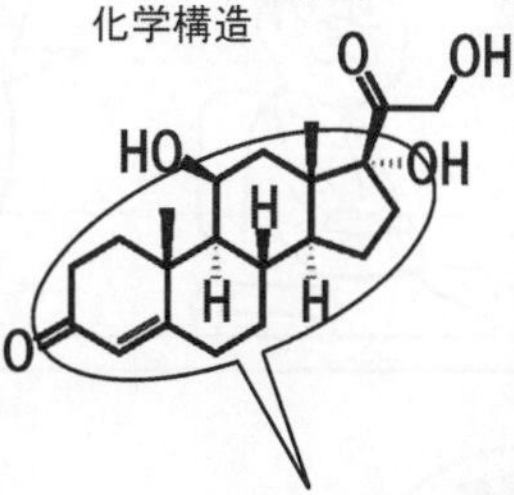
OH
HO
OH
O
H
H
H
O

ステロイド核

なお、副腎皮質が分泌するステロイドホルモンはコルチゾールだけではありません。皮質から分泌されるもうひとつのステロイドホルモンが、アルドステロンです。

アルドステロンは「レニン－アンギオテンシン－アルドステロン系」を介して、電解質や体液を調節し、血圧を上昇させるホルモンです。

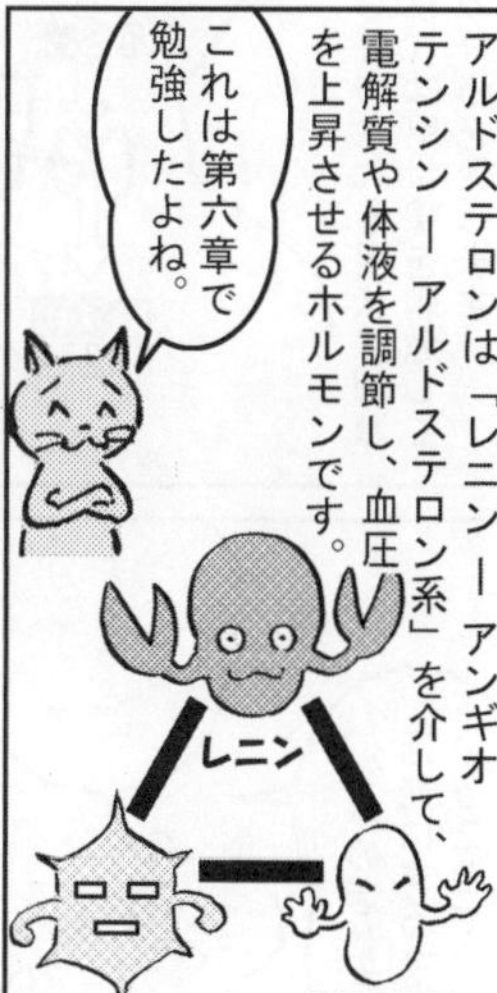
これは第六章で勉強したよね。
レニン
アルドステロン
アンギオテンシン

副腎髄質

副腎髄質からはアドレナリン、ノルアドレナリンが分泌されます。これらは「交感神経が刺激された状態」を作るホルモンで、心拍数や血圧の上昇、瞳孔の散大、血糖の上昇などを引き起こします。

ニャー

アドレナリン全開の図

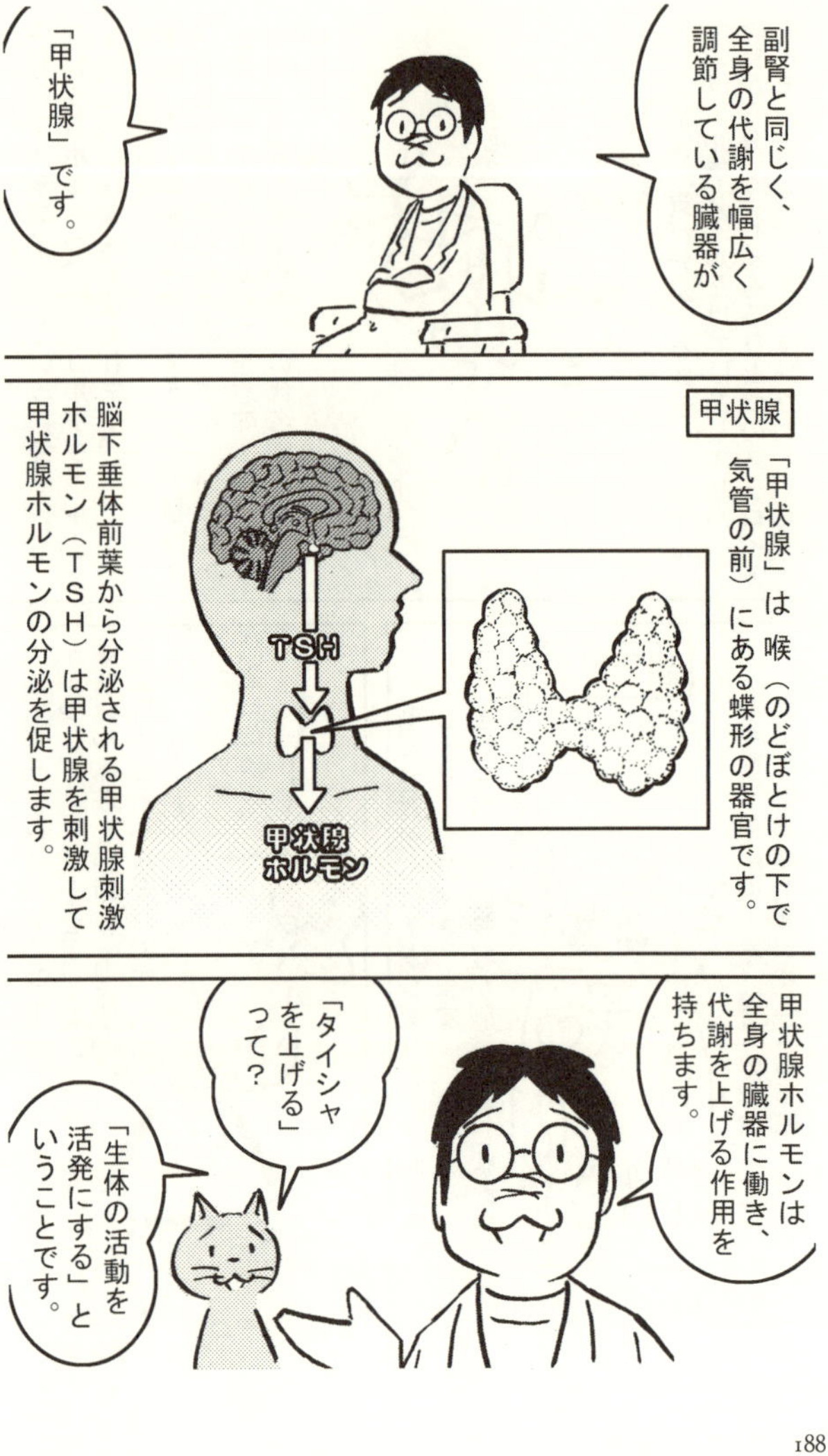

副腎と同じく、全身の代謝を幅広く調節している臓器が
「甲状腺」です。
甲状腺
「甲状腺」は喉（のどぼとけの下で気管の前）にある蝶形の器官です。
TSH
甲状腺ホルモン
脳下垂体前葉から分泌される甲状腺刺激ホルモン（TSH）は甲状腺を刺激して甲状腺ホルモンの分泌を促します。
甲状腺ホルモンは全身の臓器に働き、代謝を上げる作用を持ちます。
「タイシャを上げる」って？
「生体の活動を活発にする」ということです。

甲状腺ホルモンが過剰に分泌される甲状腺機能亢進症（バセドー病）は若い女性にしばしば見られる疾患で、

［バセドー病の症状］

手足のふるえ、動悸、多汗、体重減少、下痢、高血糖、眼球突出、甲状腺腫大などの症状が出ます。

甲状腺機能低下症では全身倦怠感、脱毛、発汗減少、体重増加、浮腫、便秘、寒がりになるなど、

［甲状腺機能低下症の症状］

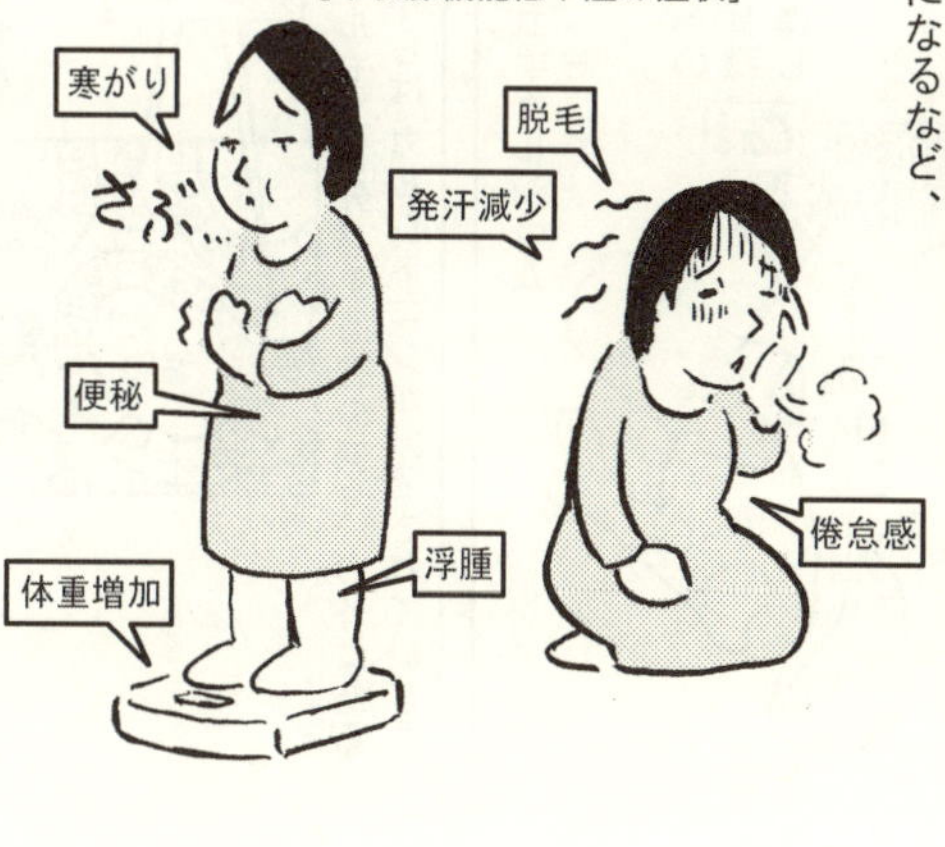

バセドー病と反対の症状が出ます。

甲状腺疾患は女性に多く、その症状がいわゆる「更年期障害」に似ているため、我々産婦人科医も臨床現場でしばしば遭遇する疾患です。

「自律神経失調症」や「不定愁訴」という診断名の患者さんの中にも、甲状腺疾患の方がしばしば見られます。

こうした症状にお悩みの女性は病院で一度、ホルモンの検査を受けてみてはいかがでしょうか？

なお、甲状腺から分泌されるのは甲状腺ホルモンだけではありません。

濾《ろ》胞《ほう》（甲状腺ホルモンを分泌する腺の部分）の外にある「傍濾胞細胞」からはカルシトニンが分泌されています。

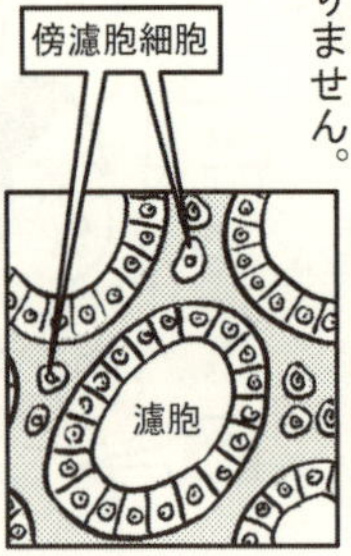

カルシトニンは血中カルシウム濃度を下げるホルモンで、カルシウムの骨への沈着を促進し、腎臓からの排泄を促進します。

これは後述する副甲状腺ホルモンと反対の作用です。

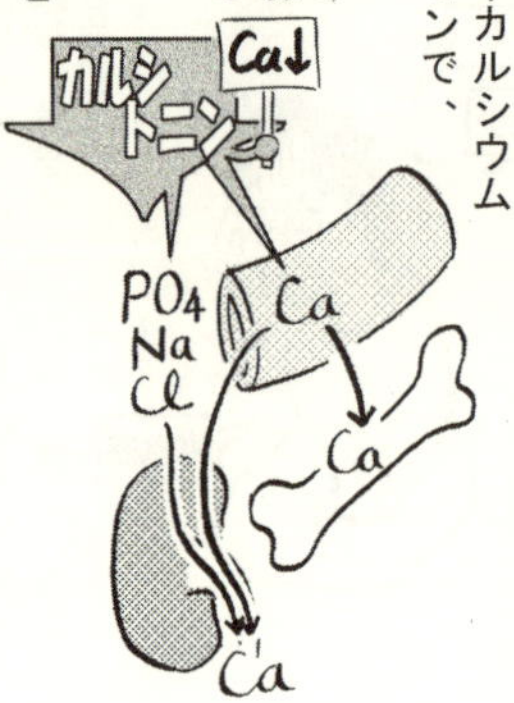

さて、このようにヒトの代謝に重要な役割を果たす甲状腺ですが、その機能は十九世紀の末まで、よくわかっていませんでした。

エミール・テオドール・コッヘル
（1841〜1917）

その解明に重要な寄与をした医学者が、スイスの外科医コッヘルです。

彼の名前は彼が考案した「コッヘル鉗子」という有名な手術用具で、医者の耳になじんでいます。

医療ドラマが好きな方は、オペのシーンでこういうセリフを聞いたことがあるのではないでしょうか？

コッヘル！
あるある！

コッヘル鉗子
（止血鉗子）

コッヘルは、とても丁寧な手術をする医者でした。

甲状腺の全摘出術は難しいもので、彼が手術を始めた頃は死亡率が七十五％にものぼっていました。

そんな時代、彼は安全な術式を考案し、死亡率を一％以下に下げたのです。

しかし、コッヘルの手術後には別の問題が生じました。

患者がみな、甲状腺機能低下症に苦しんだのです。

当時、甲状腺の機能は明らかでなかったため、甲状腺腫瘍の患者には、甲状腺を取り去る手術が行われていました。

彼が「完璧な手術」をしすぎたばかりに後遺症が生じたのです。

コッヘルの仕事を通して、甲状腺の手術法と生理学・病理学的研究は飛躍的に進歩しました。

そして彼はこうした功績を評価され、一九〇九年、ノーベル生理学・医学賞を受賞したのです。

医学は試行錯誤をへて進歩してきたんだネ。

んだなあ。

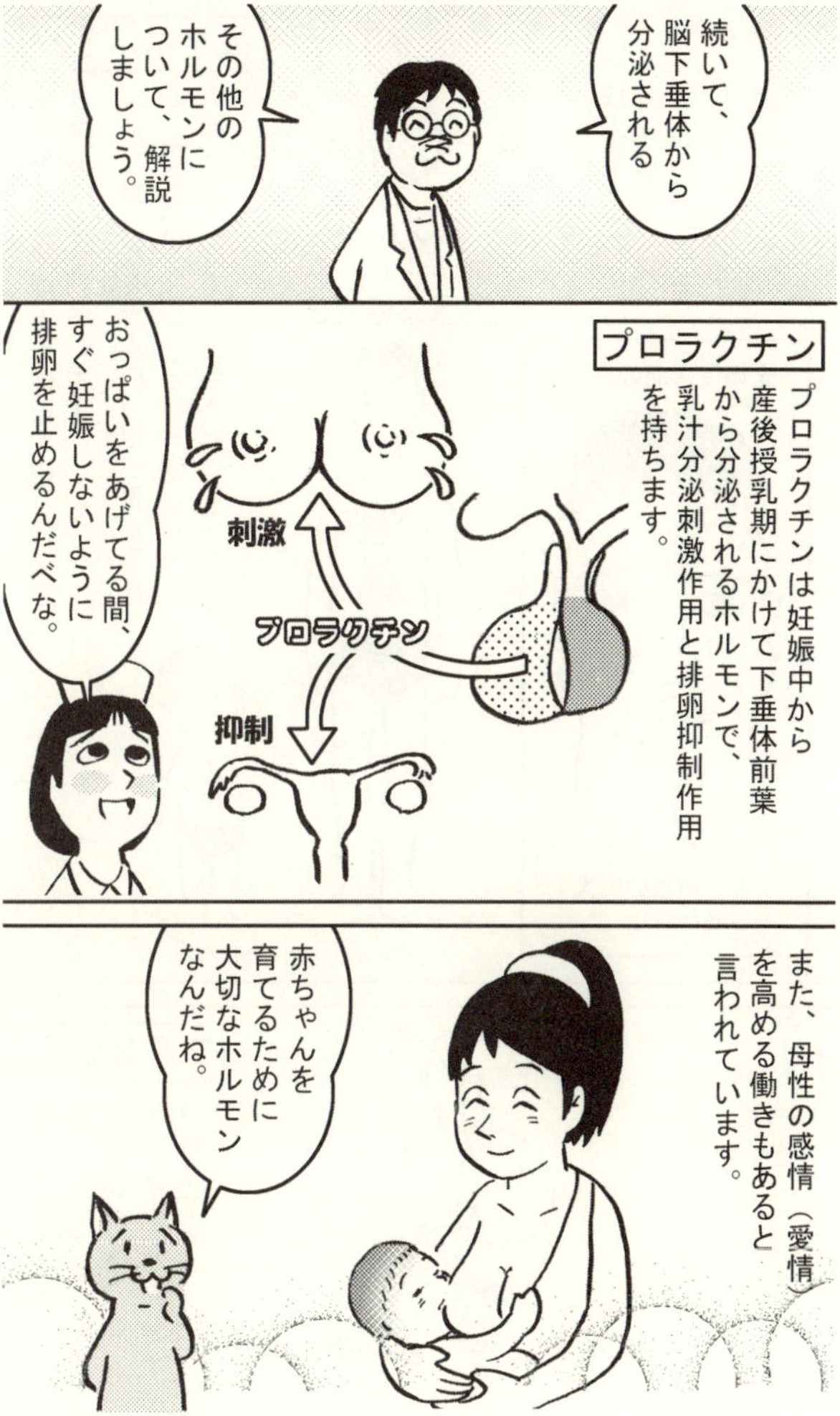
続いて、脳下垂体から分泌される
その他のホルモンについて、解説しましょう。
プロラクチン
プロラクチンは妊娠中から産後授乳期にかけて下垂体前葉から分泌されるホルモンで、乳汁分泌刺激作用と排卵抑制作用を持ちます。
刺激
プロラクチン
抑制
おっぱいをあげてる間、すぐ妊娠しないように排卵を止めるんだべな。
また、母性の感情（愛情）を高める働きもあると言われています。
赤ちゃんを育てるために大切なホルモンなんだね。

成長ホルモン

成長ホルモンは下垂体前葉から分泌され、身体の成長を刺激します。

子供の時に成長ホルモンが不足すると「下垂体性小人症」となり、逆に分泌過剰となると「巨人症」となります。

成長ホルモン
過剰
不足
巨人症
小人症

成人してからの分泌過剰は「先端巨大症」をひきおこします。

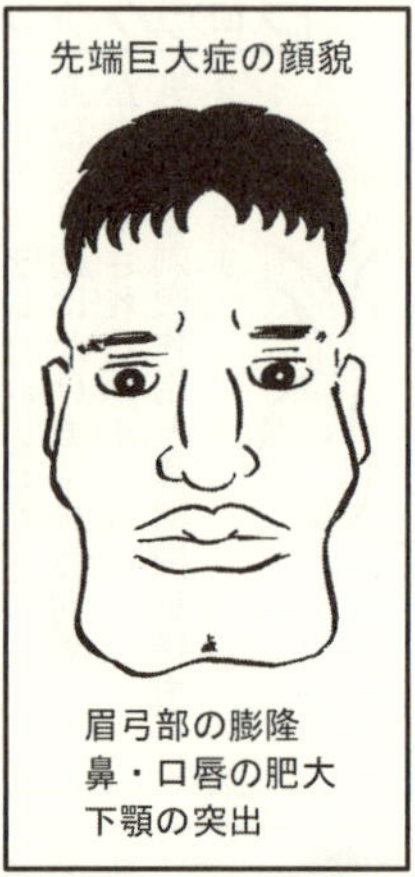
先端巨大症の顔貌
眉弓部の膨隆
鼻・口唇の肥大
下顎の突出

下垂体後葉

脳下垂体の後葉からはバソプレシン（抗利尿ホルモン）とオキシトシンが分泌されます。

バソプレシン
オキシトシン

バソプレシン

バソプレシンは腎臓での水の排泄を抑制するホルモンです。

また、末梢血管を収縮させて血圧を上げる作用もあります。

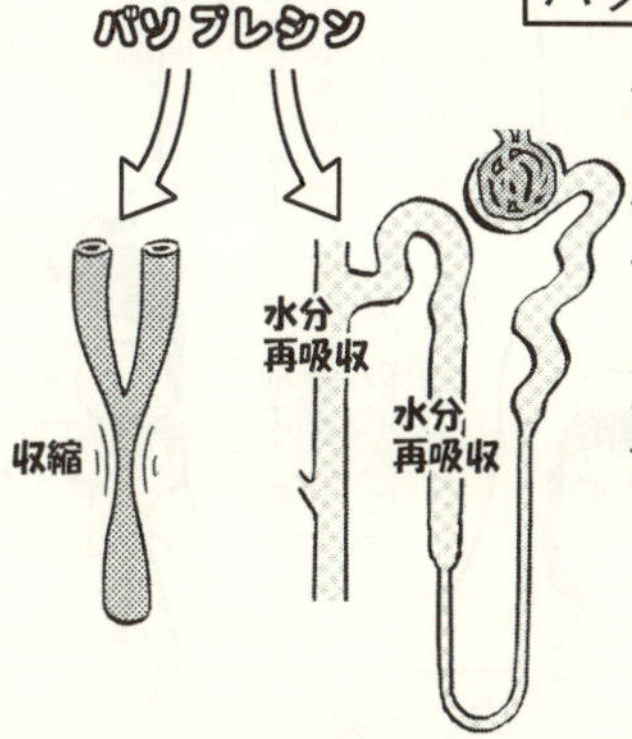

視床下部が体液の減少や浸透圧の上昇を感知するとこのホルモンが分泌され、遠位尿細管や集合管から水分が再吸収されて体液を増やし、浸透圧を調整します。

このホルモンの分泌不全は「尿崩症」という疾患をおこします。

尿崩症は水をいくら飲んでも体に溜まらず、どんどん尿が出てしまう病気です。

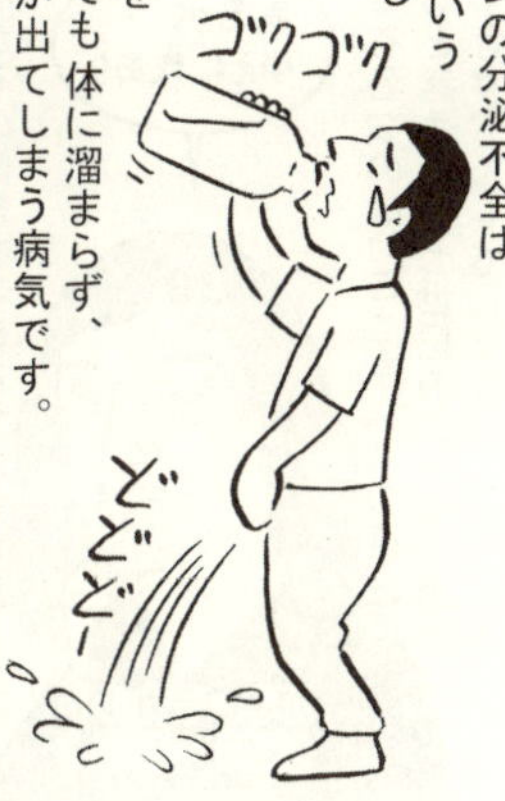

オキシトシン

オキシトシンは妊娠後半に分泌が高まるホルモンで、子宮の収縮（陣痛）と母乳の排出を刺激します。

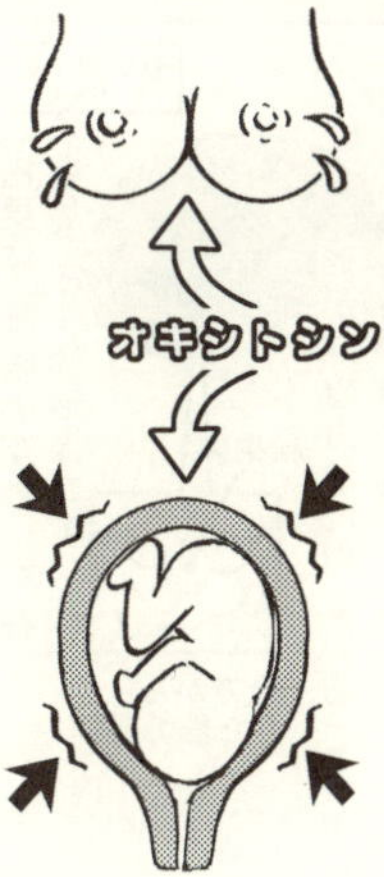

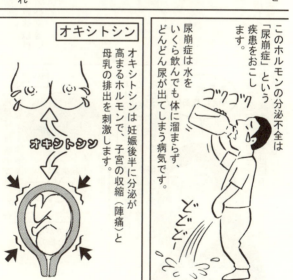

またプロラクチン同様、母性（愛情）を高める精神作用も持つと言われています。
そのためオキシトシンには「コミュニケーション能力を高める効果」もあるといわれており、このホルモンを「自閉症」の治療に応用する研究もすすめられています。
へー。
では次に、脳下垂体以外の内分泌器について
解説しましょう。
松果体
「松果体《しょうかたい》」は脳の深部に存在する小さな分泌腺です。
松果体
後方から見た脳の深部
形がマツカサに似ていることからこういう名前がつけられました。
松果体の存在は紀元前三百年頃にはすでに知られており、昔から多くの学者がその働きを考察してきました。
我思う、ゆえに我あり
一番有名なのは、ここを「魂の座」であると考えた十七世紀のフランスの哲学者デカルトでしょう。
ルネ・デカルト（1596 ～1650 ）

ヒトの第三の目

水中で生活していた古代の脊椎動物は左右の眼以外に、光を感じるための第三の目「頭頂眼」を持っていました。

こうした頭頂眼は二億年前頃から退化しはじめ、現在では一部のトカゲやカエル、ヤツメウナギなどのみに見られます。

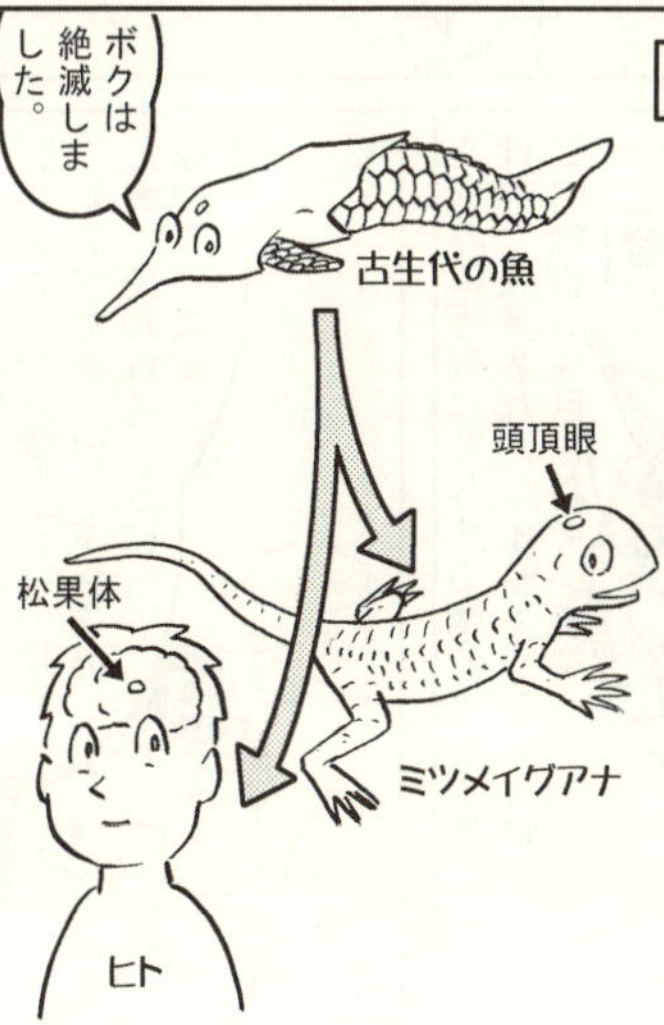

我々の松果体は、この「目」の名残なのです。

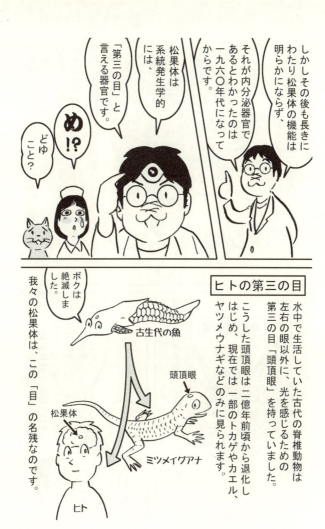

松果体は「メラトニン」というホルモンを分泌しています。
メラトニンは光に反応して分泌量が変化し、ヒトの体内時計をコントロールしています。
また、性機能の発達を抑制する作用もあると考えられています。
メラトニン
光
脳の中に「目」があるんだべな。
不思議だね。
松果体が光の影響を受けるということは、それがまだ「目」としての機能を失っていないということかもしれません。
メラトニンが体内時計を制御していることから近年、日本で開発された「メラトニンの作用を刺激する薬」が、不眠症の治療に使われるようになっています。
メラトニン受容体作動薬
ちなみに睡眠に関与する物質としては日本で発見された「オレキシン」という脳内物質も注目されています。
覚醒
食欲
オレキシン
オレキシンは食欲増進や覚醒の維持に関与する物質で、最近はこの作用を抑える薬も睡眠薬として使われるようになりました。
オレキシン受容体拮抗薬

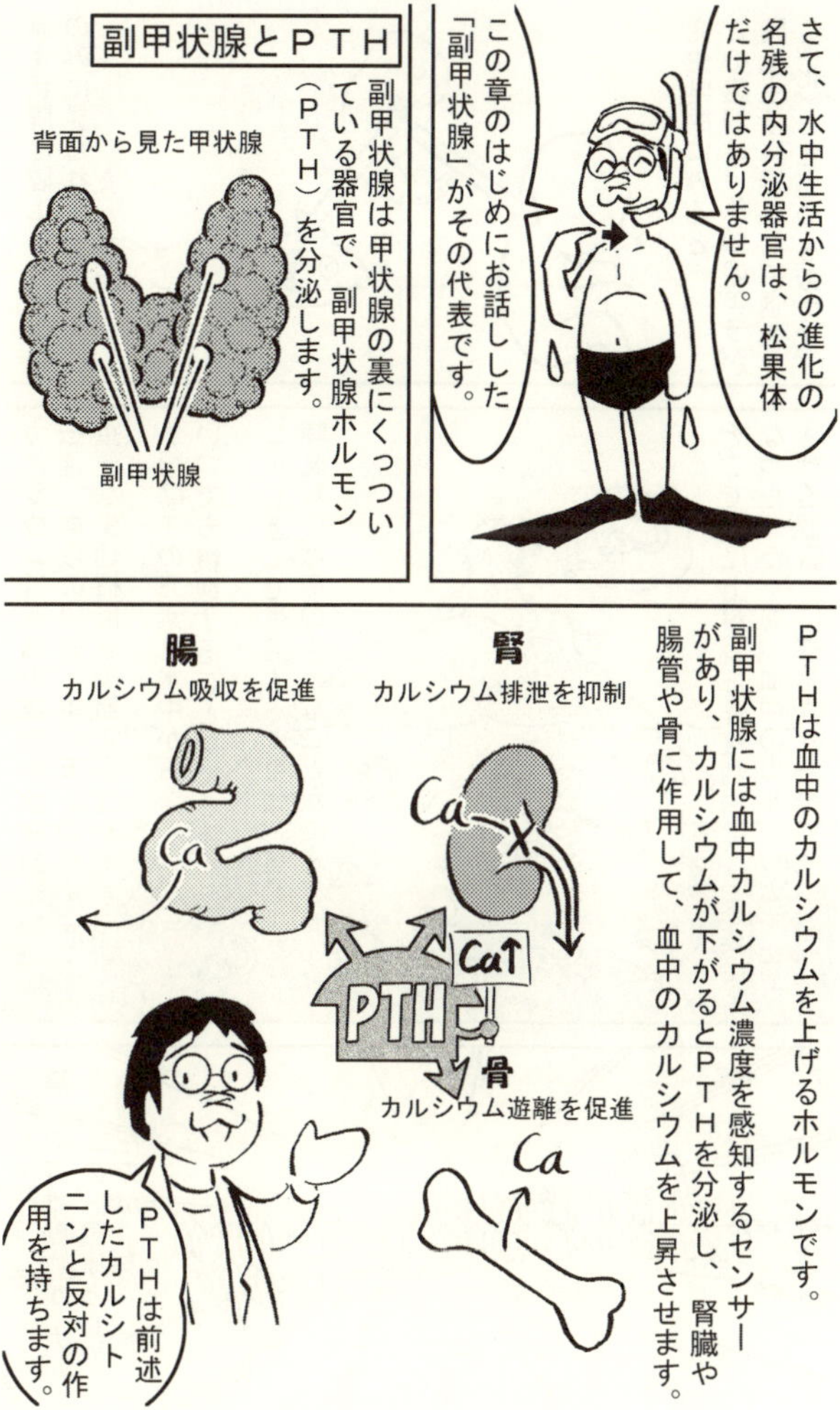
さて、水中生活からの進化の名残の内分泌器官は、松果体だけではありません。
この章のはじめにお話しした「副甲状腺」がその代表です。
副甲状腺とＰＴＨ
副甲状腺は甲状腺の裏にくっついている器官で、副甲状腺ホルモン（ＰＴＨ）を分泌します。
背面から見た甲状腺
副甲状腺
ＰＴＨは血中のカルシウムを上げるホルモンです。
副甲状腺には血中カルシウム濃度を感知するセンサーがあり、カルシウムが下がるとＰＴＨを分泌し、腎臓や腸管や骨に作用して、血中のカルシウムを上昇させます。
腎
カルシウム排泄を抑制
腸
カルシウム吸収を促進
Ca
Ca
Ca↑
PTH
骨
カルシウム遊離を促進
Ca
ＰＴＨは前述したカルシトニンと反対の作用を持ちます。

副甲状腺は陸上の脊椎動物のみに見られますが、
発生学的にみるとこの臓器は、魚類のエラが陸上生活に適応して退化（進化）したものなのです。
カルシウムは筋肉の収縮や神経刺激の伝達、血液の凝固、ホルモンの分泌など重要な生理機能を調節する元素です。
魚類はこの元素を水中からいつでも摂取することができます。
しかし陸上で生活する爬虫類・鳥類・哺乳類にはそのようなことができません。
Ca
そこで陸に上がった脊椎動物は、「不要になったエラ」を「血中のカルシウムを上昇させる器官」に進化させたのです。
陸上の脊椎動物がカルシウムの貯蔵庫として使ったのが
「骨」でした。

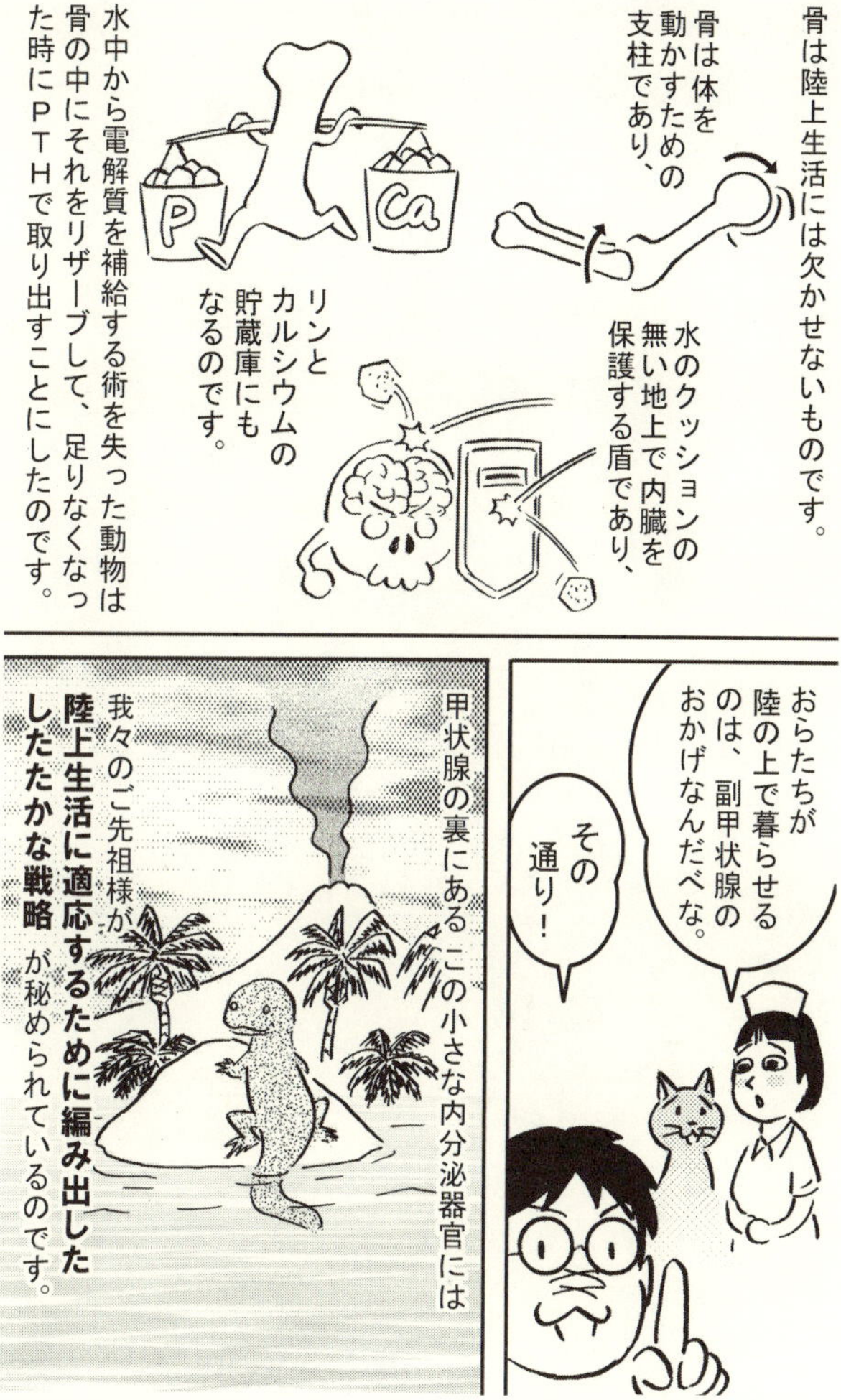
骨は陸上生活には欠かせないものです。
骨は体を動かすための支柱であり、
水のクッションの無い地上で内臓を保護する盾であり、
P
Ca
リンとカルシウムの貯蔵庫にもなるのです。
水中から電解質を補給する術を失った動物は骨の中にそれをリザーブして、足りなくなった時にＰＴＨで取り出すことにしたのです。
おらたちが陸の上で暮らせるのは、副甲状腺のおかげなんだべな。
その通り！
甲状腺の裏にあるこの小さな内分泌器官には
我々のご先祖様が**陸上生活に適応するために編み出したしたたかな戦略**が秘められているのです。

第八章　神経

さて、では
ここで皆さんに
質問です！
「神経細胞の仕事」
を一言でいえば、
何でしょう？
そりゃ、
神経といえ
ば、ビビビ
だべ。
びびび
だよね。
びびッ
びびッ
ビビビ
そうですね。
ビビビ、つまり
「刺激の伝達」
です。

ニューロン

神経の構成単位は「ニューロン」と呼ばれる神経細胞です。

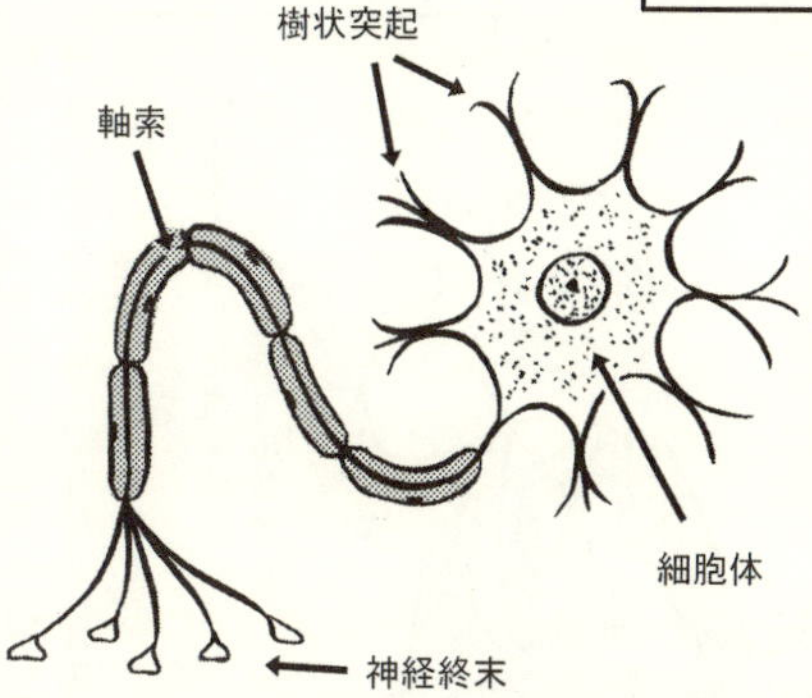

ニューロンは「細胞体」、「軸索《じくさく》」、「樹状突起《じゅじょうとっき》」でひとつのセットになっています。

軸索の中では「電気信号」で刺激が素早く伝達されます。

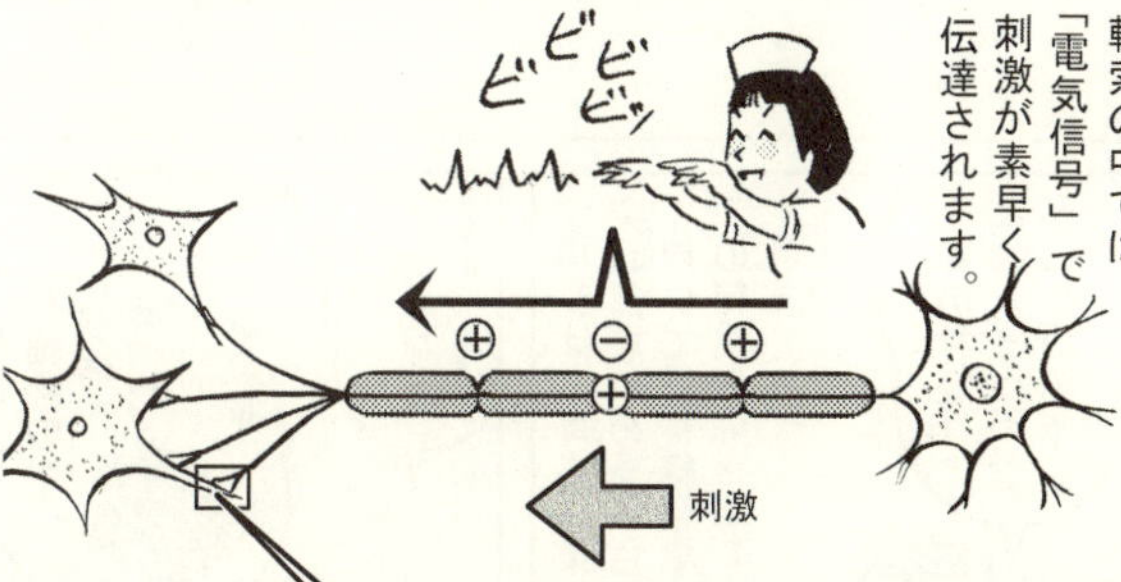

神経終末の部分では「化学伝達物質」が放出されて、情報が伝達されます。

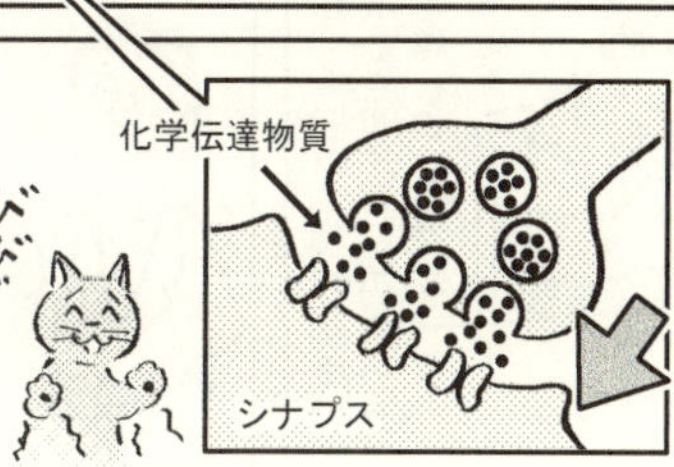

この神経の接合部を「シナプス」と呼びます。

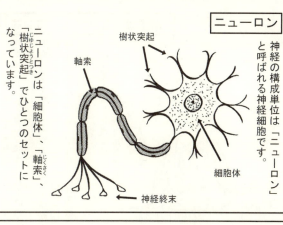

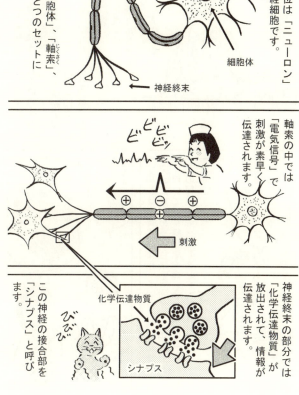

「網状説」と「ニューロン説」

ヒトの神経系は一千億個以上の神経細胞がネットワークを組んで形成されています。

しかし電子顕微鏡のなかった二十世紀前半には「シナプスの部分に細胞間の隙間はなく、神経系全体は網状につながった合胞体である」という「網状説」がありました。

この説を主張した医学者がイタリアの内科医ゴルジです。

Cr
Ag

カミッロ・ゴルジ
(1843〜1926)

たしか細胞の中に「ゴルジ体」ってあったべな・・・(第一章参照)。
ええ、その発見者です。

ゴルジは「ゴルジ染色」という「神経細胞の突起部を染める染色法」を開発し、光学顕微鏡を用いて、神経組織を詳しく観察してこの結論を導き出しました。

全身の神経は網のようにつながっているぞ。

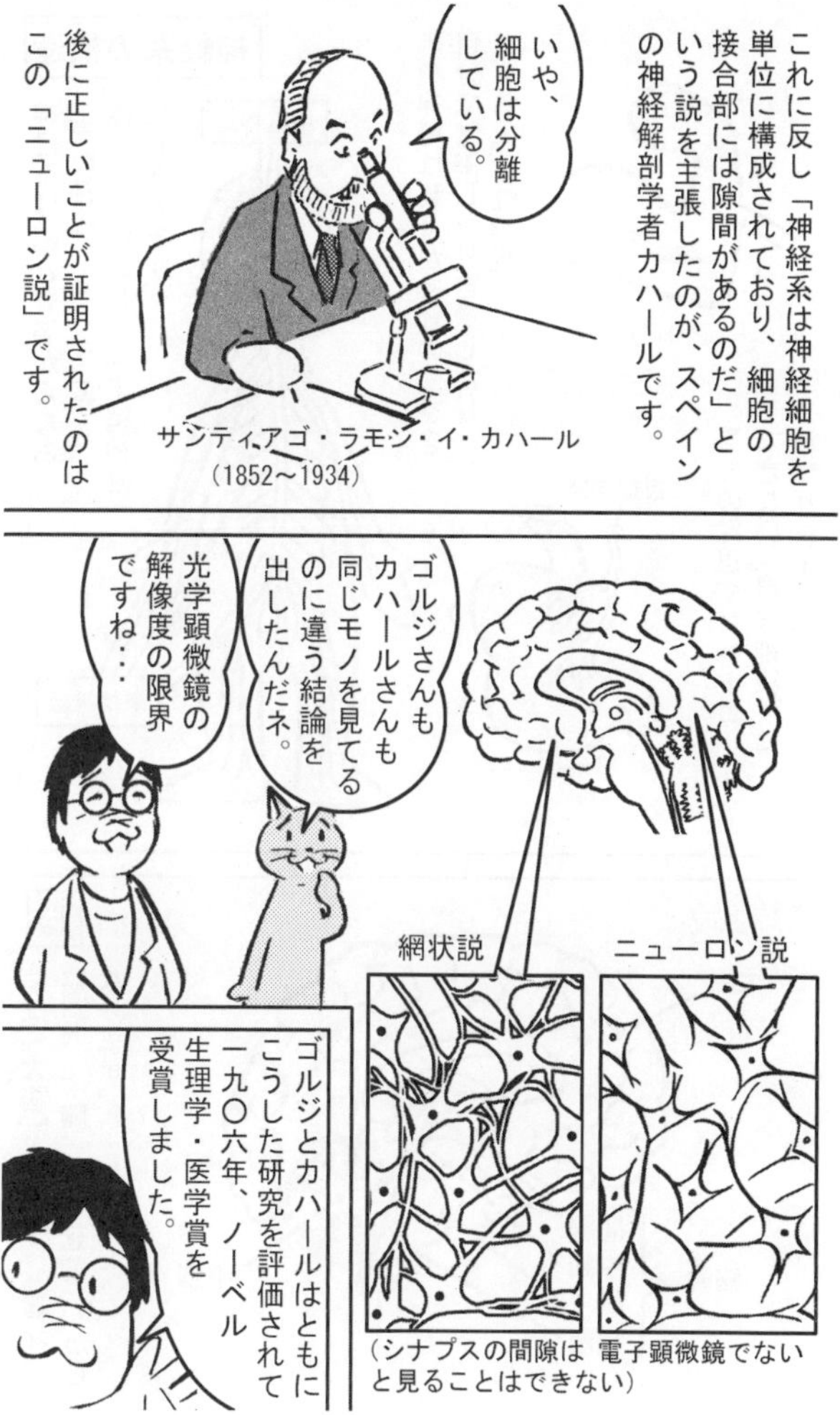
これに反し「神経系は神経細胞を単位に構成されており、細胞の接合部には隙間があるのだ」という説を主張したのが、スペインの神経解剖学者カハールです。
いや、細胞は分離している。
サンティアゴ・ラモン・イ・カハール
（1852〜1934）
後に正しいことが証明されたのはこの「ニューロン説」です。
網状説
ニューロン説
（シナプスの間隙は電子顕微鏡でないと見ることはできない）
ゴルジさんもカハールさんも同じモノを見てるのに違う結論を出したんだネ。
光学顕微鏡の解像度の限界ですね・・
ゴルジとカハールはともにこうした研究を評価されて一九〇六年、ノーベル生理学・医学賞を受賞しました。

神経系の構造

神経系は脳と脊髄からなる「中枢神経」と、そこから体の末梢にのびる「末梢神経」にわかれます。

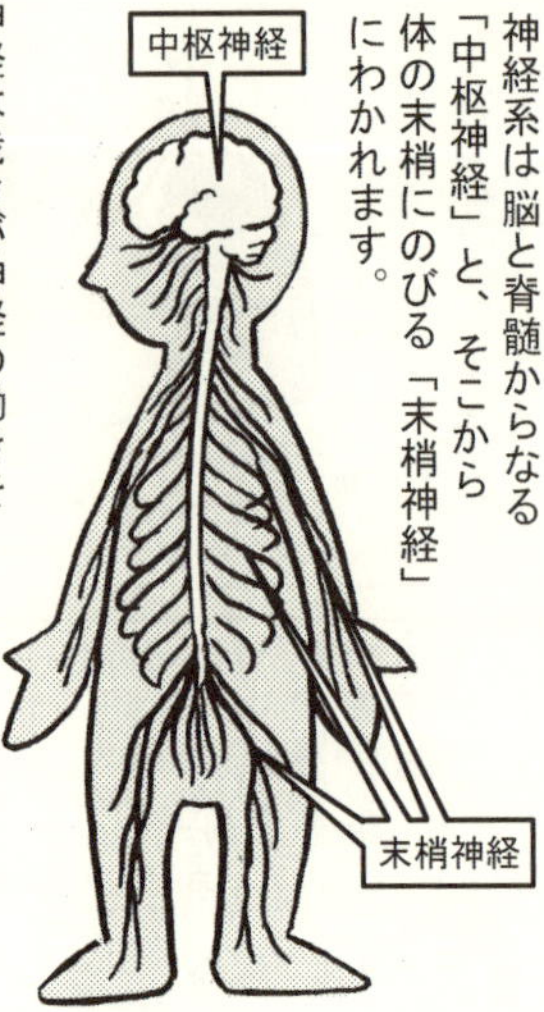

末梢神経は我々が神経の働きを自分で制御したり自覚したりできる「体性神経」と

自分の意思でコントロールできない「自律神経」にわかれます。

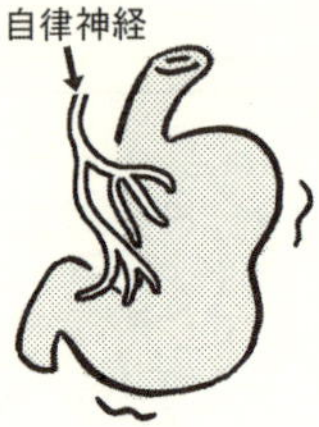

脳

脳は「大脳」、「小脳」、「脳幹（間脳、中脳、橋、延髄）」からなります。

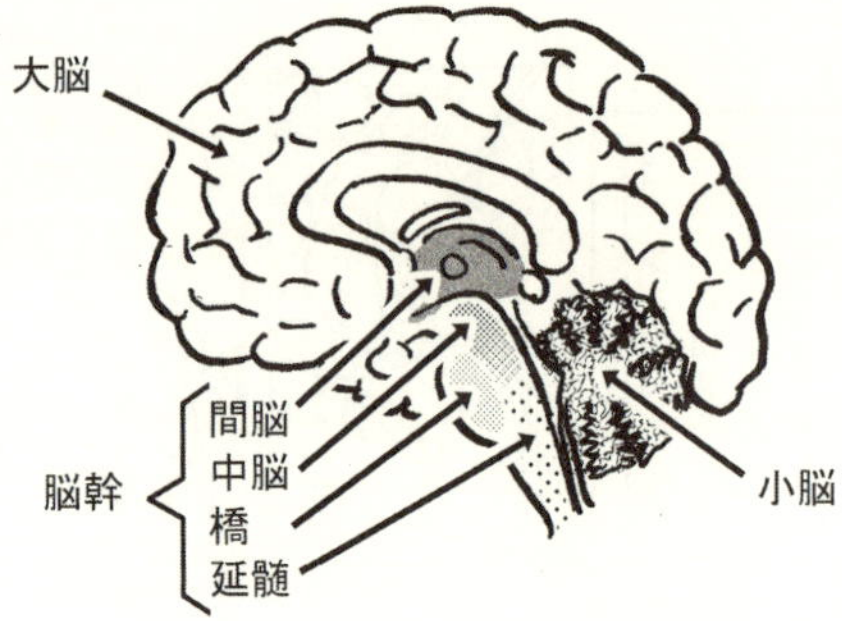

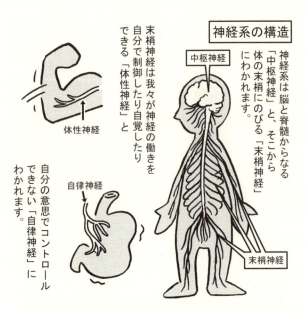

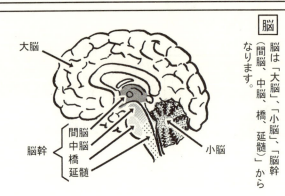

脳幹は大脳半球と脊髄を結ぶ部分で、呼吸や血圧、体温や内分泌など生命の維持に重要な機能を調節しています。

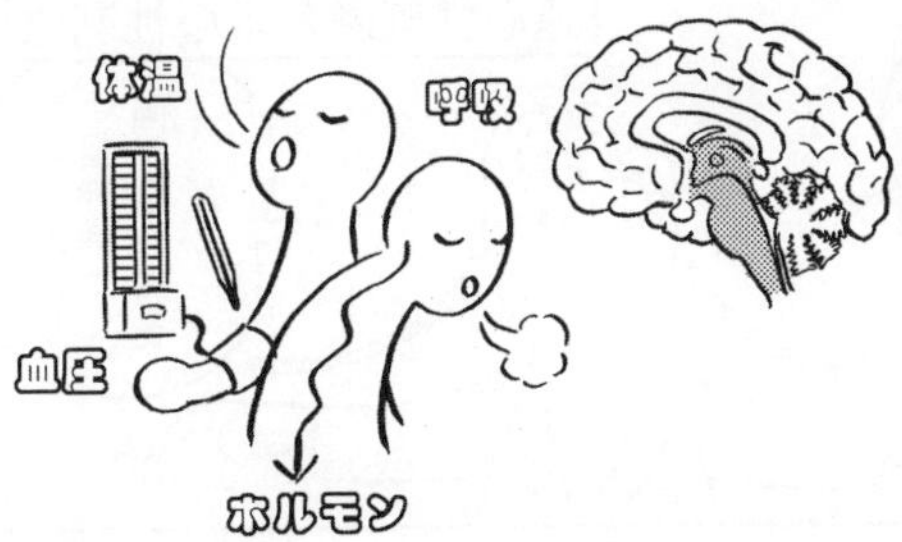

小脳は体の平衡感覚をとり、全身の微細な動きを調節し、協調させます。

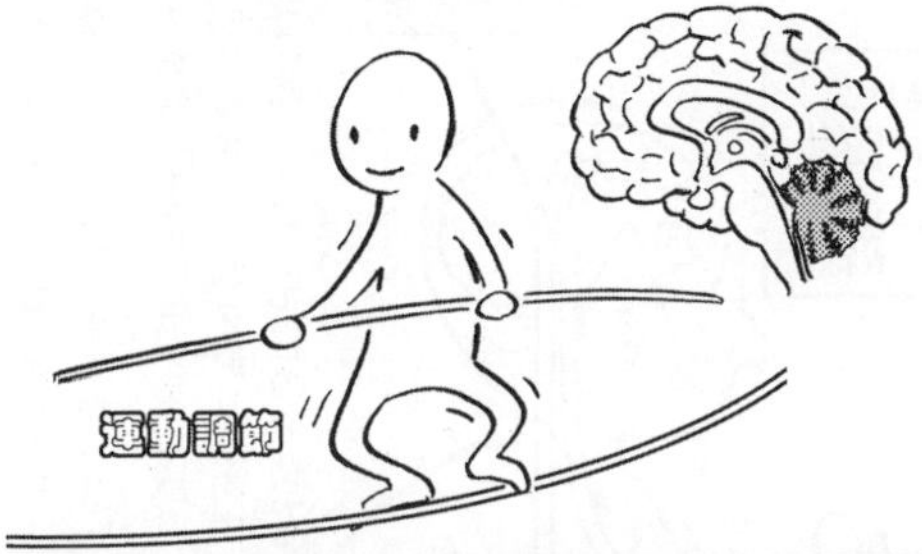

大脳は精神機能の中心で、表面を「皮質」、内部を「髄質」と呼びます。皮質と髄質はその色の違いから「灰白質」、「白質」と呼ばれます。

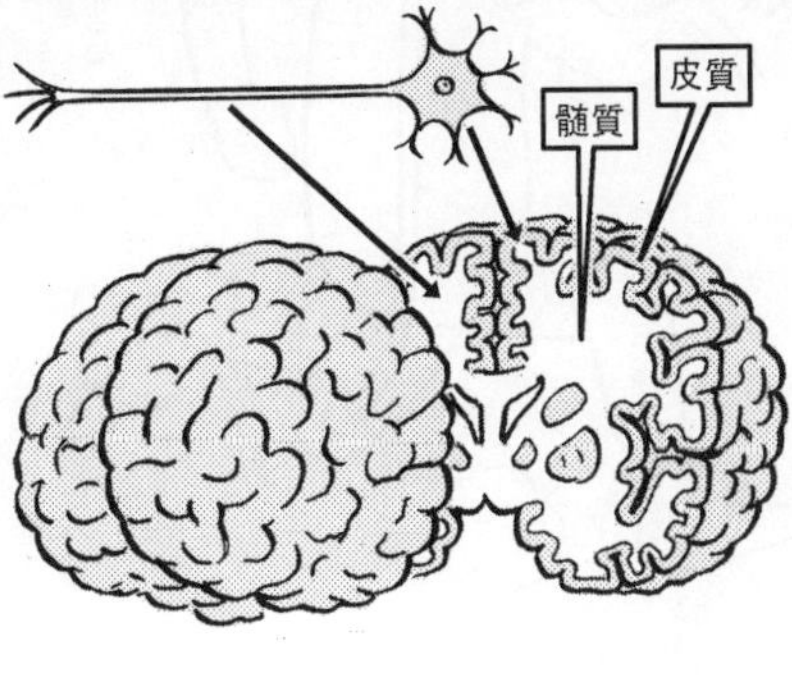

神経細胞は皮質の部分に集まり、白質は神経線維が主体です。

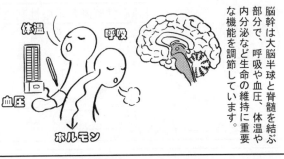

遠心性刺激と求心性刺激

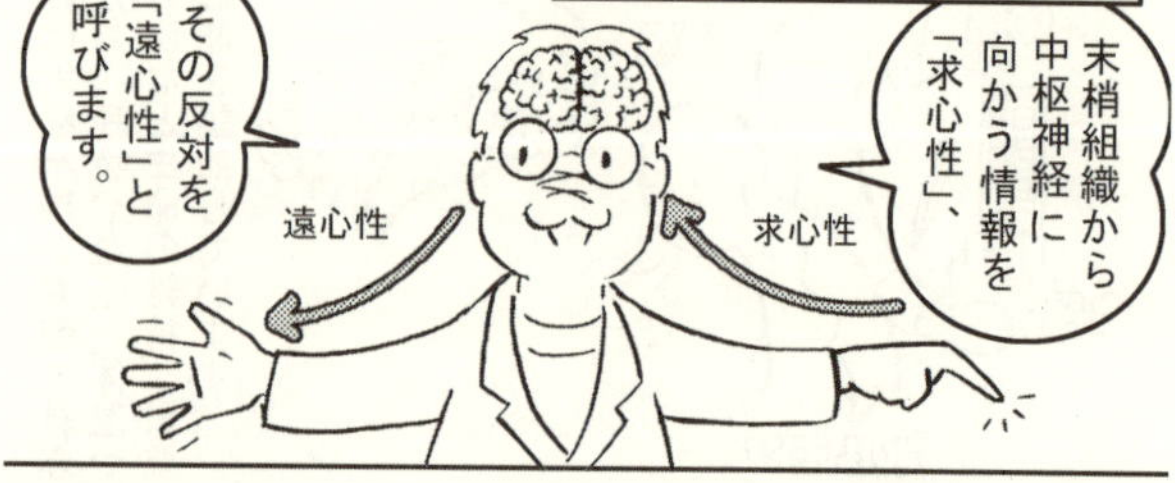

たとえばランニングをする時に、大脳は「足を動かそう」「手を振ろう」と遠心性の命令を出します。

この命令を手足に伝えるのが、大脳皮質から脊髄を通り筋肉に達する「錐体路《すいたいろ》」という神経の経路です。

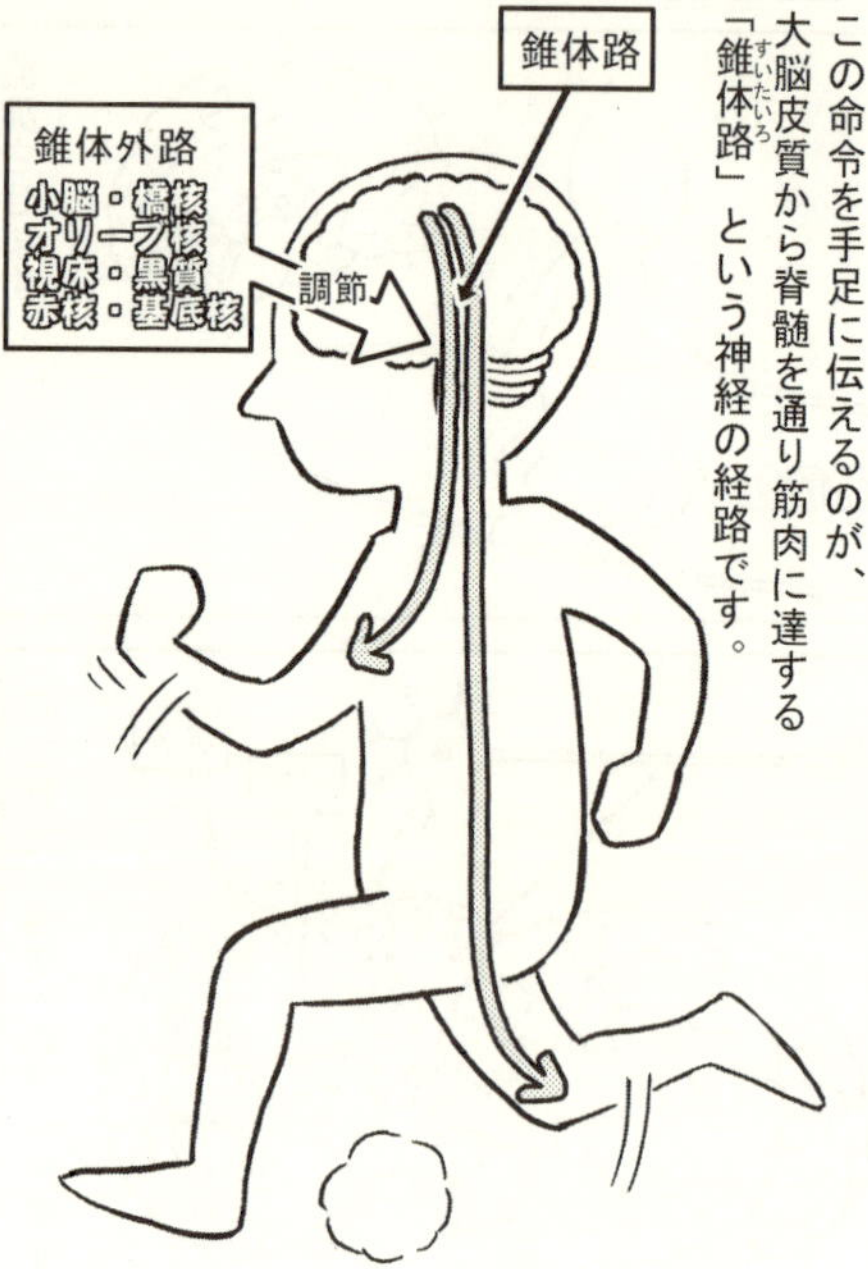

運動の命令は、脳内の「錐体外路」と呼ばれる神経回路によって、なめらかな動きに調整されます。

ランニング中、足底が道の石ころを踏むと、求心性の情報は神経を伝わり、脊髄を通って間脳の「視床」に届きます。

視床は嗅覚以外のあらゆる感覚の中継所で、情報を処理して大脳の担当箇所に伝えます。

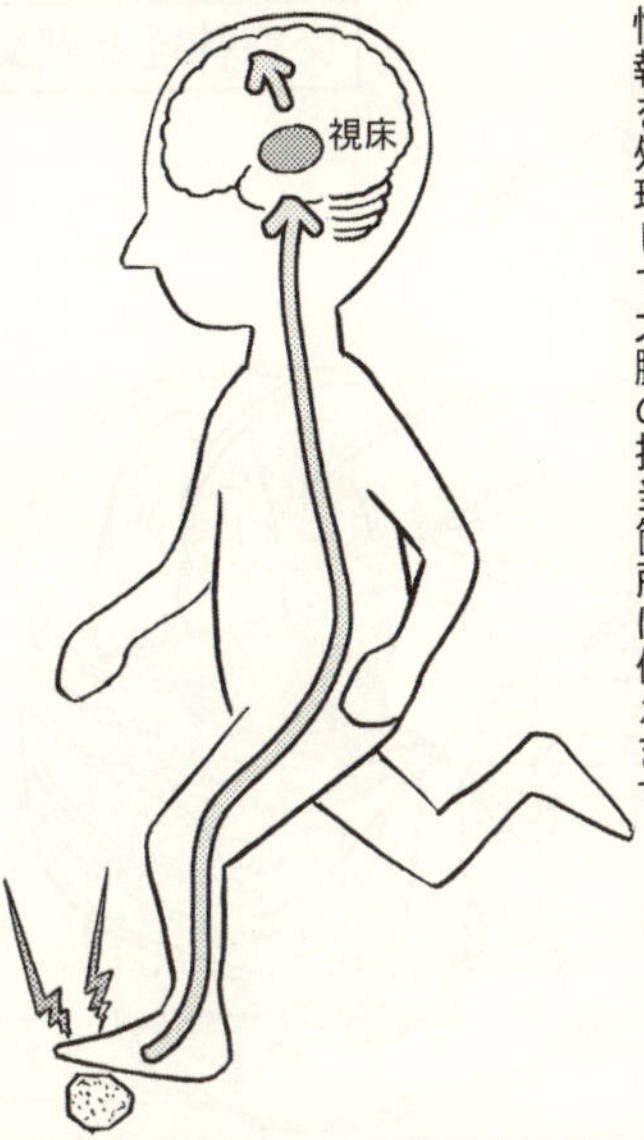

大脳はこうした情報を受けて、「石ころを踏んだ」「ちょっと痛いな」などと思うわけです。

自律神経

さて、ランニングをすると酸素消費の上昇、血中ｐＨの低下、体温上昇などが起こります。

酸素やエネルギーの需要を満たすために心拍数や呼吸数は上昇し、体温を下げるために末梢血管は拡張し、発汗が促進されます。

こうした調節はヒトが意識せず、体が自然に行っています。

これに関わるのが、自律神経です。

交感神経と副交感神経

自律神経には「交感神経」と「副交感神経」があり、それぞれが反対の作用をします。

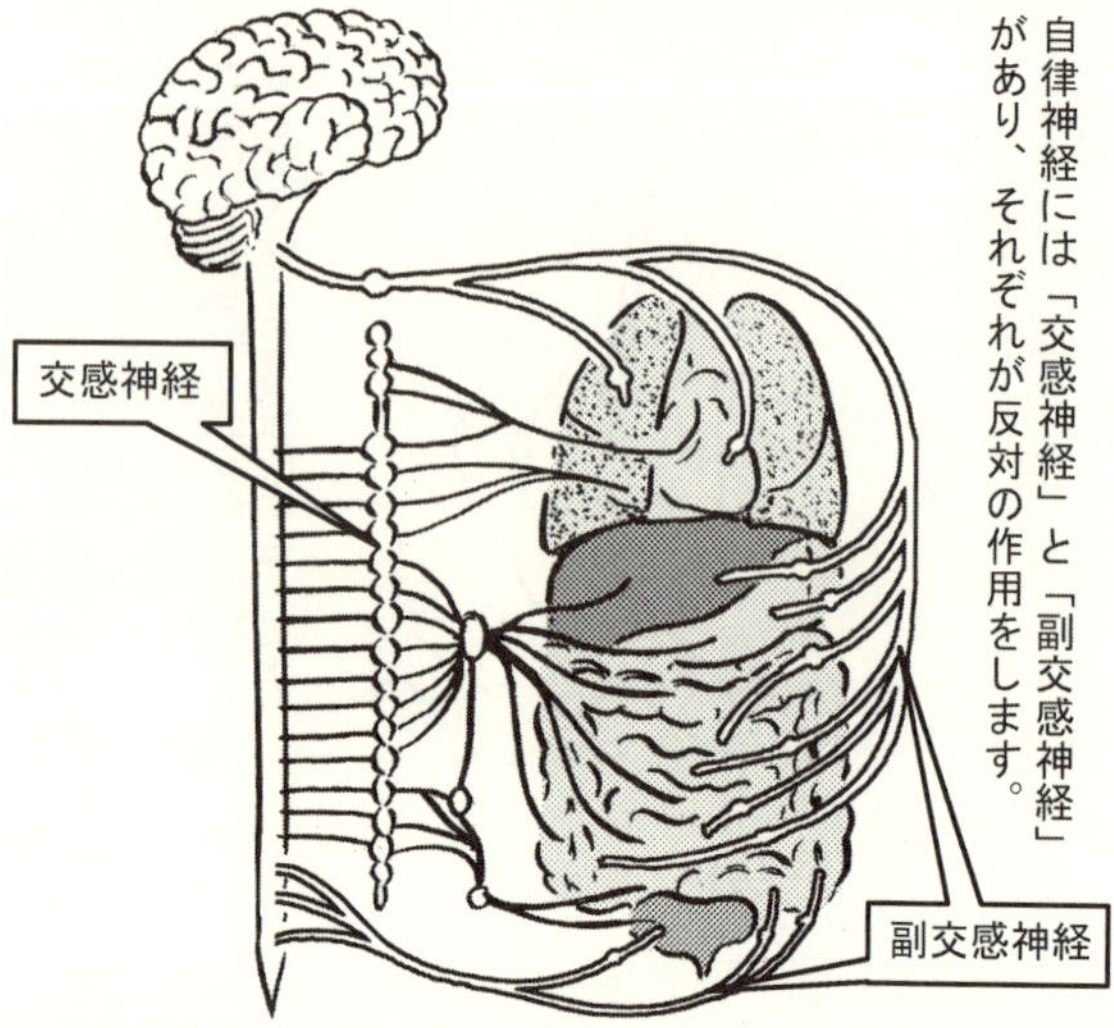
交感神経
副交感神経

交感神経は一言でいうと「**闘争と逃走の神経**」です。
何、それ？
つまり「生体が危機に陥り、闘うか逃げるか…」という状態にそなえるものです。

図に、交感神経のおおまかな作用を示しました。

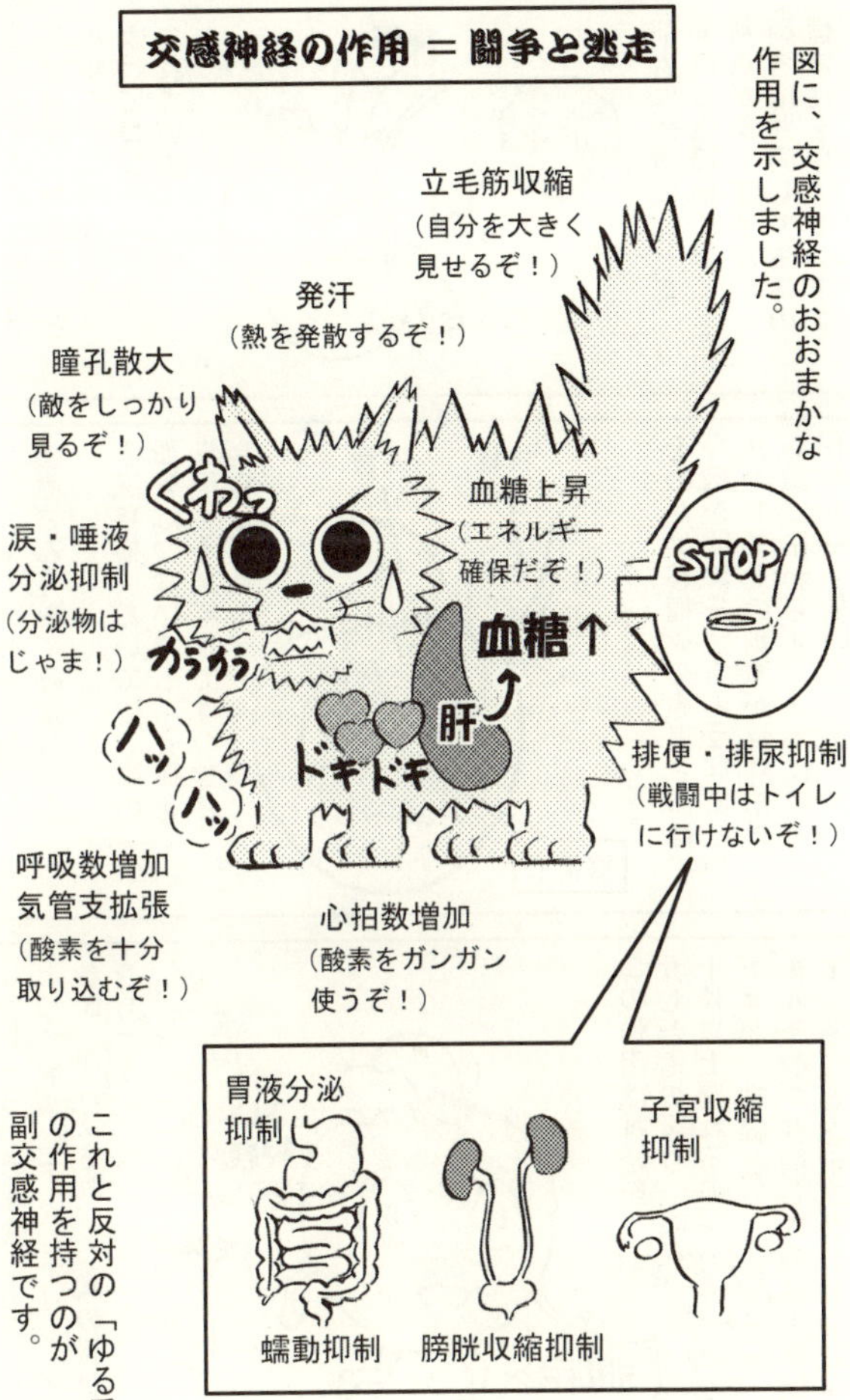

これと反対の「ゆる系」の作用を持つのが副交感神経です。

こうした内臓の機能は自律神経（神経系）とホルモン（内分泌系）によってコントロールされています。

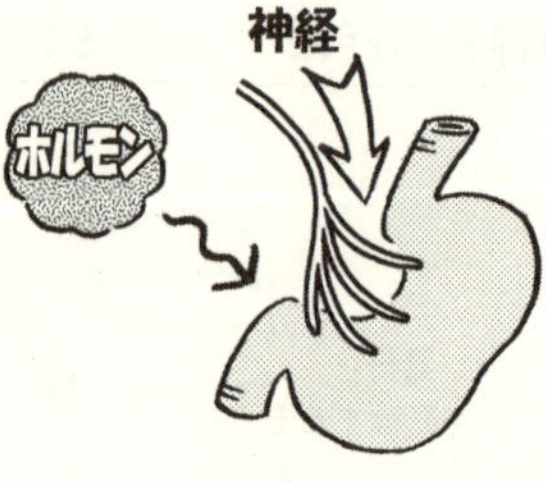

前者は後者に比して即座に直接的に働く利点がありますが、両者は共同して生体の恒常性を保っています。

たとえば心臓移植を受けた患者さんを見てみましょう。心臓移植においては心臓の血管はつないでも、心臓を支配する神経まではつなぎ合わせません。

そのため移植後の患者さんは、心臓を興奮させるようなことがあってもその刺激が神経から心臓に伝わらず、すぐにはドキドキしないのです。

しかしそういう場合でもストレスによって血中にアドレナリン（第七章参照）が分泌され、心臓の脈が早くなります。

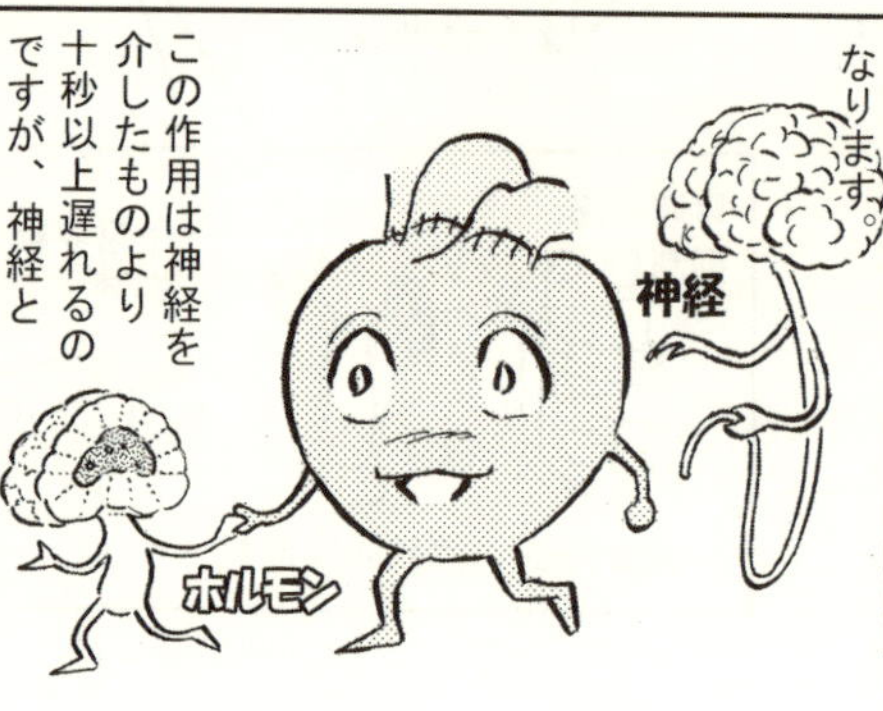

この作用は神経を介したものより十秒以上遅れるのですが、神経とホルモンが共同して内臓を支配していることを示す良い例でしょう。

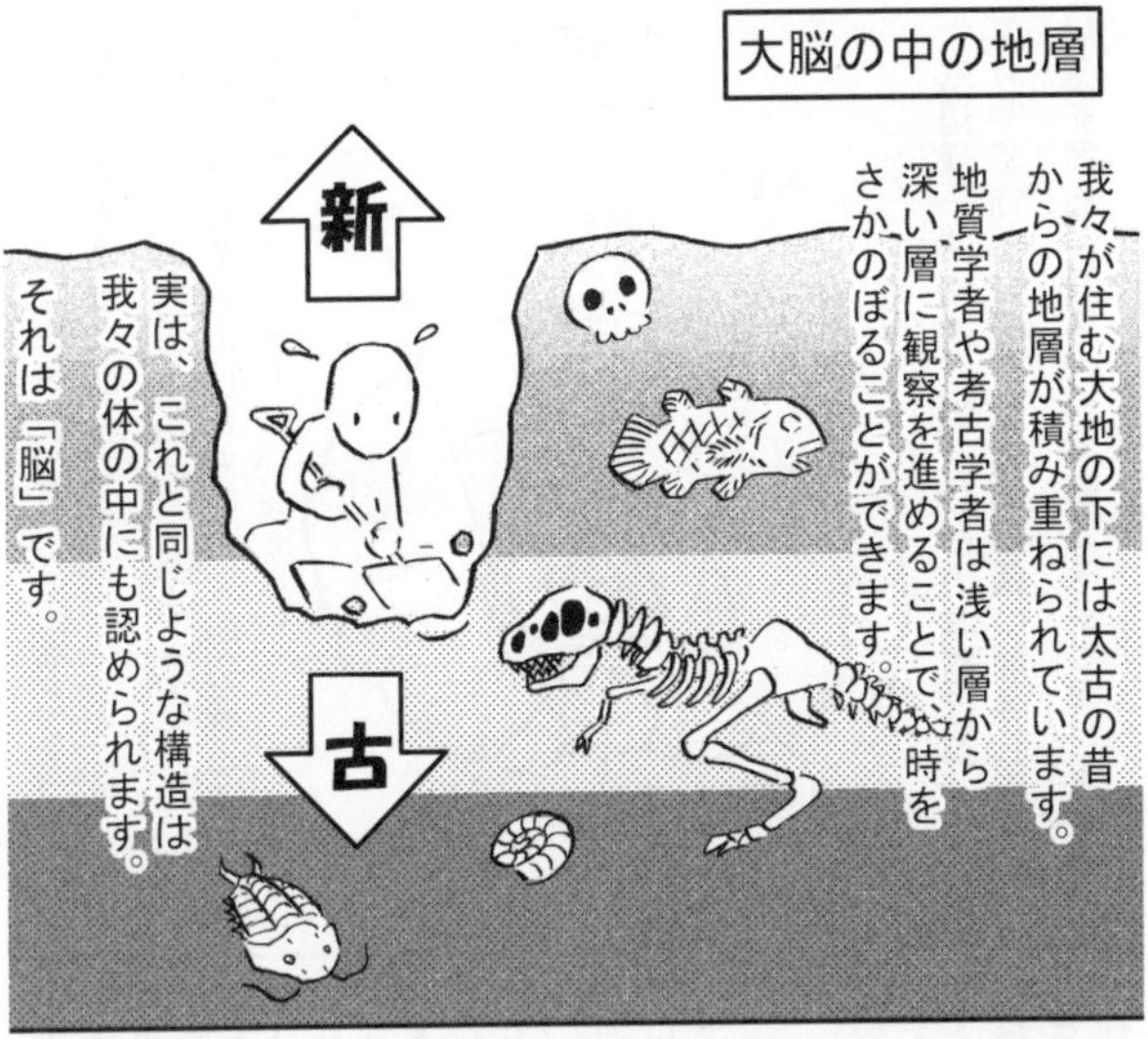
大脳の中の地層
我々が住む大地の下には太古の昔からの地層が積み重ねられています。
地質学者や考古学者は浅い層から深い層に観察を進めることで、時をさかのぼることができます。
新
古
実は、これと同じような構造は我々の体の中にも認められます。
それは「脳」です。

我々ヒトの脳は原始的な動物のシンプルな脳の上に、新しい機能を持つ部分を重ねていくことで形成されました。
原始的な脳
進化
新皮質
古皮質
大脳皮質はヒトの進化にともなって発達してきた「新皮質」と、それ以前から機能していた「古皮質」に分けられ、「古い脳」は「新しい脳」の深部に埋もれています。

「新しい脳」は論理、判断、言語など**高度な精神活動**に関与します。

「古い脳」は新皮質の内側にある「大脳核」という神経細胞の塊とともに「大脳辺縁系」という部分を形成しています。

大脳辺縁系
（古い脳）

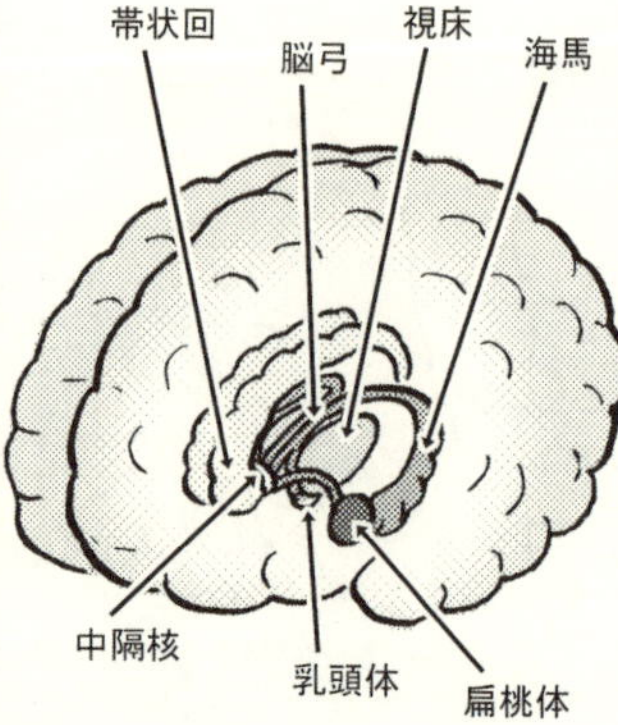
帯状回
脳弓
視床
海馬
中隔核
乳頭体
扁桃体

大脳辺縁系は食欲、性欲などの**本能行為**、怒りや恐怖といった**原始的感情**に関与します。

記憶を司る「海馬」も大脳辺縁系に属します。

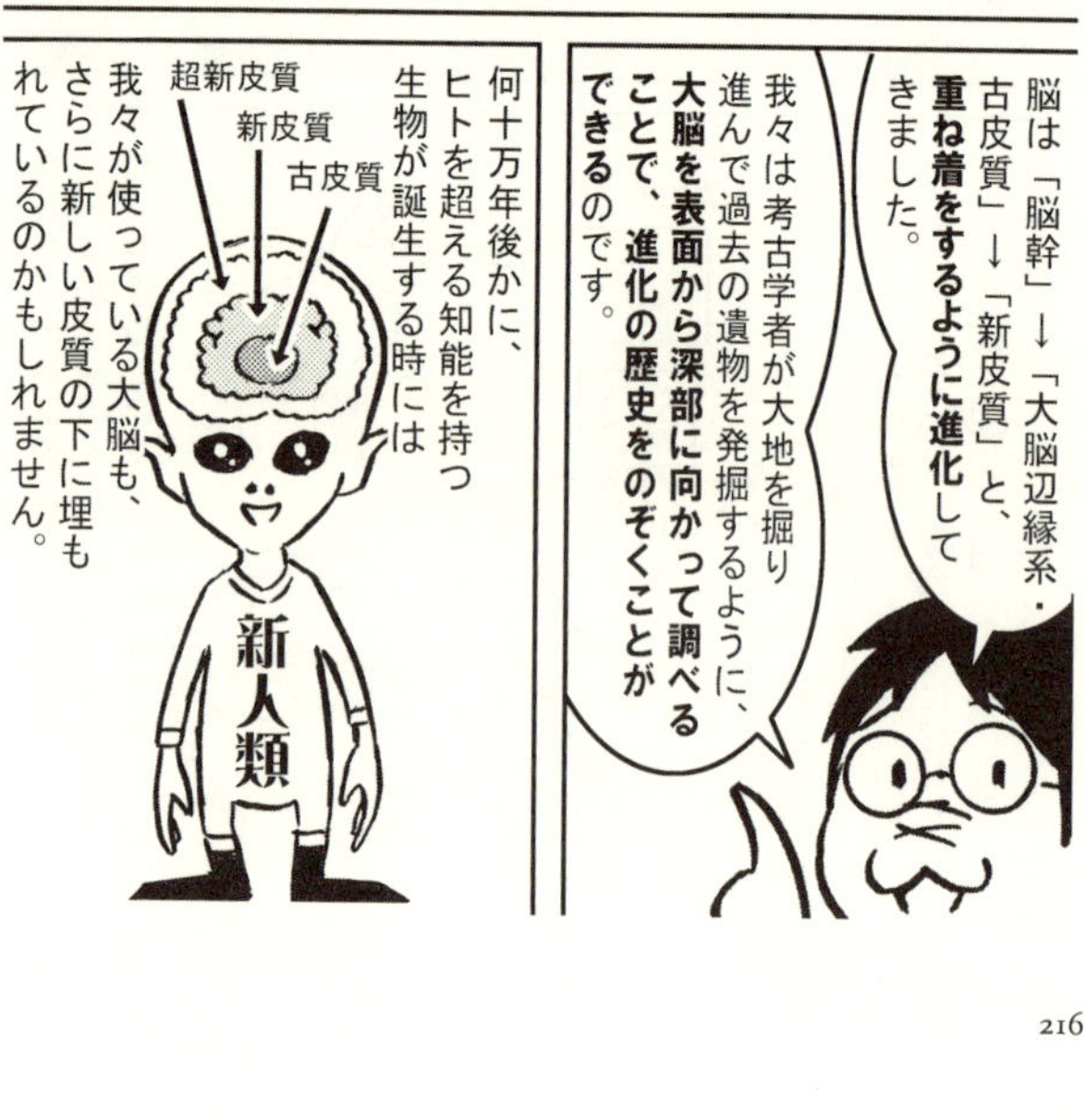
脳は「脳幹」→「大脳辺縁系・古皮質」→「新皮質」と、**重ね着をするように進化**してきました。
我々は考古学者が大地を掘り進んで過去の遺物を発掘するように、**大脳を表面から深部に向かって調べることで、進化の歴史をのぞくことができる**のです。
何十万年後かに、ヒトを超える知能を持つ生物が誕生する時には
超新皮質
新皮質
古皮質
我々が使っている大脳も、さらに新しい皮質の下に埋もれているのかもしれません。
新人類

右脳と左脳

脳内出血や脳梗塞の後遺症で病変部と反対の半身に麻痺が起こることは、皆さんもご存じでしょう。

体を支配する神経は脳から脊髄までの間で**左右交差**しており、左半身は右脳が、右半身は左脳が司っているため、このような現象が起こるのです。

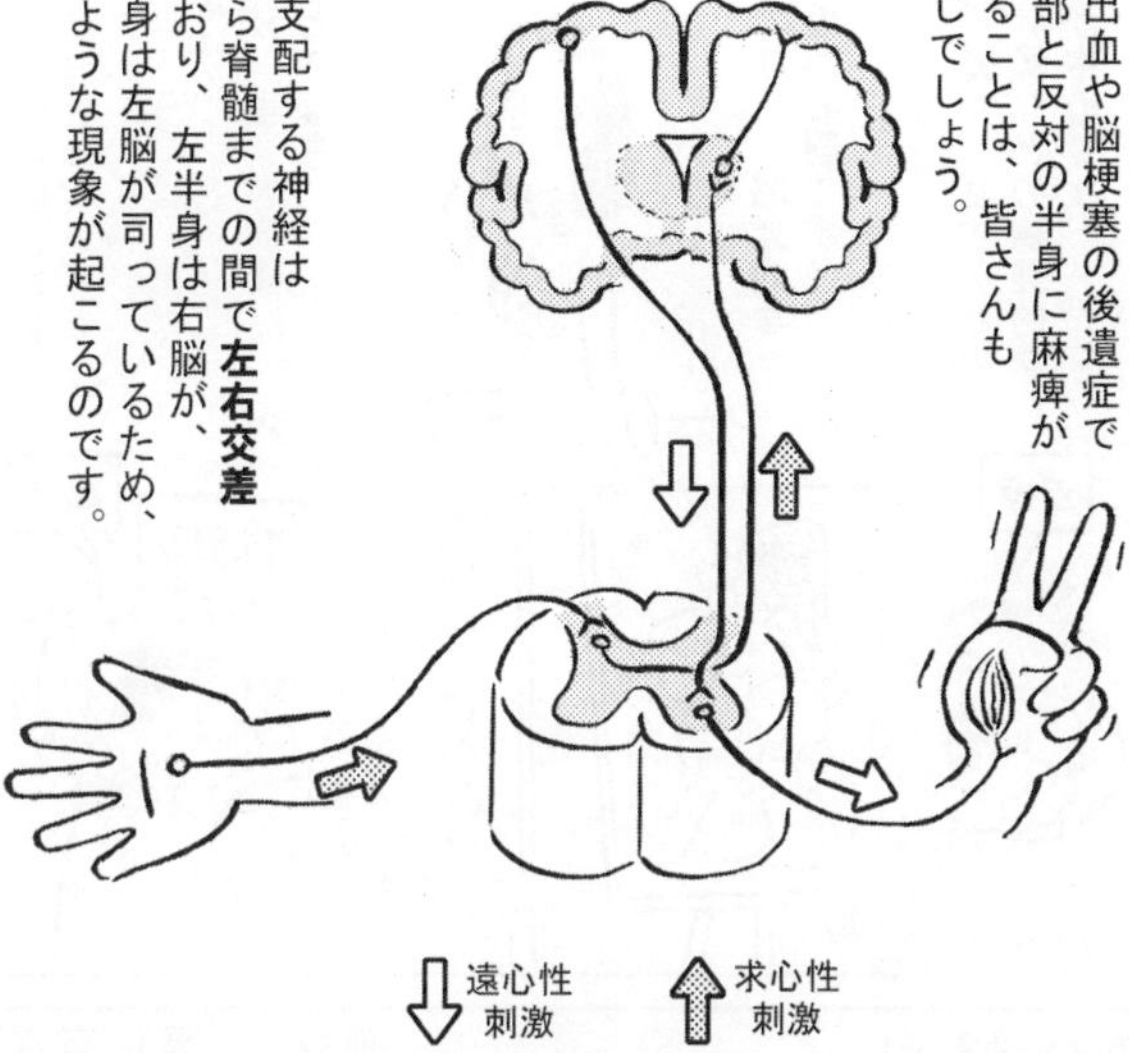
遠心性刺激
求心性刺激

大脳が体を支配するうえで、この神経の交差に何の役に立っているのかは、わかっていません。
右
左
ただ、こうした交差は脊椎動物に広く見られる構造であるため、きっと何らかの意味があるのでしょう。

精神活動の面では右脳と左脳との間に役割分担があります。

形を認識したり、絵を描いたり、音楽を演奏したりするときは主に右脳が使われます。

直感や創造力など、**感覚的な事柄に働くのが右脳**です。

一方、読む、書く、話すなどの**言語活動**、計算などの**論理的な活動は左脳が中心**です。

なお、言葉を操る言語中枢は右利きのヒトでは九割以上が左脳にありますが、左利きのヒトでは三人に一人が右脳にあります。

「手を使う」ということと「言葉を使う」ということの間にはおそらく何かの関わりがあるのでしょう。

言語中枢のある方の大脳を「優位半球」と呼びますが、幼児期にいったん定まった優位半球は、利き手を矯正しても変わりません。

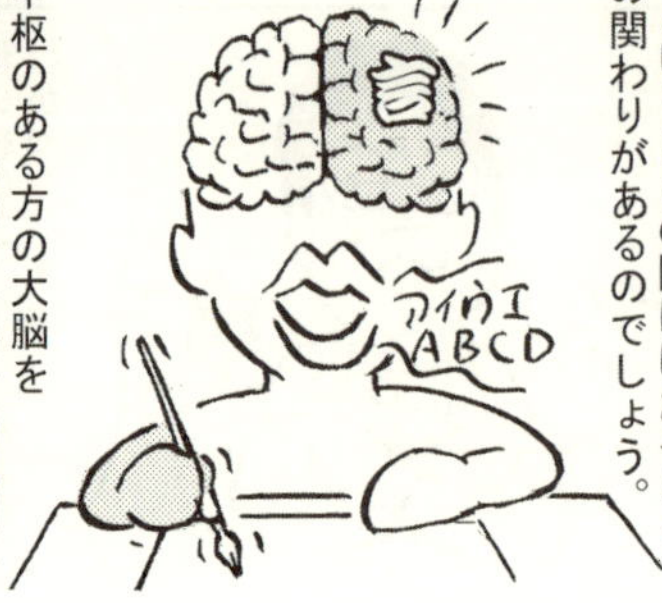

脳の中の小人

この図は大脳の簡単な機能分担を示したものです。

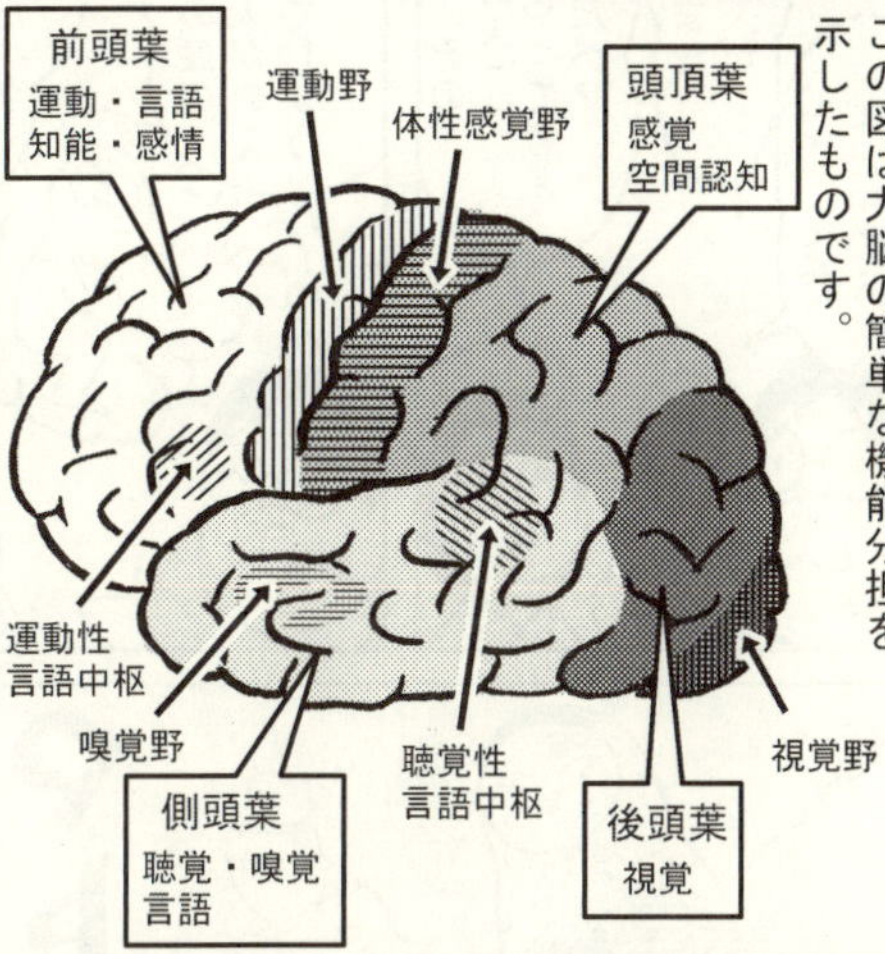
頭頂葉
感覚
空間認知
体性感覚野
運動野
前頭葉
運動・言語
知能・感情
運動性
言語中枢
嗅覚野
側頭葉
聴覚・嗅覚
言語
聴覚性
言語中枢
後頭葉
視覚
視覚野

大脳には明確な仕切りがないため「前頭葉」、「頭頂葉」、「側頭葉」、「後頭葉」というのは、脳の表面の溝で分けられた便宜的な区分です。

脳が思考の場であるということは紀元前のヒポクラテスの時代から知られていました。

しかしそのメカニズムに関しては、

近代医学が発展するまで様々な説がありました。

ヒポクラテス全集

ヒポクラテス（B.C. 460頃～370頃）
医学の始祖としてあがめられている古代ギリシアの医師

惑星の運動に関する「ケプラーの法則」を発見した天文学者ケプラーは、ヒトがモノを考える仕組みについて、

ヒトの脳の中には小人がいて、そいつが考えているんだ！

という「小人説」を提唱しました。

ヨハネス・ケプラー
（1571～1630）

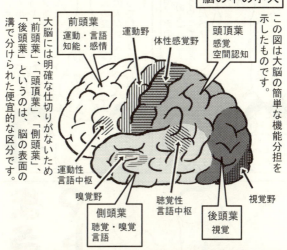

だども・・・その小人さんはどうやってモノを考えたんだべ？
小人の頭の中の人が考えたんでしょうかネ。
じゃ、その「中の人」はどうやって考えたんだべ？
そのまた中の人が・・・
じゃ、その「また中の人」は？
う・・・
まさに、脳内マトリョーシカ!!
だめだこりゃ・・・

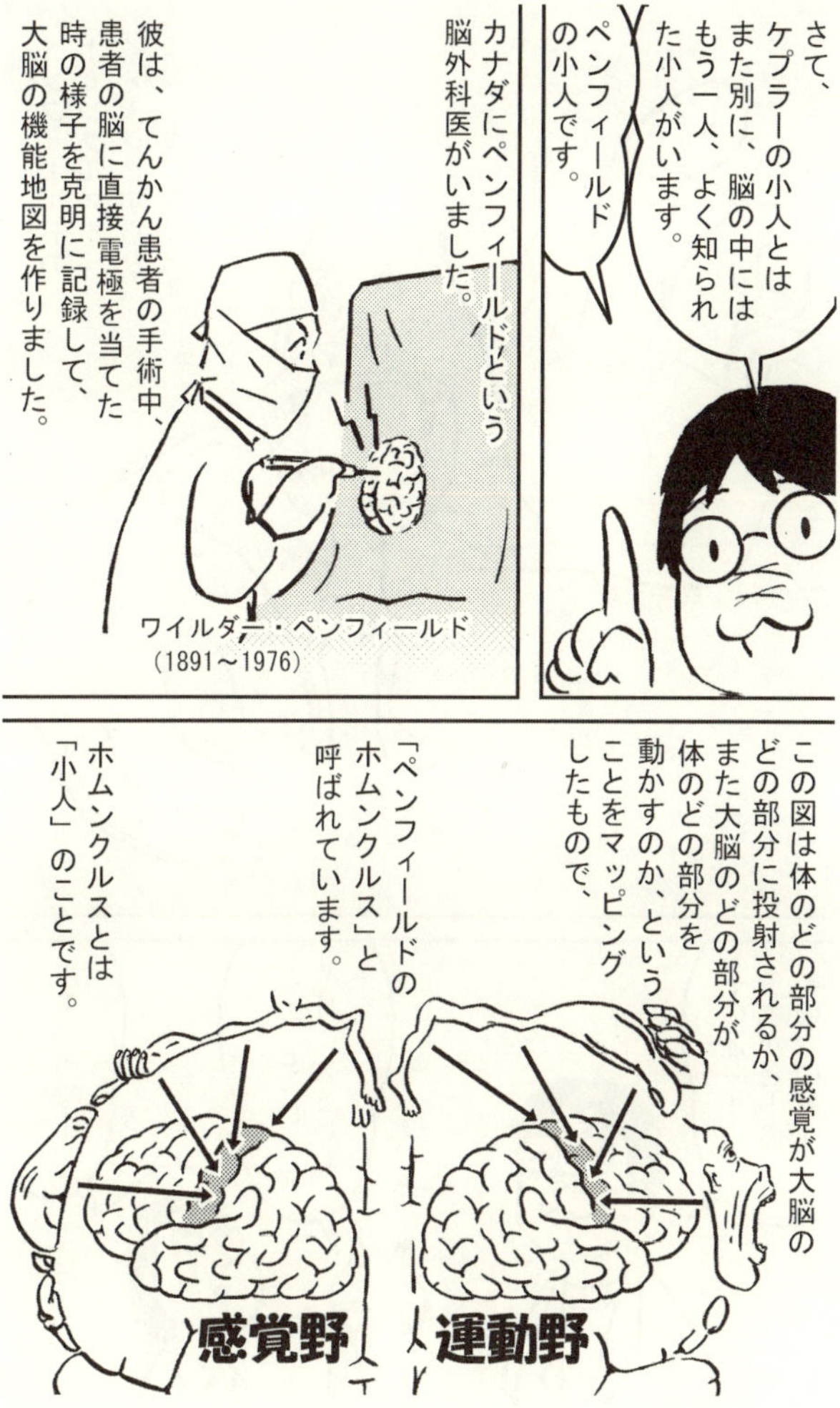
さて、ケプラーの小人とはまた別に、脳の中にはもう一人、よく知られた小人がいます。

ペンフィールドの小人です。

カナダにペンフィールドという脳外科医がいました。

彼は、てんかん患者の手術中、患者の脳に直接電極を当てた時の様子を克明に記録して、大脳の機能地図を作りました。

ワイルダー・ペンフィールド
（1891〜1976）

この図は体のどの部分の感覚が大脳のどの部分に投射されるか、また大脳のどの部分が体のどの部分を動かすのか、ということをマッピングしたもので、

「ペンフィールドのホムンクルス」と呼ばれています。

ホムンクルスとは「小人」のことです。

運動野
感覚野

ペンフィールドのホムンクルスをイメージ化すると、このようになります。
ちょっと、キモいべなー。
「手」と「口」がやけに大きいね。
その通り！それがヒトの特徴なのです！

ここに示した他の動物の脳内のホムンクルスのイメージと比較すればその違いがよくわかるでしょう。

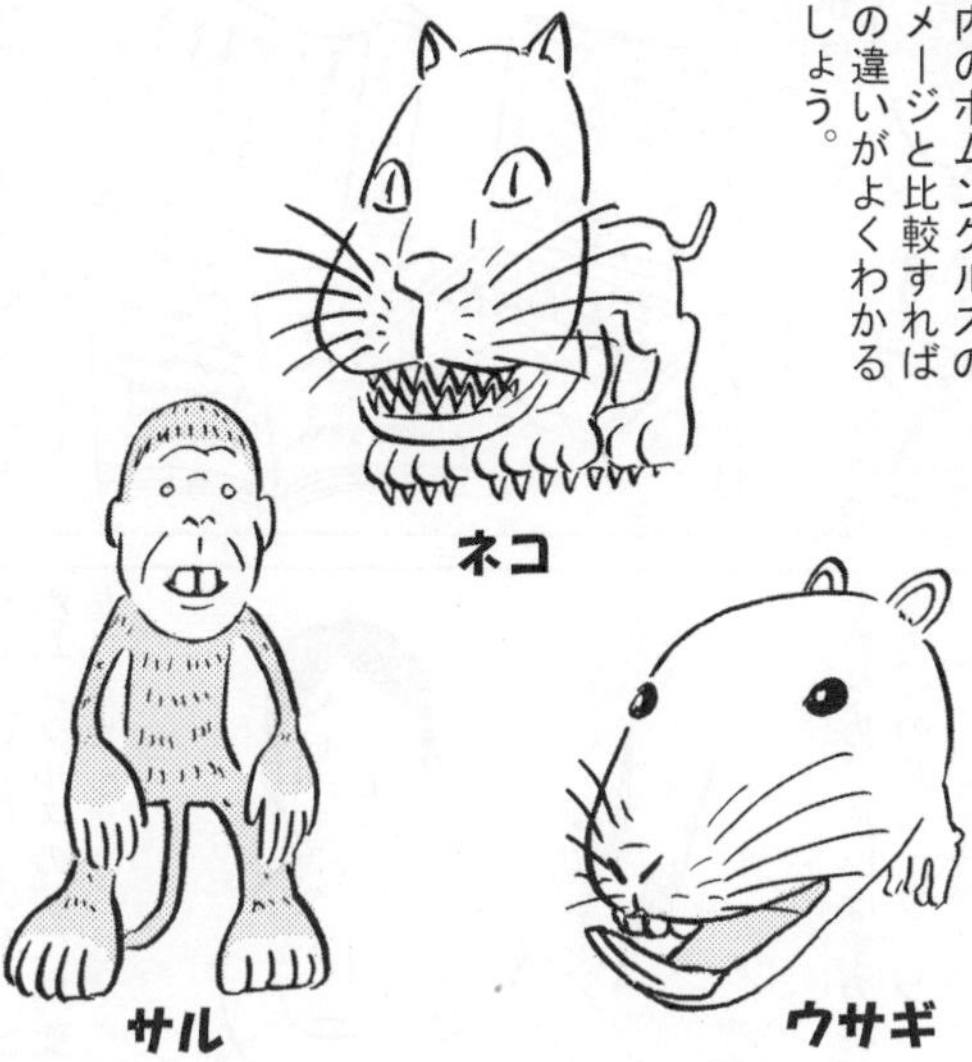

言語中枢において見られたように、ヒトにとって「手を使う」ことと「言葉を使う」こととの間には強い関連があります。

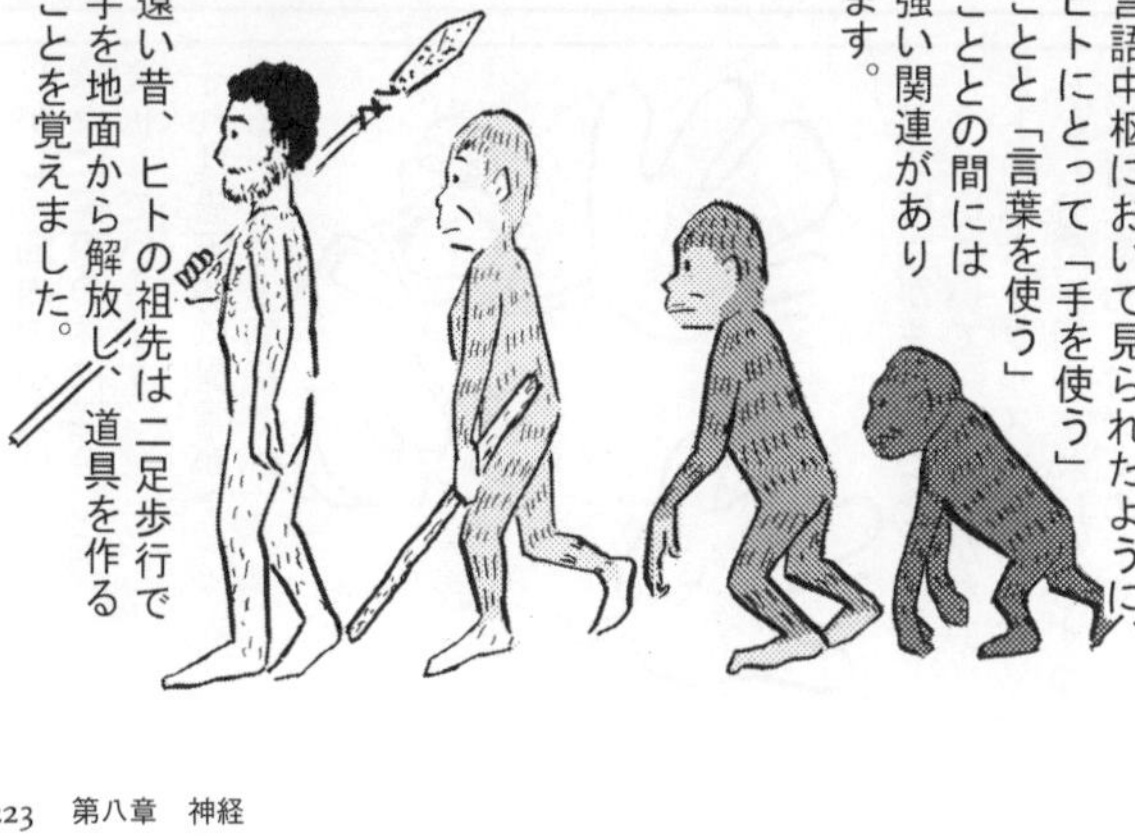

遠い昔、ヒトの祖先は二足歩行で手を地面から解放し、道具を作ることを覚えました。

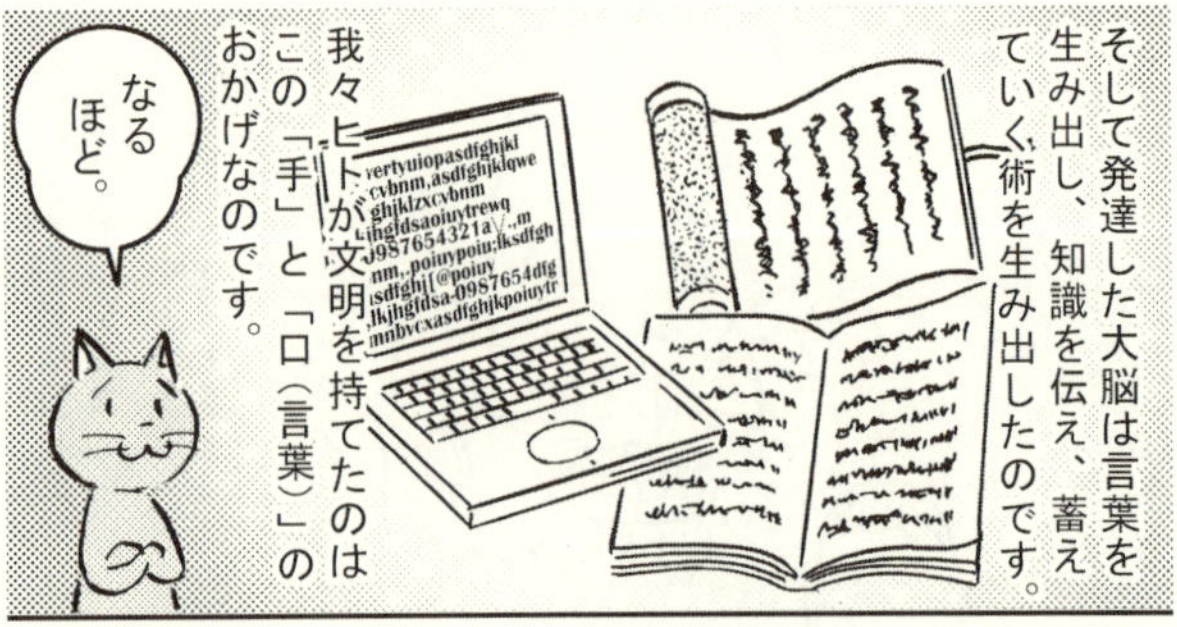
そして発達した大脳は言葉を生み出し、知識を伝え、蓄えていく術を生み出したのです。
我々ヒトが文明を持てたのはこの「手」と「口（言葉）」のおかげなのです。
なるほど。

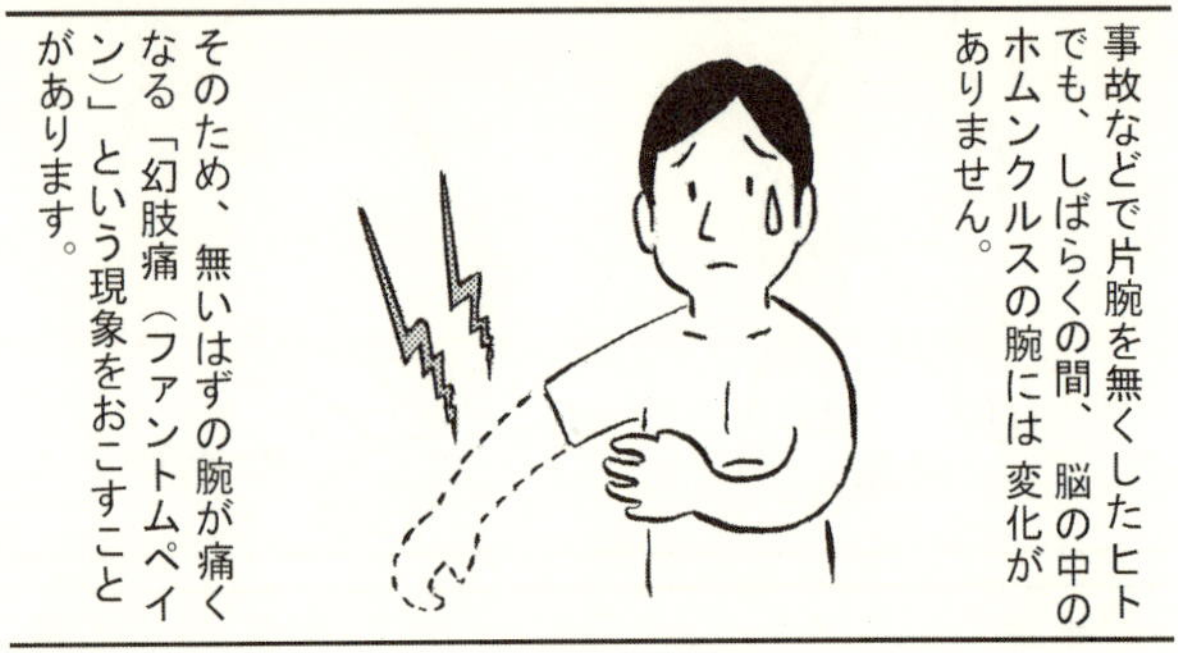
事故などで片腕を無くしたヒトでも、しばらくの間、脳の中のホムンクルスの腕には 変化がありません。
そのため、無いはずの腕が痛くなる「幻肢痛（ファントムペイン）」という現象をおこすことがあります。

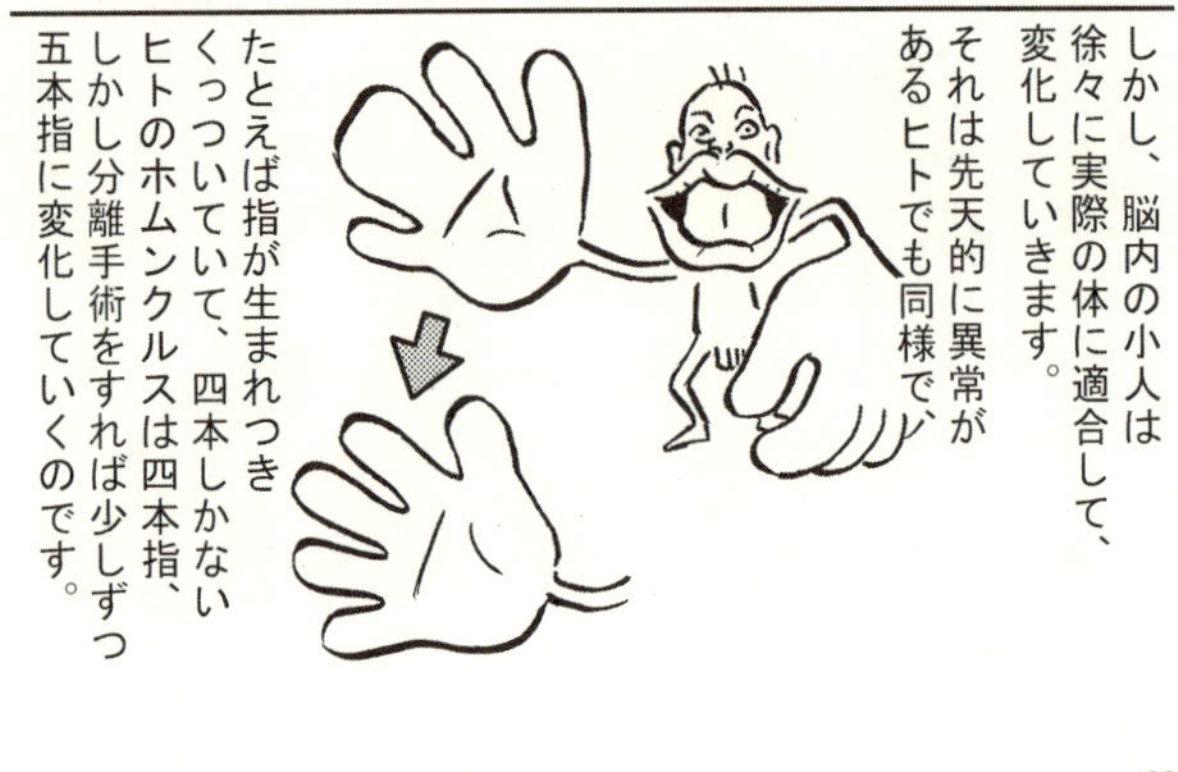
しかし、脳内の小人は徐々に実際の体に適合して、変化していきます。
それは先天的に異常があるヒトでも同様で、
たとえば指が生まれつきくっついていて、四本しかないヒトのホムンクルスは四本指、しかし分離手術をすれば少しずつ五本指に変化していくのです。

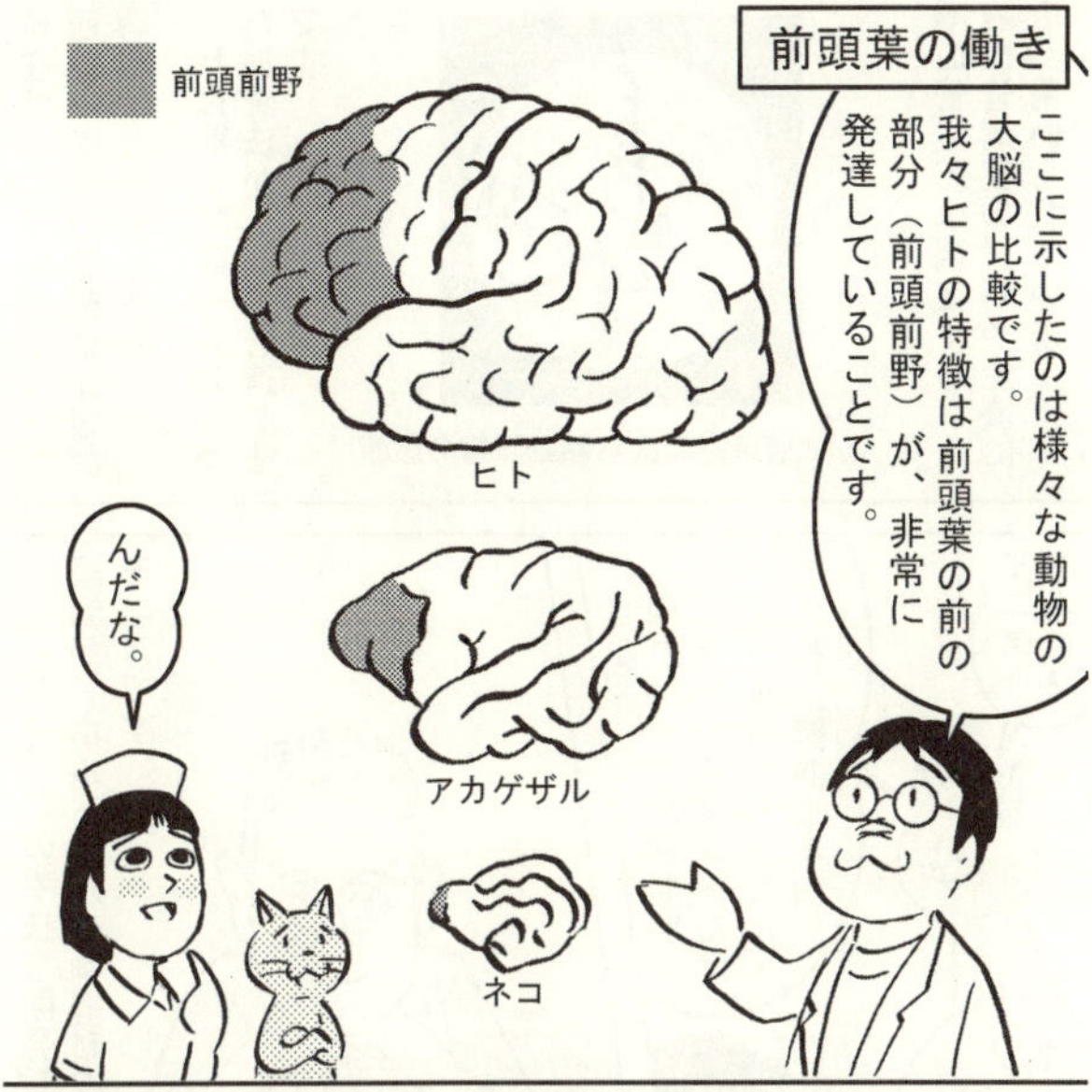
前頭葉の働き
ここに示したのは様々な動物の大脳の比較です。我々ヒトの特徴は前頭葉の前の部分（前頭前野）が、非常に発達していることです。
んだな。
前頭前野
ヒト
アカゲザル
ネコ

前頭前野は思考や創造性を担う脳の最高中枢で、生きる意欲や情動に基づく記憶、物事を計画して実行する機能などを司っています。

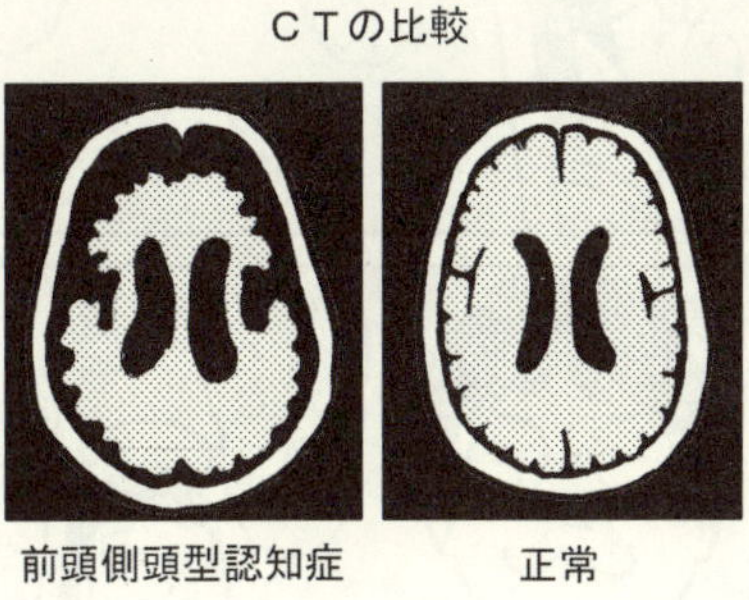
ＣＴの比較
前頭側頭型認知症
正常

そのため、この部分の萎縮などは人格の変化をともなう認知症の原因となります。

現在はＣＴやＭＲＩなどで頭蓋内病変の診断は比較的容易になりましたが、
それ以前まで最も有効だった検査法が「脳血管造影法」です。

脳血管造影による脳動脈瘤の診断
脳血管造影は現在でも脳血管病変の診断や治療に広く用いられています。

一九二七年、この手技を開発した医師が、ポルトガルの神経科医モニスです。

エガス・モニス
(1874〜1955)

たしか、心臓カテーテルを発明したフォルスマンさんはノーベル賞もらったんだよね（第四章参照）。

モニスさんは？

脳血管造影はノーベル賞にノミネートされました。

しかし彼は後にそれとは別の業績でノーベル賞を受賞したのです。

どんな仕事だべ？

言わば「**精神外科**」！

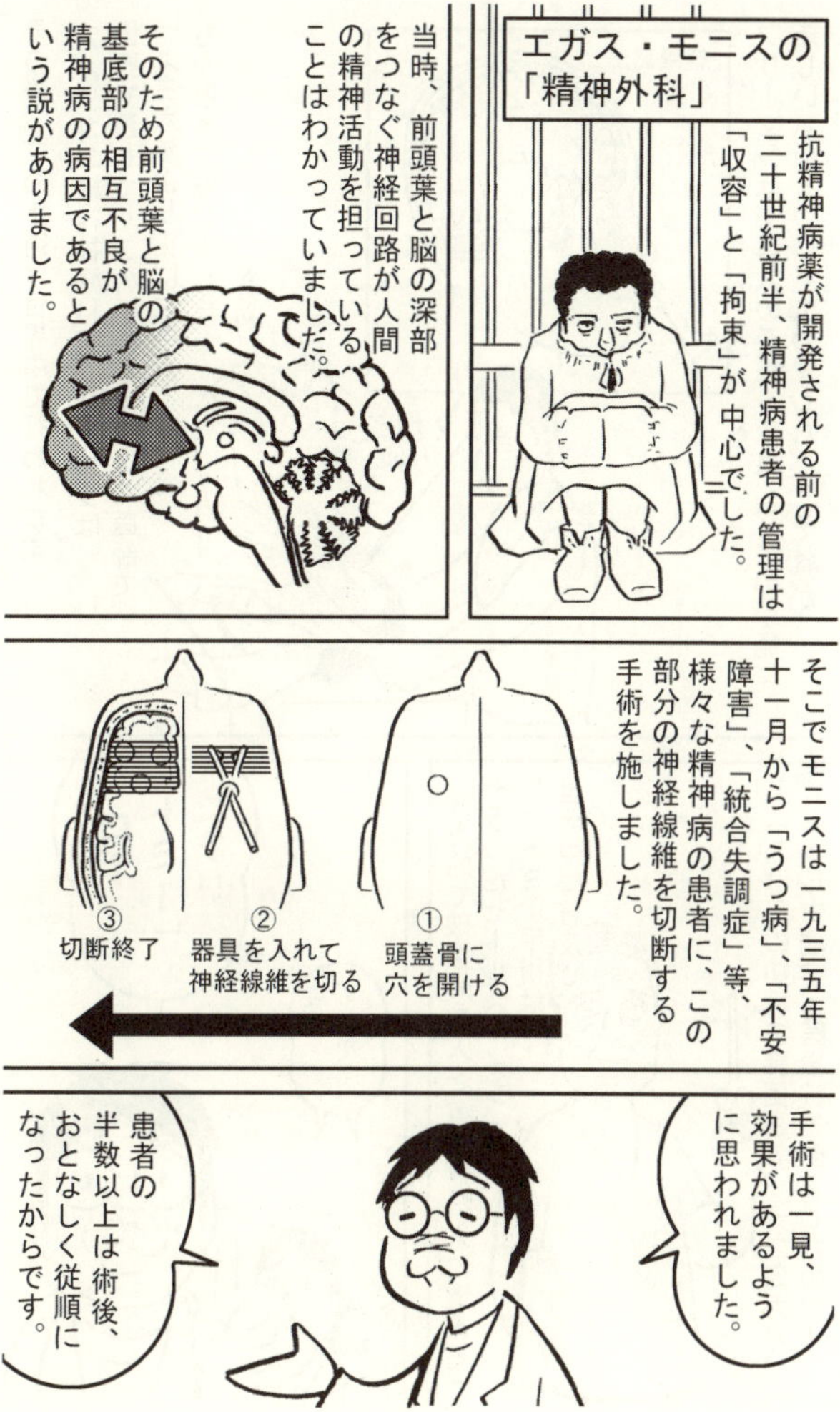
エガス・モニスの「精神外科」

抗精神病薬が開発される前の二十世紀前半、精神病患者の管理は「収容」と「拘束」が中心でした。

当時、前頭葉と脳の深部をつなぐ神経回路が人間の精神活動を担っていることはわかっていました。

そのため前頭葉と脳の基底部の相互不良が精神病の病因であるという説がありました。

そこでモニスは一九三五年十一月から「うつ病」、「不安障害」、「統合失調症」等、様々な精神病の患者に、この部分の神経線維を切断する手術を施しました。
① 頭蓋骨に穴を開ける
② 器具を入れて神経線維を切る
③ 切断終了
手術は一見、効果があるように思われました。

患者の半数以上は術後、おとなしく従順になったからです。

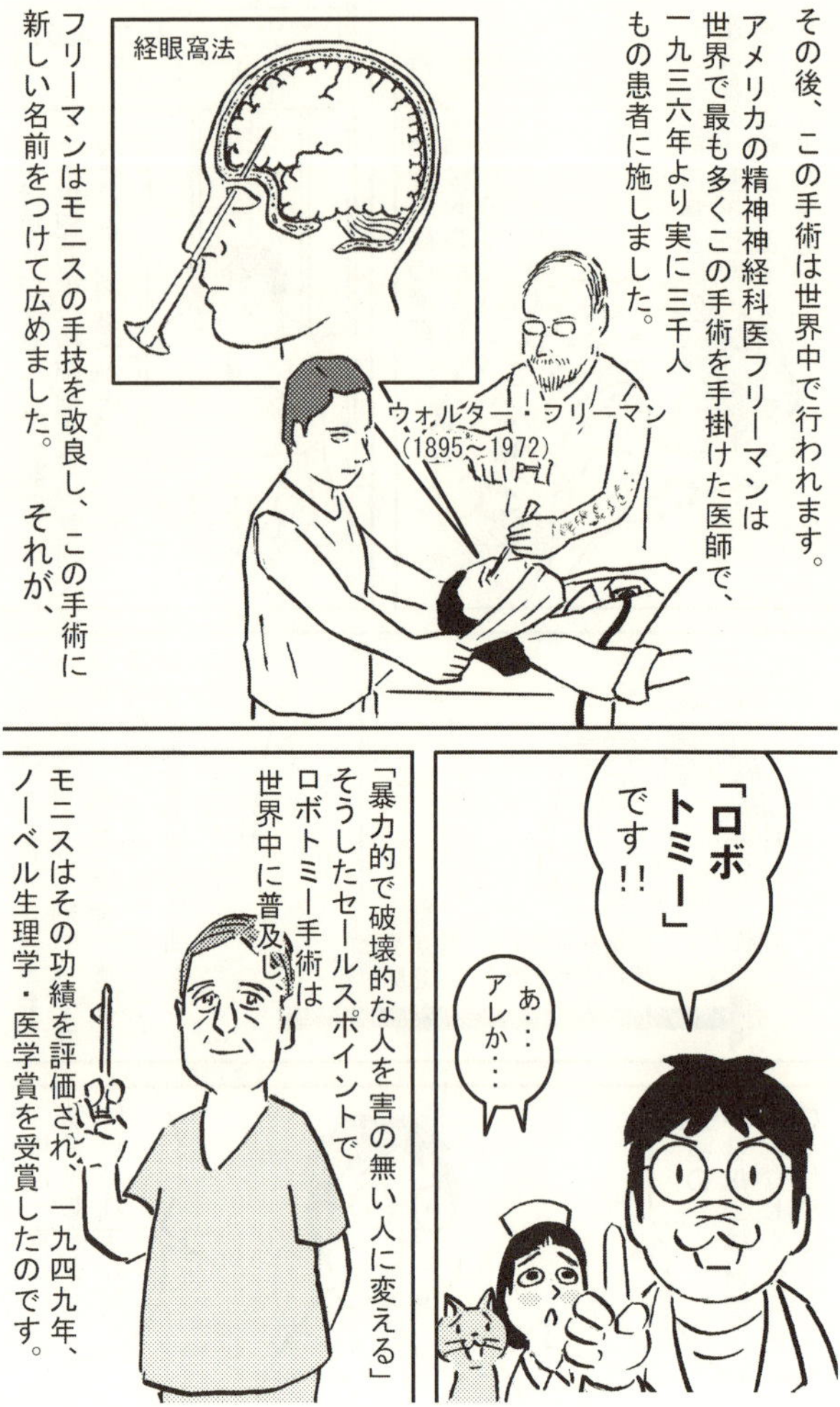
その後、この手術は世界中で行われます。

アメリカの精神神経科医フリーマンは世界で最も多くこの手術を手掛けた医師で、一九三六年より実に三千人もの患者に施しました。

経眼窩法
ウォルター・フリーマン
(1895〜1972)

フリーマンはモニスの手技を改良し、この手術に新しい名前をつけて広めました。

それが、

「ロボトミー」です!!

あ…アレか…

「暴力的で破壊的な人を害の無い人に変える」そうしたセールスポイントでロボトミー手術は世界中に普及し、
モニスはその功績を評価され、一九四九年、ノーベル生理学・医学賞を受賞したのです。

しかし、この手術には重大な後遺障害がありました。

無気力、衝動性、てんかん、感情の鈍麻、創造性の喪失など……

前頭葉を切断する手術は患者の人格までも破壊したのです。

その後様々な抗精神病薬が開発され、ロボトミーは一九七〇年代半ば以降、行われなくなりました。

ノーベル賞の黒歴史だね。

んだな。

もっとも、脳外科に限らず、医学のすべての領域はその黎明期にはずいぶんと乱暴なことが行われてきたものです。

ロボトミーはたしかに残酷な手術でした。

しかしその反省は現在の＊「定位脳手術」に受け継がれ、より高度、繊細な精神外科として人間の幸福に貢献し続けているのだとも言えます。

＊定位脳手術：頭の表面より脳の深部に電極などを刺入し、脳の特定の部位を凝固破壊したり電気刺激したりする手術。

神経細胞とMHC

さてこのように「ヒト」を「人」たらしめている神経ですが、免疫学的にはとても面白い性質を持っています。

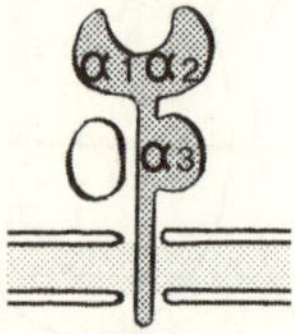

ＭＨＣクラスⅠ

ほとんどすべての有核細胞と血小板に発現する抗原。自己と他者を免疫細胞に区別させる。

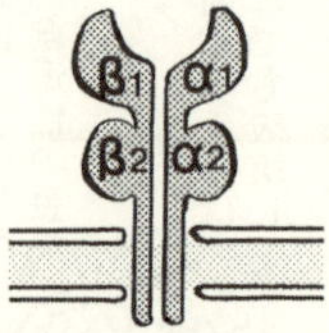

ＭＨＣクラスⅡ

免疫に関与する細胞に発現する抗原。体内に取り込まれた異物の認識・免疫細胞の刺激などに関与。

細胞が「自己」を認識させるための主要組織適合性抗原（古典的ＭＨＣクラスⅠ）の発現が、神経細胞ではほとんど無いのです。

ＭＨＣは「私が私であるために必要な身分証明書」です（第三章参照）。

にもかかわらず、我々の「自意識のみなもと」である脳が「自己を主張する抗原をほとんど持たない」ということは、何か不思議な矛盾を感じさせます。

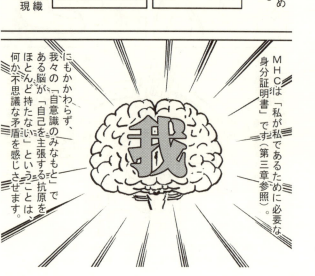

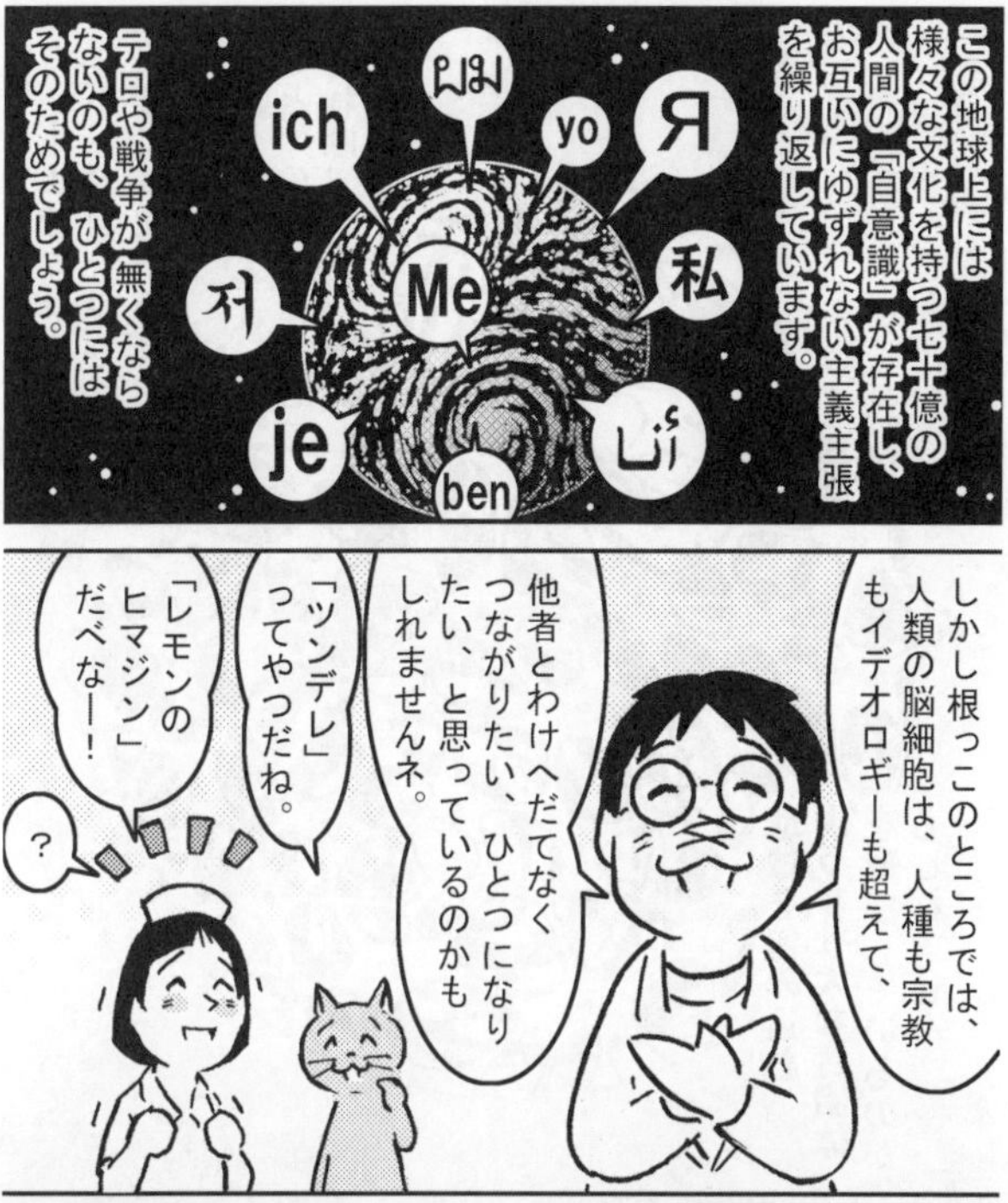

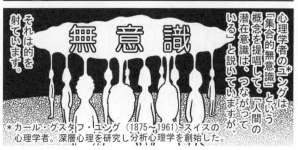

＊カール・グスタフ・ユング（1875〜1961）スイスの心理学者。深層心理を研究し分析心理学を創始した。

カハールのニューロン説とゴルジの網状説では、前者に軍配があがりました。
しかし人類全体をひとつの生命体として見れば、我々の神経細胞は、
地球を包み込むような壮大な合胞体を形成しているのかもしれません。
ウニちゃん、
「レノンのイマジン」だよ・・・
IMAGINE
ジョン・レノン
(1940～1980)

第九章 感覚器

「荘子」内篇 応帝王篇、第七より
昔々、中国に
渾沌《こんとん》という名前の
王様がいました。
不思議なことに
彼には生まれつき
目、口、鼻、耳の
「穴」がありませんでした。
ある日、
渾沌さんは
南海の王と
北海の王を
大変厚く
もてなし
ました。
二人の王様は
渾沌さんに
このお礼をしよう
と考えました。

人は顔の「七つの穴」でモノを見たり、聞いたり、食べたりできるのに、渾沌さんにはこれが無い！
南海の王 儵（しゅく）
じゃあ、彼の顔に一日にひとつずつ穴を開けてあげましょう！
北海の王 忽（こつ）
こうして二人の王様は渾沌さんに穴を開けていきました。
では、皆さんに質問です！
渾沌さんは七日後にどうなったでしょう？

？
わがんね。
では、その答えはこの章の最後でお教えしましょう。

感覚器と脳神経

ヒトには視覚、聴覚、嗅覚、味覚、触覚の五感があります。このうち、触覚以外は頭部にある「感覚器」がその知覚に関与しています。

これらに関わる神経はすべて脳神経です。

脳神経は十二個あり、医学生はこの覚え方を、
「嗅いで視る、動く車の叉の外、顔面内舌、迷う副舌」などと習います。

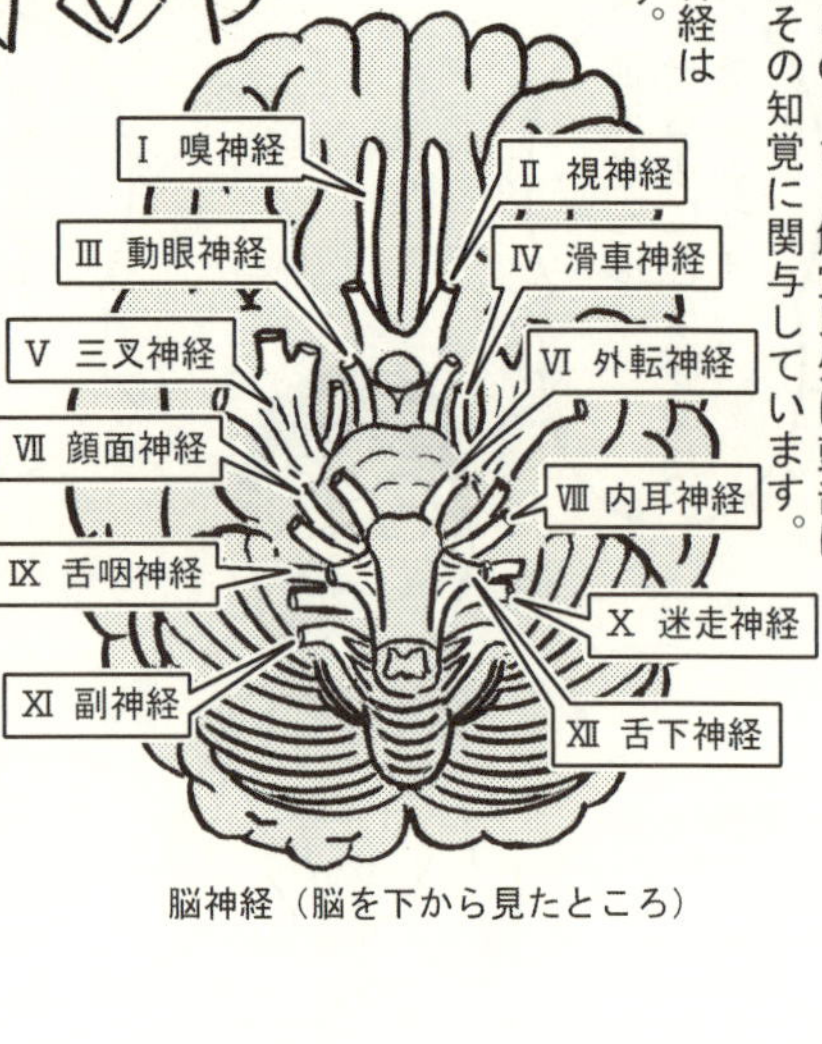
Ⅰ 嗅神経
Ⅱ 視神経
Ⅲ 動眼神経
Ⅳ 滑車神経
Ⅴ 三叉神経
Ⅵ 外転神経
Ⅶ 顔面神経
Ⅷ 内耳神経
Ⅸ 舌咽神経
Ⅹ 迷走神経
Ⅺ 副神経
Ⅻ 舌下神経

脳神経（脳を下から見たところ）

顔面に集中している感覚器はいわば脳の出張所のようなもので、周囲の情報を脳神経を介して直接中枢神経に伝えます。

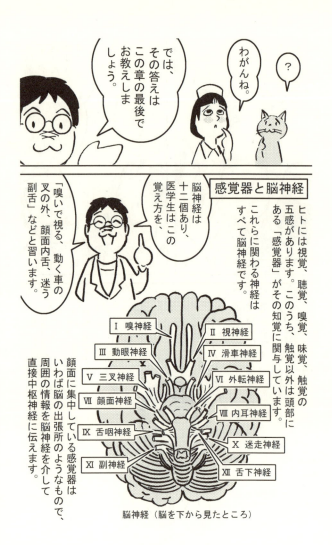

味覚

味覚は生物が生き残る上で最も大切な感覚です。

生物は昔から味覚を使って、身の回りの物が食べられるのかどうか「毒見」して、体に取り込んできたからです。

味覚を感じるのは口の中の「味蕾《みらい》」という小器官です。

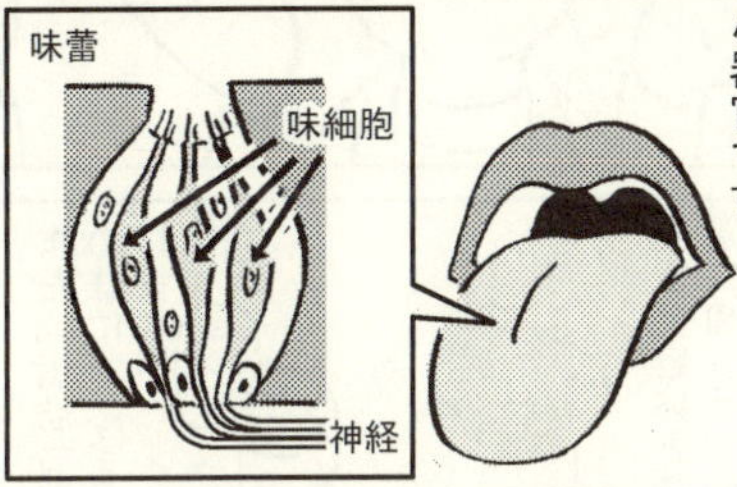
味蕾
味細胞
神経

この数は動物種によって異なり、草食動物は肉食動物に比べて多い傾向があります。

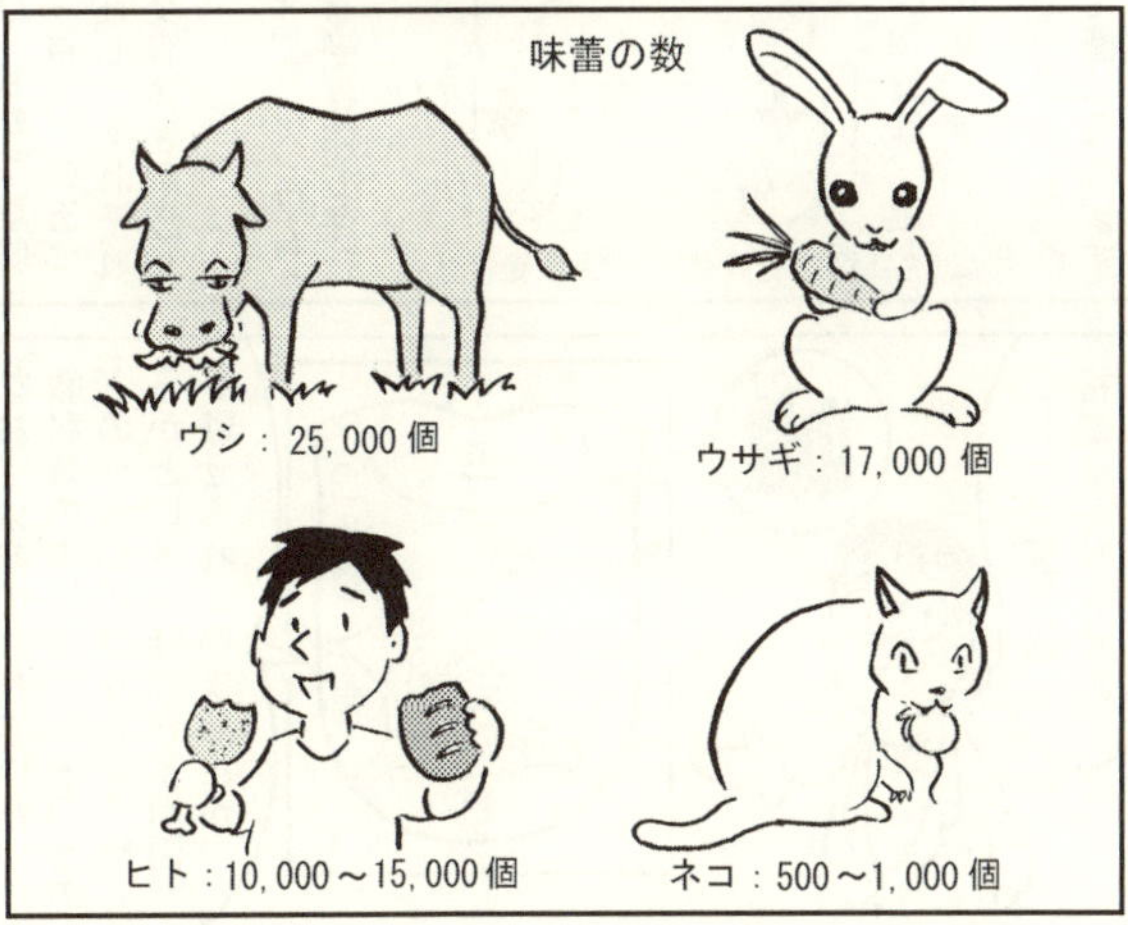
味蕾の数
ウシ：25,000 個
ウサギ：17,000 個
ヒト：10,000～15,000 個
ネコ：500～1,000 個

なして、草食と肉食で差があるんだべ？
山野の植物を食べる草食動物はたくさんの草の中から食べられるものを選ぶ能力が必要だったのですが、
生きている動物を狩ってその場で食べる肉食動物には毒見の必要がなかったからです。
ヒトの味覚には「甘味」「塩味」「酸味」「苦味」「旨味」の五つの基本味が存在し、それぞれが別々の味覚受容体を刺激します。
また「脂肪」や「カルシウム」の味に対応する受容体も存在します。
甘
甘味受容体
塩
塩味受容体
味覚受容体と味物質は、鍵と鍵穴のような関係です。
「辛味」は味覚ではなく痛覚受容体を介して感じられます。
なお、以前使われていた教科書の中には、ヒトの舌のどの部分がどの味をよく感じるかという「味覚分布地図」が載せられていましたが、
苦
酸
酸
塩
塩
甘
嘘
これには医学的根拠はありません。

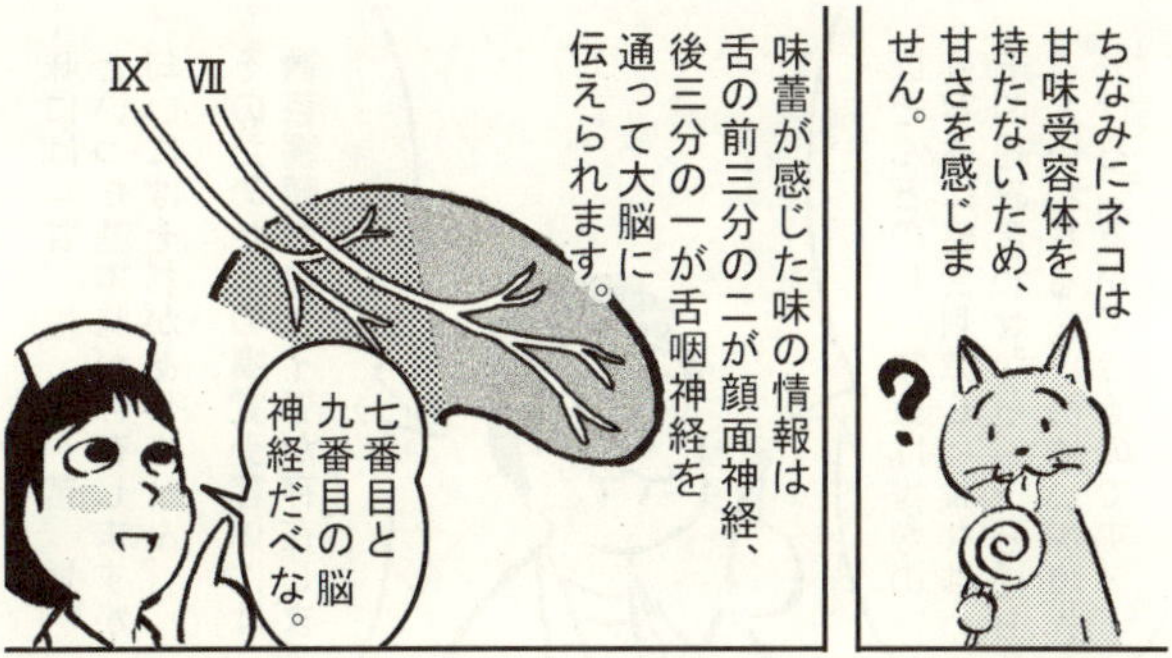
ちなみにネコは甘味受容体を持たないため、甘さを感じません。
味蕾が感じた味の情報は舌の前三分の二が顔面神経、後三分の一が舌咽神経を通って大脳に伝えられます。
IX
VII
七番目と九番目の脳神経だべな。

嗅覚

嗅覚は鼻の嗅細胞が感知します。嗅細胞は嗅覚受容体を持ち、特定の化学物質が結合することでその刺激を嗅神経に伝えます。

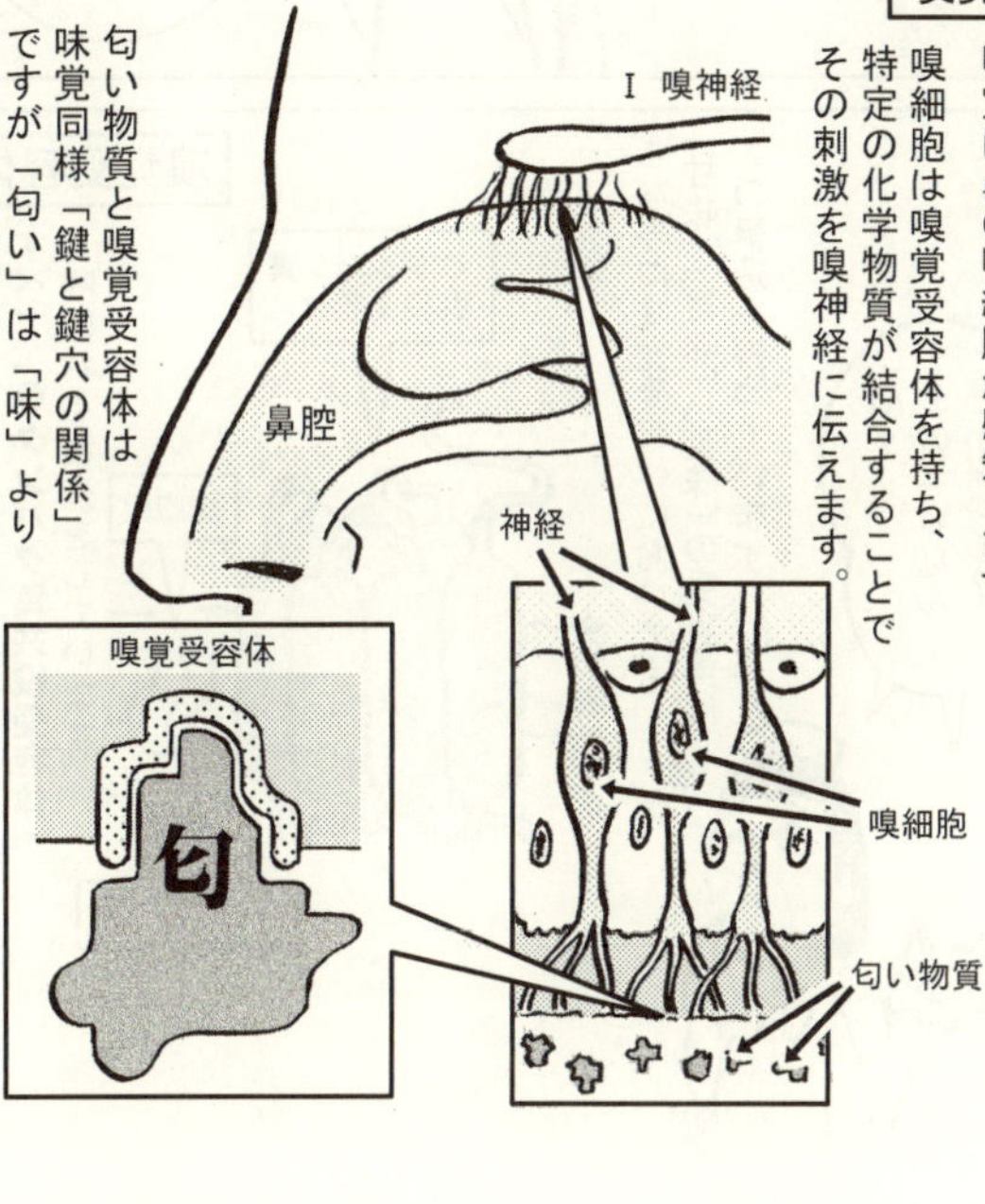
I 嗅神経
鼻腔
神経
嗅細胞
匂い物質
嗅覚受容体
匂

匂い物質と嗅覚受容体は味覚同様「鍵と鍵穴の関係」ですが「匂い」は「味」よりもはるかに**繊細**です。

味には「甘、塩、酸、苦、旨」といった基本味が存在しますが、匂いにはそれがありません。そのためヒトの嗅覚受容体には数百種類ものタイプが存在します。
ほとんどの匂い物質は複数の受容体に結合刺激し、その組み合わせから、一万種もあるといわれる匂いの違いを嗅ぎ分けることができるのです。

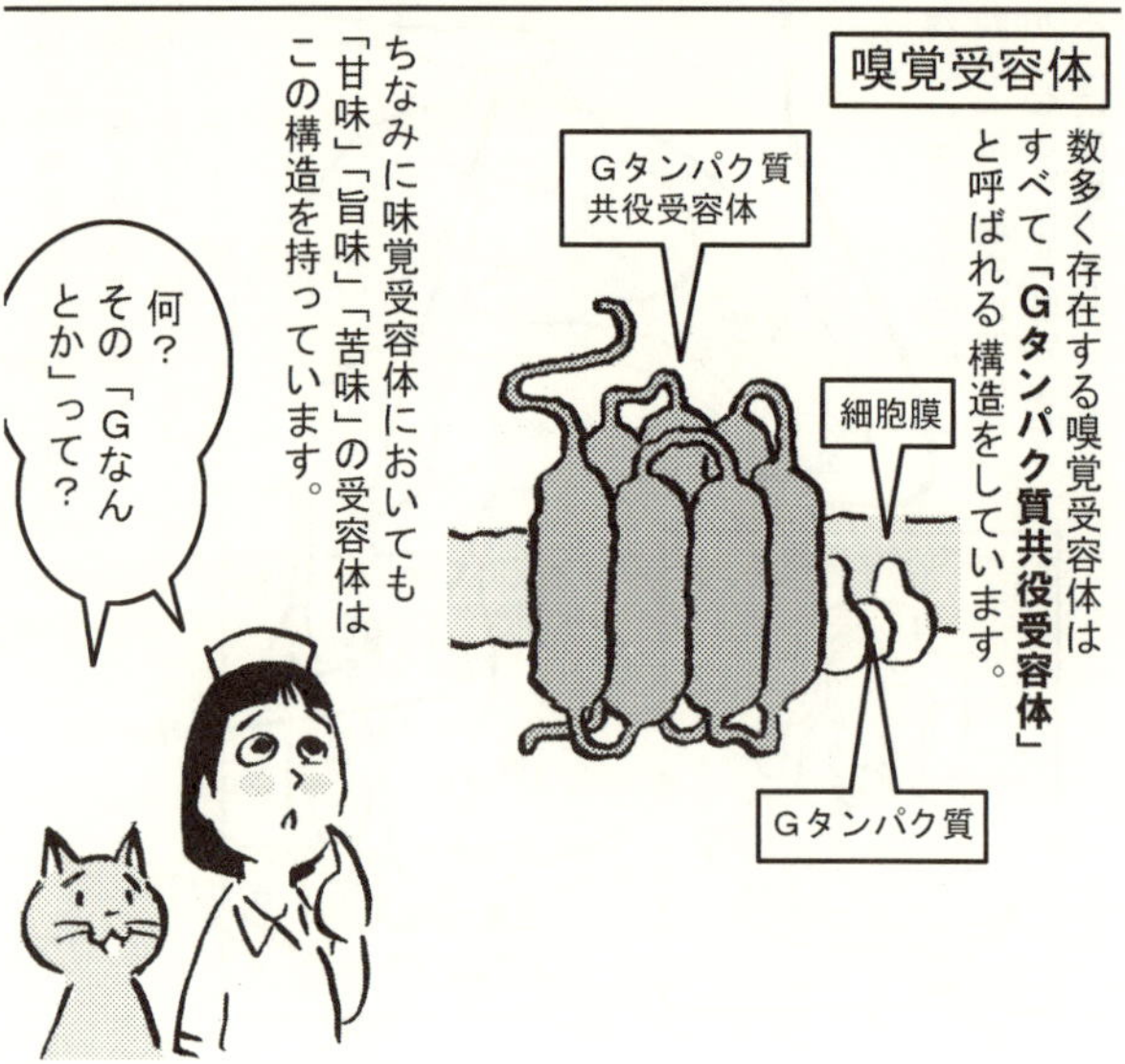
嗅覚受容体
数多く存在する嗅覚受容体はすべて「Gタンパク質共役受容体」と呼ばれる構造をしています。
Gタンパク質共役受容体
細胞膜
Gタンパク質
ちなみに味覚受容体においても「甘味」「旨味」「苦味」の受容体はこの構造を持っています。
何？その「Gなんとか」って？

「Gタンパク質共役受容体」は
ホルモンや化学物質の刺激を
細胞内に伝える膜タンパクです。

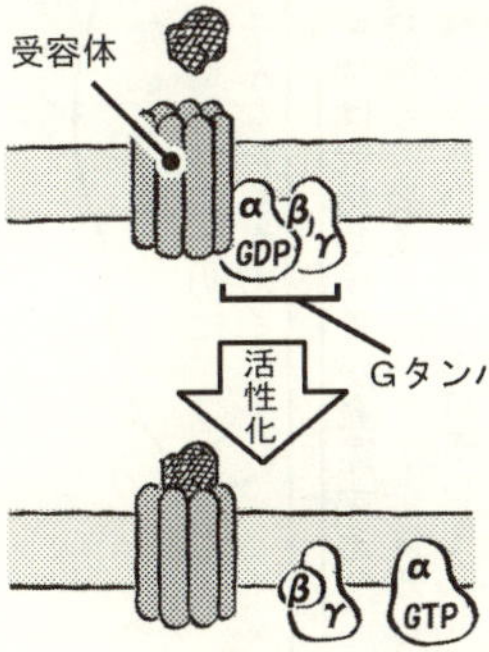

シグナル伝達に「Gタンパク質」
という物質の作用を介するため
こういう名前がついています。

ヒトの生命活動に必要な細胞内の
シグナル伝達の多くにはこの受容体が
関与していることがわかっており、

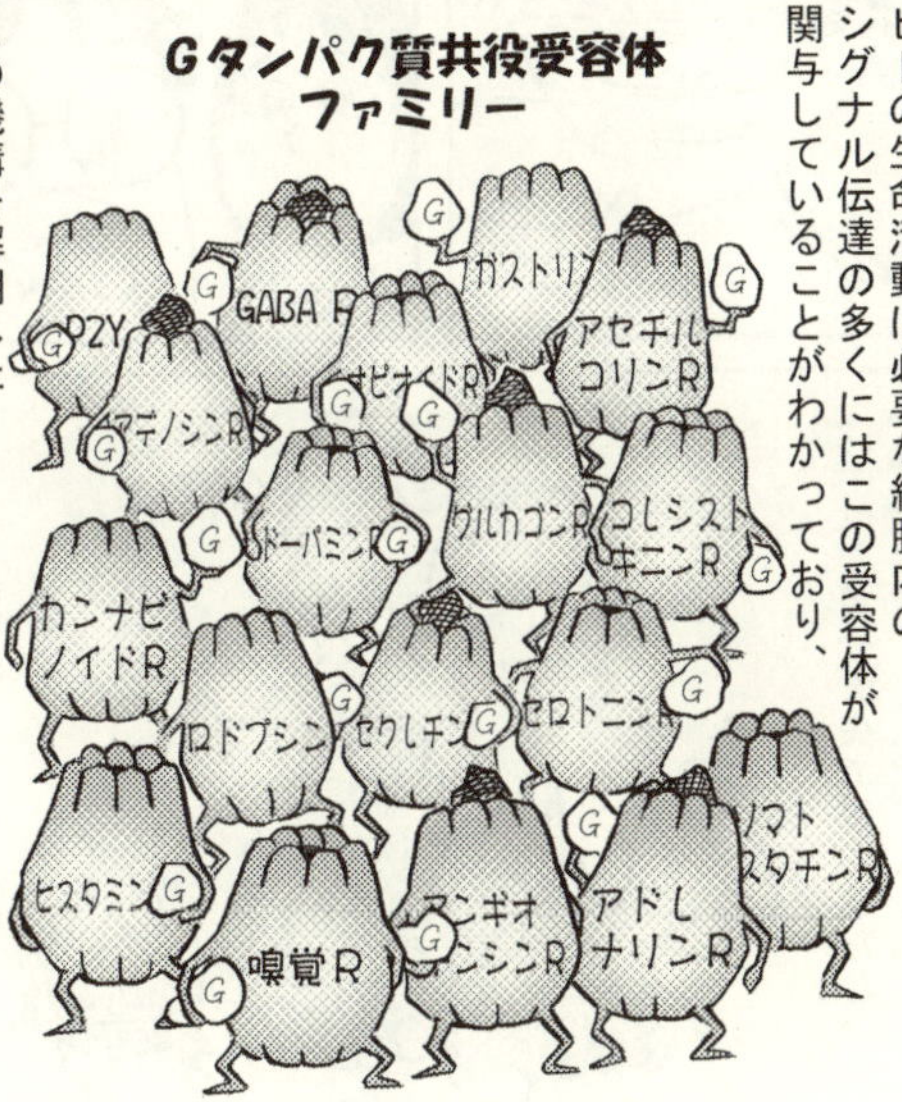

この機構を解明した
ブライアン・コビルカ（一九五五〜）と
ロバート・レフコウィッツ（一九四三〜）には
二〇一二年のノーベル化学賞が与えられています。

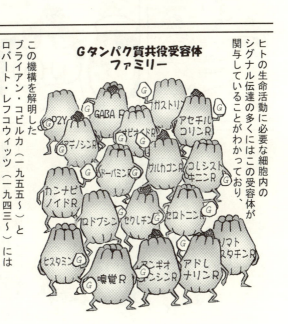

多くの種類を持つ嗅覚受容体はそれぞれ
異なる遺伝子でコードされています。
その結果、ヒトの全遺伝子の中で
嗅覚受容体の遺伝子の占める割合は
三％もの比率を占めています。
なして、
匂いだけのために、
そんなたくさん…？
生物は視覚や聴覚が発達する
前から、嗅覚を用いて敵を察知し、
獲物を見つけ、フェロモンを
嗅ぎ分け、異性を探してきました。
嗅覚は生物が生き残るために
進化を繰り返してきた「**最も**
原始的な感覚」だからです。
くん
くん
もっとも、ヒトは約千個の
嗅覚受容体遺伝子を持つのですが
その中で実際に機能しているのは
三分の一程度で、
G
G
G
大半は変異や欠失で役に立たない
「進化の残骸」となっています。

霊長類の遺伝子を調べると
色覚が発達した種ほど「残骸」
となった嗅覚遺伝子が多い
ことがわかっています。

ヒトはフェロモンを
嗅ぐ器官（鋤鼻器）も
退化して失っています。

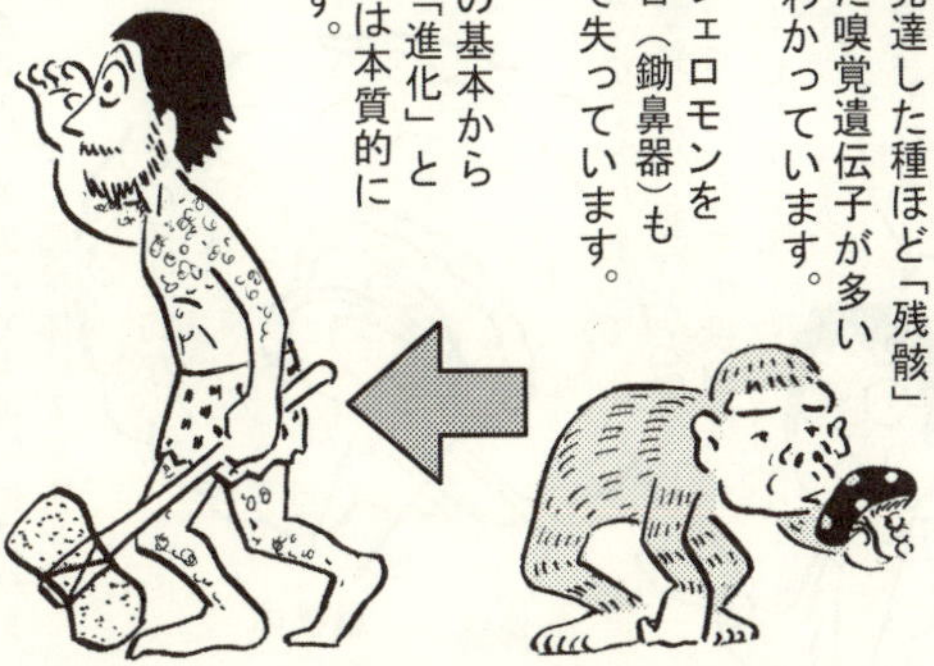

生物学の基本から
見れば「進化」と
「退化」は本質的に
同義です。

つまり
我々のご先祖は　**進化のために**
嗅覚より視覚を優先した　のです。

こうした嗅覚受容体の遺伝子を発見し、
その機能をあきらかにしたアメリカの
生物学者バックと神経科学者アクセル
には二〇〇四年、ノーベル生理学・
医学賞が与えられています。

リチャード・アクセル
（1946〜）

リンダ・B・バック
（1947〜）

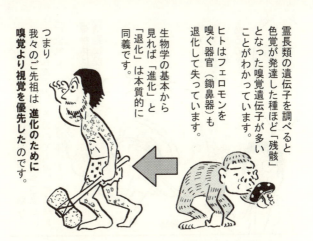

ちなみに、すべての感覚系（視覚・触覚・聴覚・味覚・嗅覚）の刺激は大脳辺縁系に入力されますが、その中でも嗅覚は辺縁系に直結し、まっすぐ扁桃体に入ります。

扁桃体は恐怖などの原始的な情動に関与する場所です。

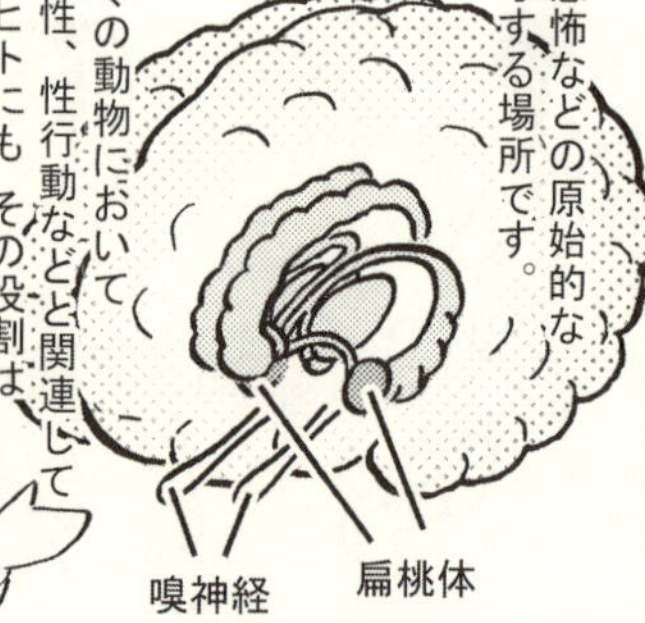
扁桃体
嗅神経

嗅覚は多くの動物において情動、攻撃性、性行動などと関連していますが、ヒトにも その役割はあるのかもしれません。

嗅覚は原始的な感覚なんですよネ。

視覚

「眼」は視覚を通して外部の情報を取り入れる器官です。外部からの光の量は瞳孔で調節され、水晶体で屈折され、網膜に像を結びます。

眼の構造

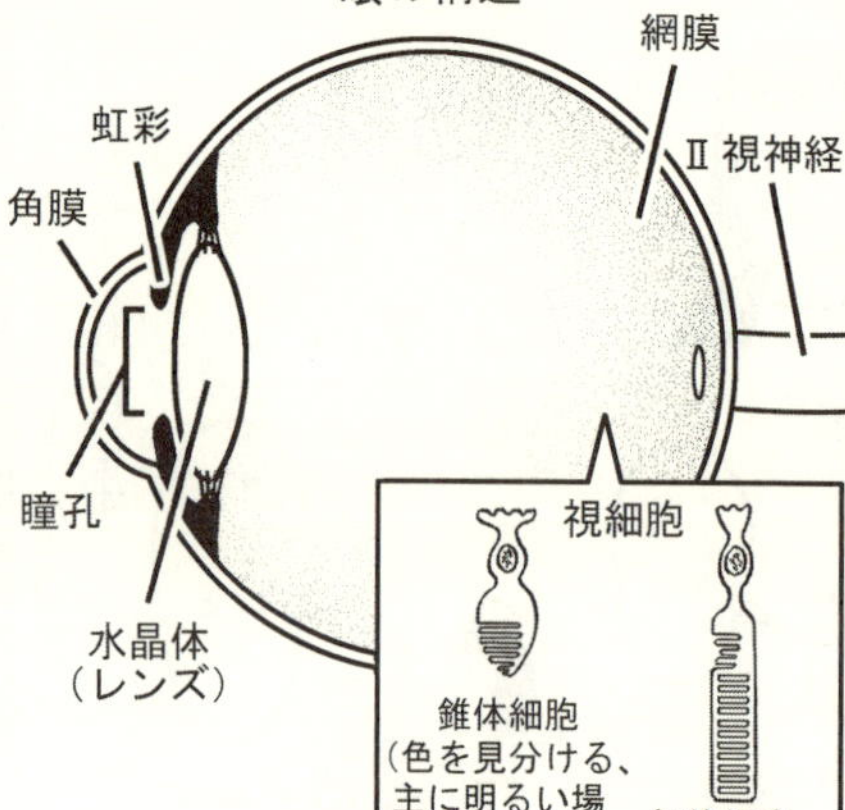
網膜
Ⅱ 視神経
虹彩
角膜
瞳孔
水晶体（レンズ）
視細胞
錐体細胞（色を見分ける、主に明るい場所で働く）
杆体細胞（明暗を見分ける、暗い場所でも働く）

網膜には光を感知する視細胞が敷き詰められており、光刺激を視神経から脳に送ります。

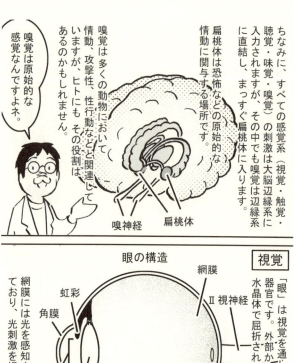

眼軸の延長、水晶体の弾力性の低下、角膜の歪みなどで網膜の上にうまく像を結べないのが、近視、遠視（老眼）、乱視などの屈折異常です。

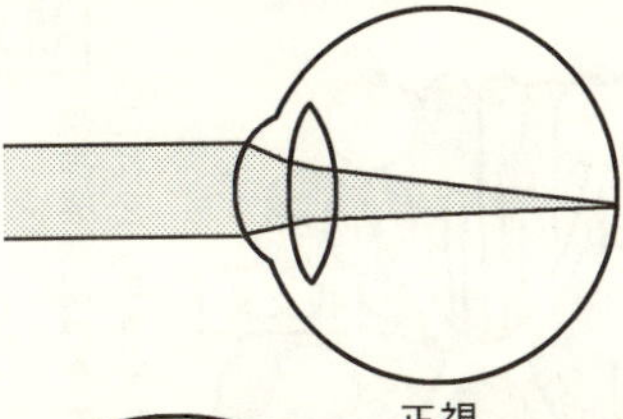

正視

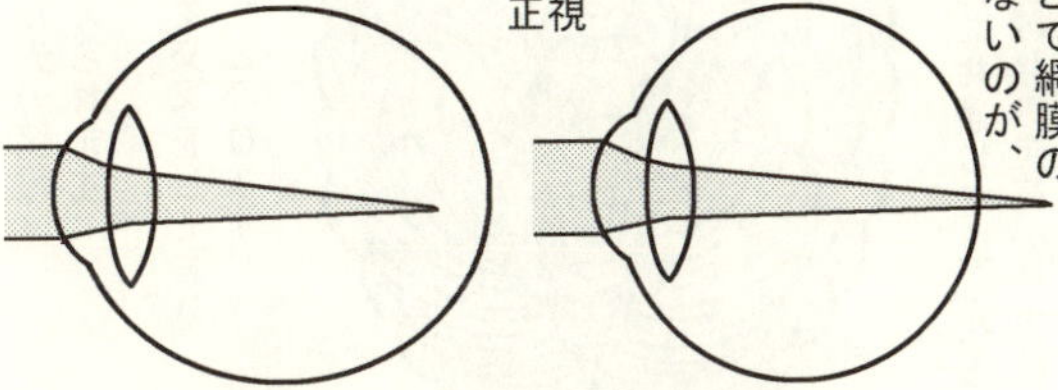

近視　遠視

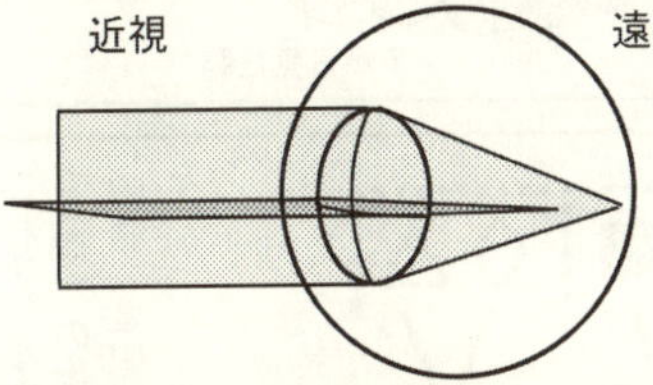

乱視

こうした眼内の光の屈折を研究して、検査法や治療法を開発したスウェーデンの眼科医グルストランドには

アルヴァル・グルストランド
（1862〜1930）

一九一一年、ノーベル生理学・医学賞が与えられています。

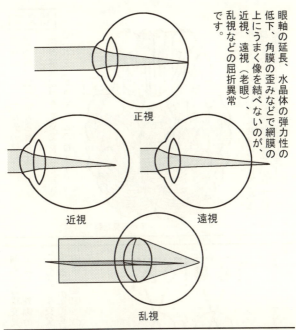

視交叉

網膜に投影された光の情報は視神経で脳に伝えられます。

視神経は脳の底で交叉をしており、これを「視交叉」と呼びます。

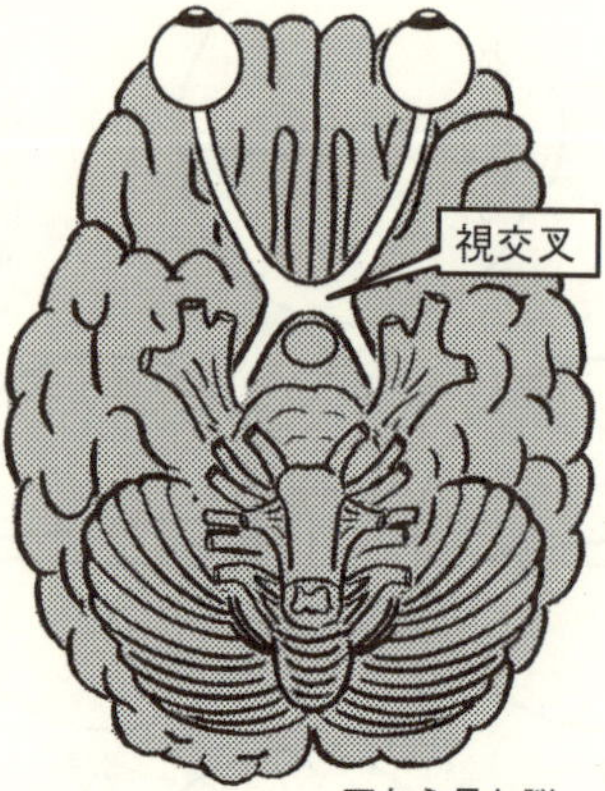

下から見た脳

視交叉は脊椎動物に共通して見られる構造ですが、神経線維の走行の仕方は動物種によって違いがあります。

哺乳類の視交叉では、網膜の内側の神経線維が交叉し、外側の線維は交叉しません。

これを「**半交叉**」と言い、内側の視神経は外側（耳側）の像を反対側の脳に、外側の視神経は内側（鼻側）の像を同側の脳に送ります。

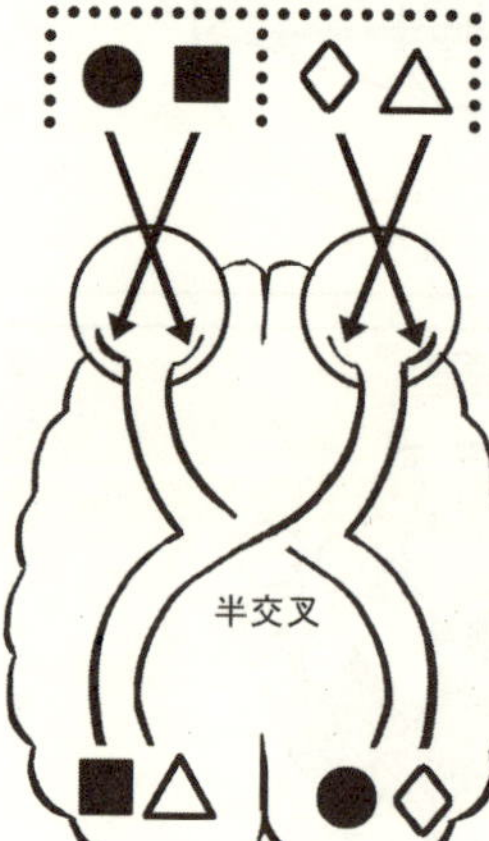

ややこしいですね。

一方、ほとんどの魚類や爬虫類、および鳥類においては、左右の視神経は「**全交叉**」つまり、片方の眼の網膜の情報がそのまま反対の脳に送りこまれる構造になっています。

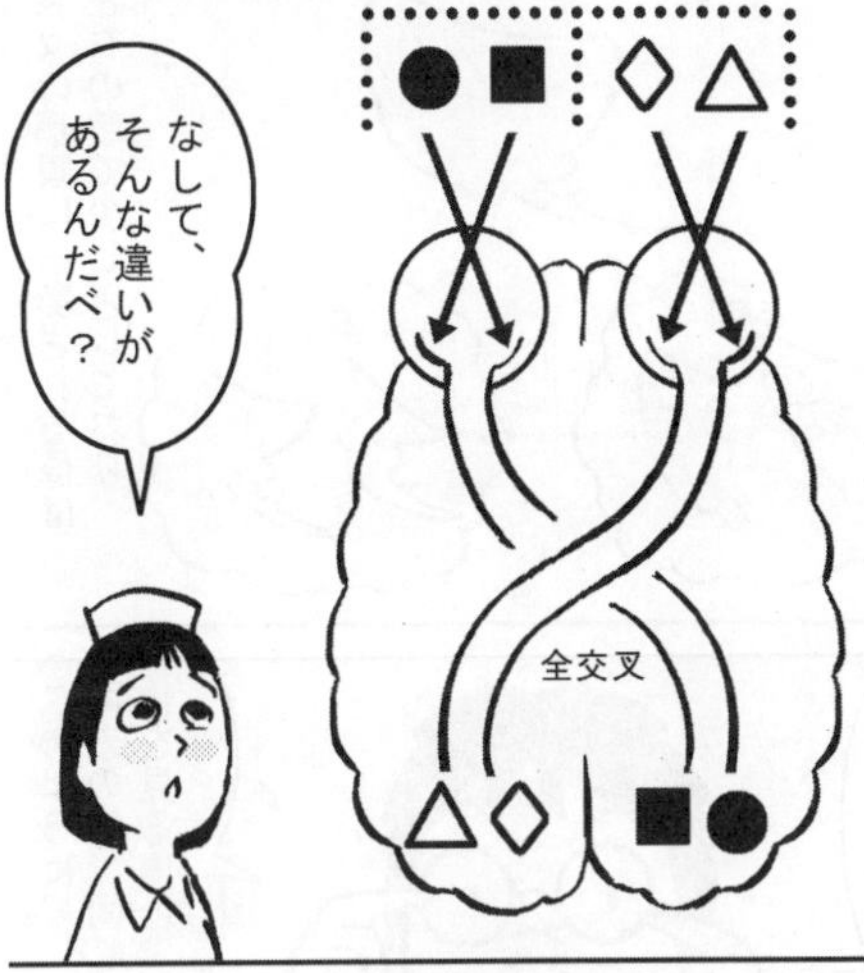

それは「**左右の眼で同じ物を見るか、違う物を見るか**」が関係しています。あるいは「**眼が前についているか、横についているのかの違い**」とも言えます。

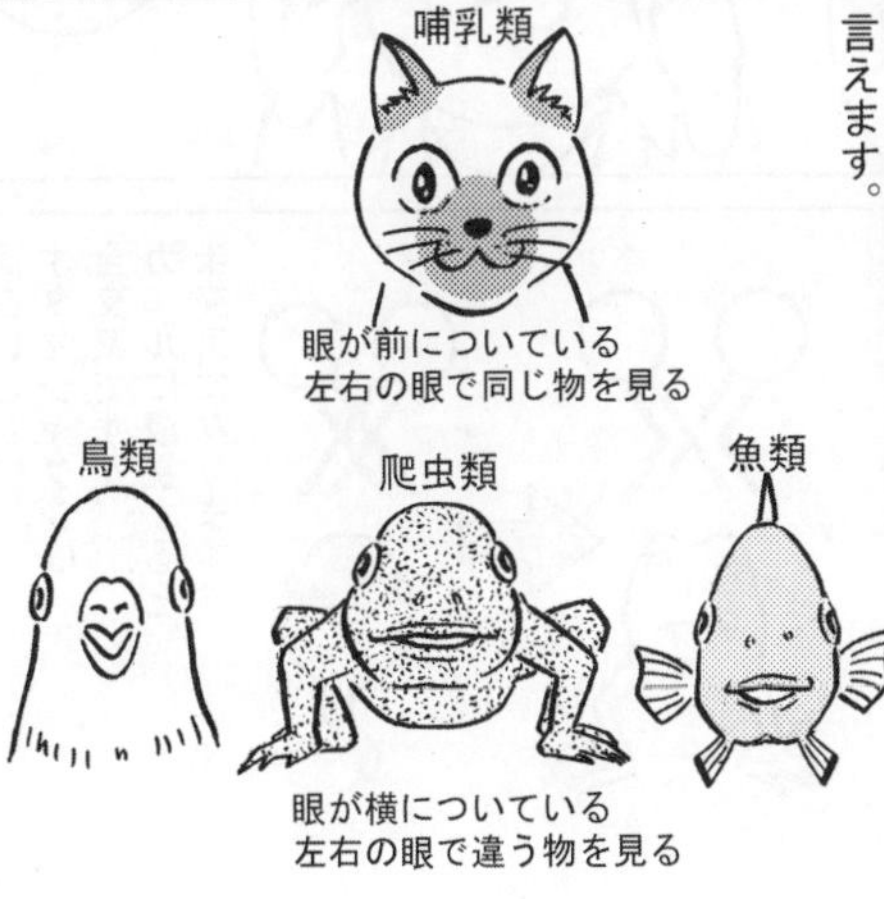

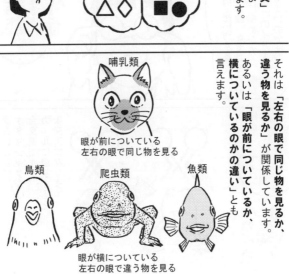

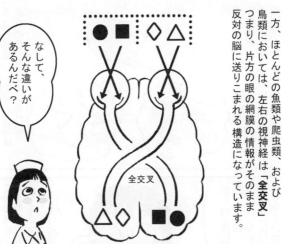

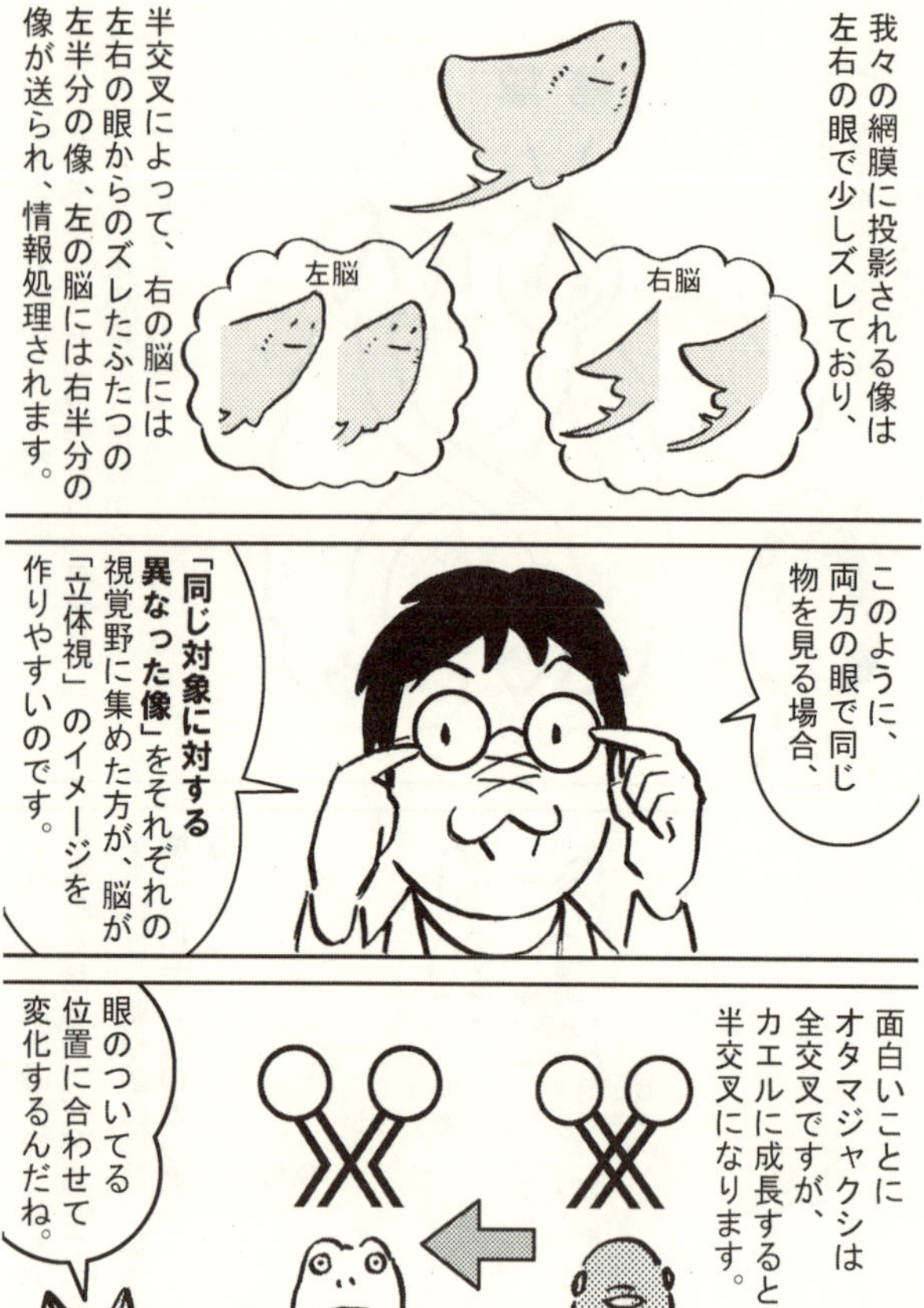
我々の網膜に投影される像は左右の眼で少しズレており、
右脳
左脳
半交叉によって、右の脳には左右の眼からのズレたふたつの左半分の像、左の脳には右半分の像が送られ、情報処理されます。
このように、両方の眼で同じ物を見る場合、
「同じ対象に対する異なった像」をそれぞれの視覚野に集めた方が、脳が「立体視」のイメージを作りやすいのです。
面白いことにオタマジャクシは全交叉ですが、カエルに成長すると半交叉になります。
眼のついてる位置に合わせて変化するんだね。

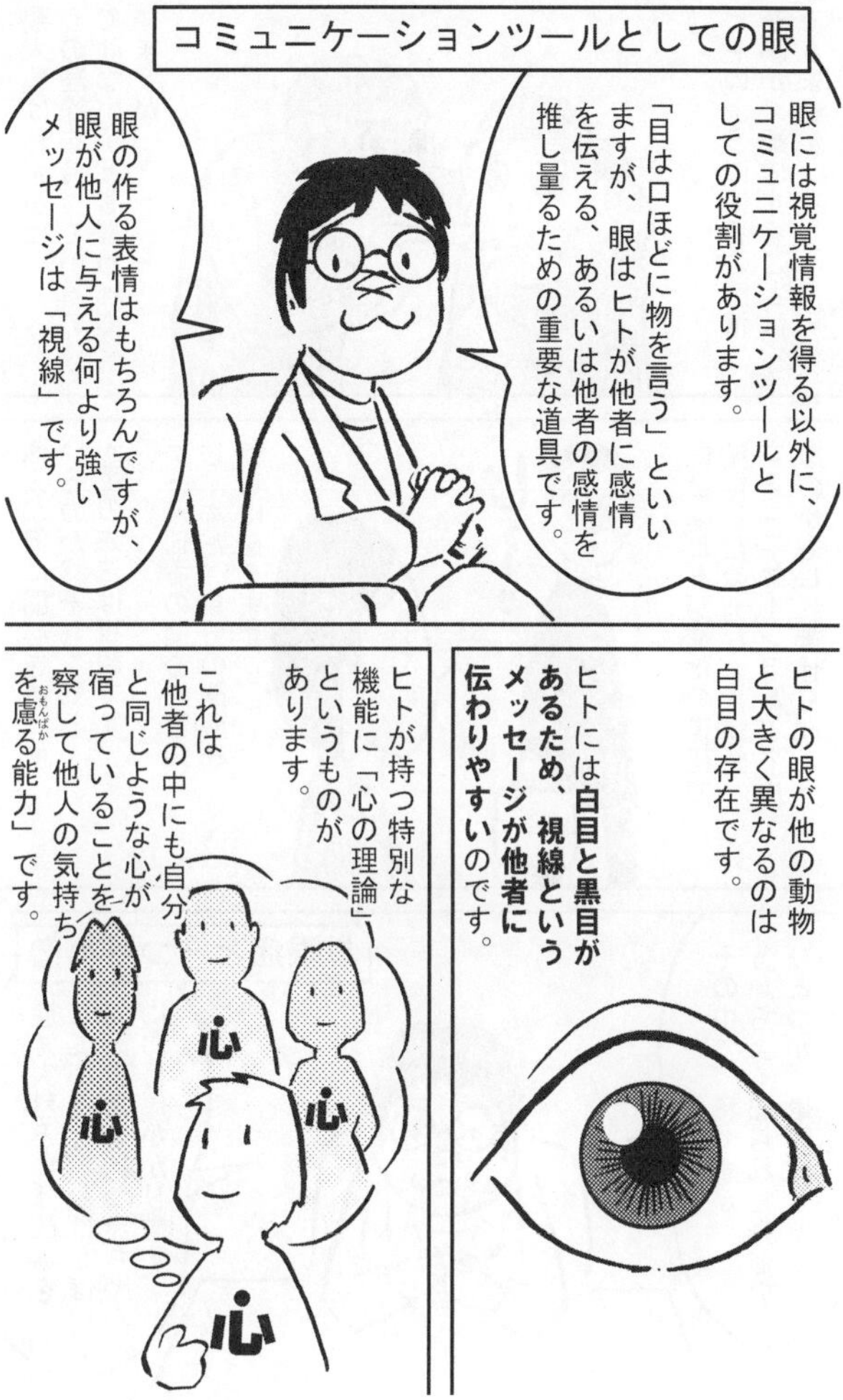
コミュニケーションツールとしての眼
眼には視覚情報を得る以外に、コミュニケーションツールとしての役割があります。
「目は口ほどに物を言う」といいますが、眼はヒトが他者に感情を伝える、あるいは他者の感情を推し量るための重要な道具です。
眼の作る表情はもちろんですが、眼が他人に与える何より強いメッセージは「視線」です。
ヒトの眼が他の動物と大きく異なるのは白目の存在です。
ヒトには**白目と黒目があるため、視線というメッセージが他者に伝わりやすい**のです。
ヒトが持つ特別な機能に「心の理論」というものがあります。
これは「他者の中にも自分と同じような心が宿っていることを察して他人の気持ちを慮《おもんぱか》る能力」です。
心
心
心
心

類人猿はわずかに心の理論を持っているのではないかとも言われていますが、
ヒトのように他者の感情を細かく配慮することはできません。
他人が何に関心を持っているのか、それを知る一番の方法は視線です。
ヒトは他者の関心を察知し、また、自分の関心を他者に伝えます。
じ〜っ
白目はヒトが進化の過程で獲得した強力な非言語的コミュニケーションツールなのかもしれません。
単眼症と一つ目小僧
産婦人科という仕事をしていると、しばしば先天異常を持つ赤ちゃんにお目にかかります。
その中で、稀ですが昔からよく知られた奇形のひとつが「単眼症」です。

ボクは大学病院に勤務していた頃、満期産の単眼症の赤ちゃんを見たことがあります。
近くの医院から「胎児の心拍に異常がある」とのことで救急搬送され、結局死産になった症例でした。
最近はこうしたケースを見ることはまずありませんが、昔は妊婦健診であまり超音波をしない医者も多く、分娩まで大きな異常がわからないこともあったのです。

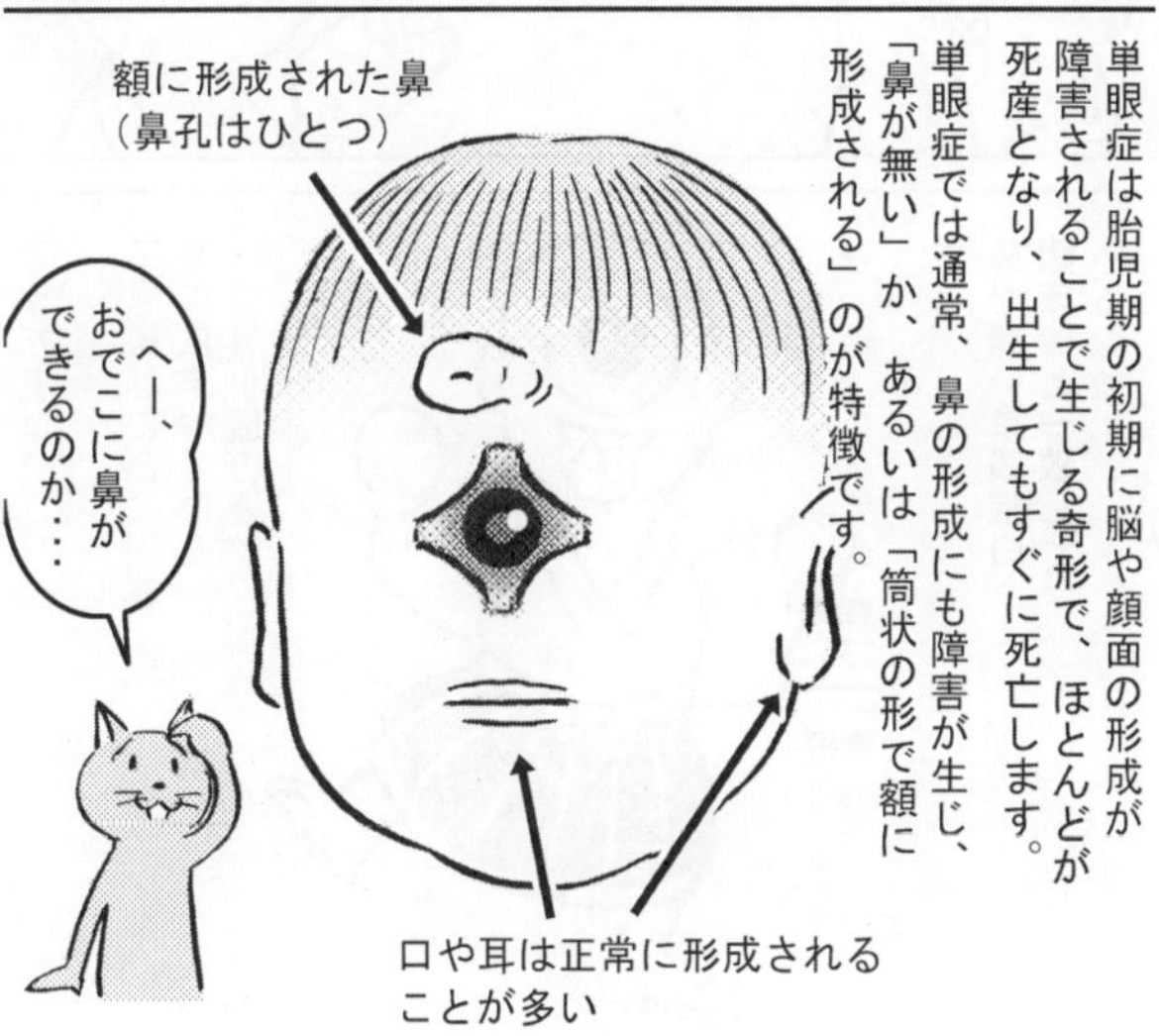
単眼症は胎児期の初期に脳や顔面の形成が障害されることで生じる奇形で、ほとんどが死産となり、出生してもすぐに死亡します。
単眼症では通常、鼻の形成にも障害が生じ、「鼻が無い」か、あるいは「筒状の形で額に形成される」のが特徴です。
額に形成された鼻（鼻孔はひとつ）
へー、おでこに鼻ができるのか・・・
口や耳は正常に形成されることが多い

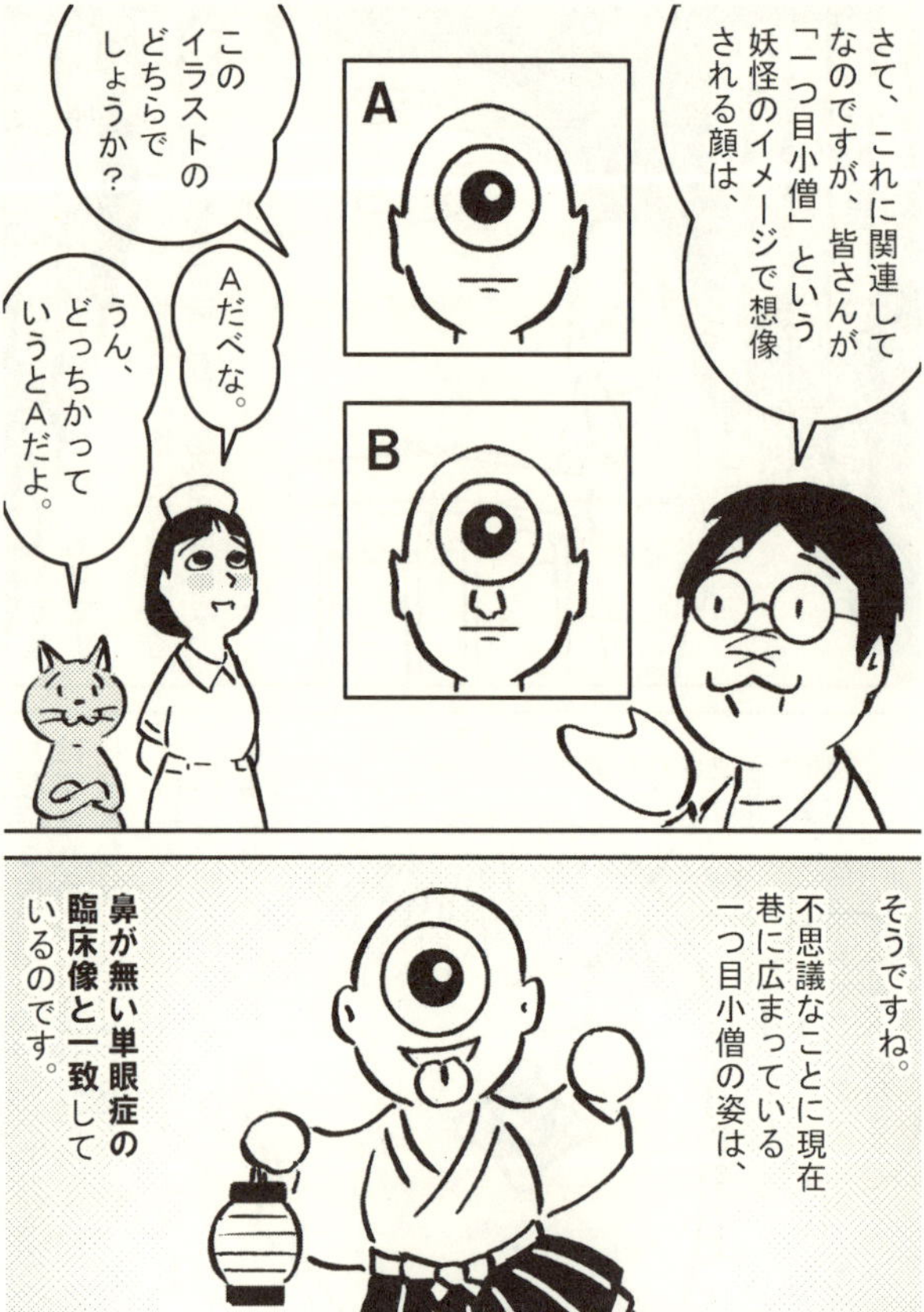

さて、これに関連してなのですが、皆さんが「一つ目小僧」という妖怪のイメージで想像される顔は、
A
B
このイラストのどちらでしょうか？
Aだべな。
うん、どっちかっていうとAだよ。
そうですね。
不思議なことに現在巷に広まっている一つ目小僧の姿は、
鼻が無い単眼症の臨床像と一致しているのです。

これらは江戸時代の妖怪図絵に登場する一つ目の妖怪たちですが、
面白いことに、大人の妖怪には鼻が描かれ、子供の妖怪には鼻がありません。

百怪図巻より

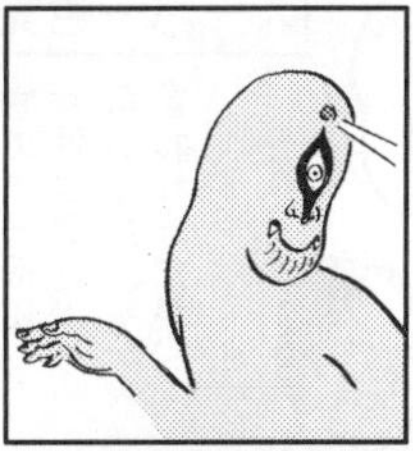

百鬼夜行絵巻より

夭怪着到牒より

もしかしたら昔の人は単眼症の赤ちゃんを見て、一つ目小僧のイメージをふくらませたのかもしれません。

妖怪は人の想像力が生み出した架空の存在です。
しかしその想像の源は、昔の人達が実際に見た病気や先天異常の症例だったのかもしれませんネ。

スーパー色覚
さて、一般に女性は男性より「勘が鋭い」と言われますが、
この口紅何よ！

へ？ど、どれ？

視覚に関しては特に、女性特有の鋭敏な感覚が発現することがあります。

実は、普通のヒトが識別できる色の範囲は約百万色ですが、女性の中には一億色もの色が区別できる人が珍しくありません。

これが「スーパー色覚」と呼ばれる、女性特有の超感覚です。

なんで、女の人だけにそんな能力があるの？

それは「性染色体」のなせるわざです。

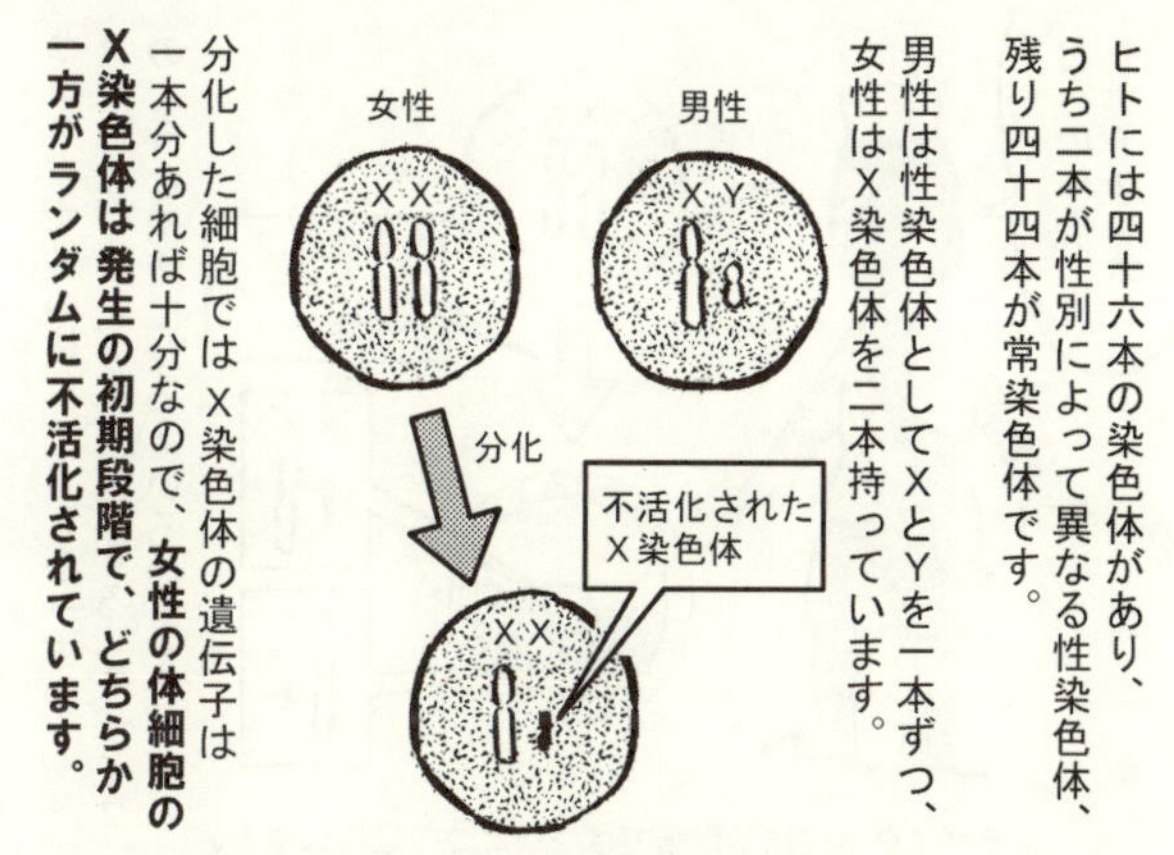
ヒトには四十六本の染色体があり、うち二本が性別によって異なる性染色体、残り四十四本が常染色体です。
男性は性染色体としてXとYを一本ずつ、女性はX染色体を二本持っています。
男性
XY
女性
XX
分化
不活化されたX染色体
XX
分化した細胞ではX染色体の遺伝子は一本分あれば十分なので、**女性の体細胞のX染色体は発生の初期段階で、どちらか一方がランダムに不活化されています。**

X染色体の一本は核の中で凝縮して遺伝子を発現できないようになっており、これは顕微鏡で見ることもできます。

あー、これは看護学校で習ったぞ！「リップスティック」だべ！

えへん
惜しい！「ドラムスティック」！

ドラムスティック：女性の好中球だけに存在する構造物。凝集したX染色体が核の外に飛び出して、「太鼓のバチ」のように見える。

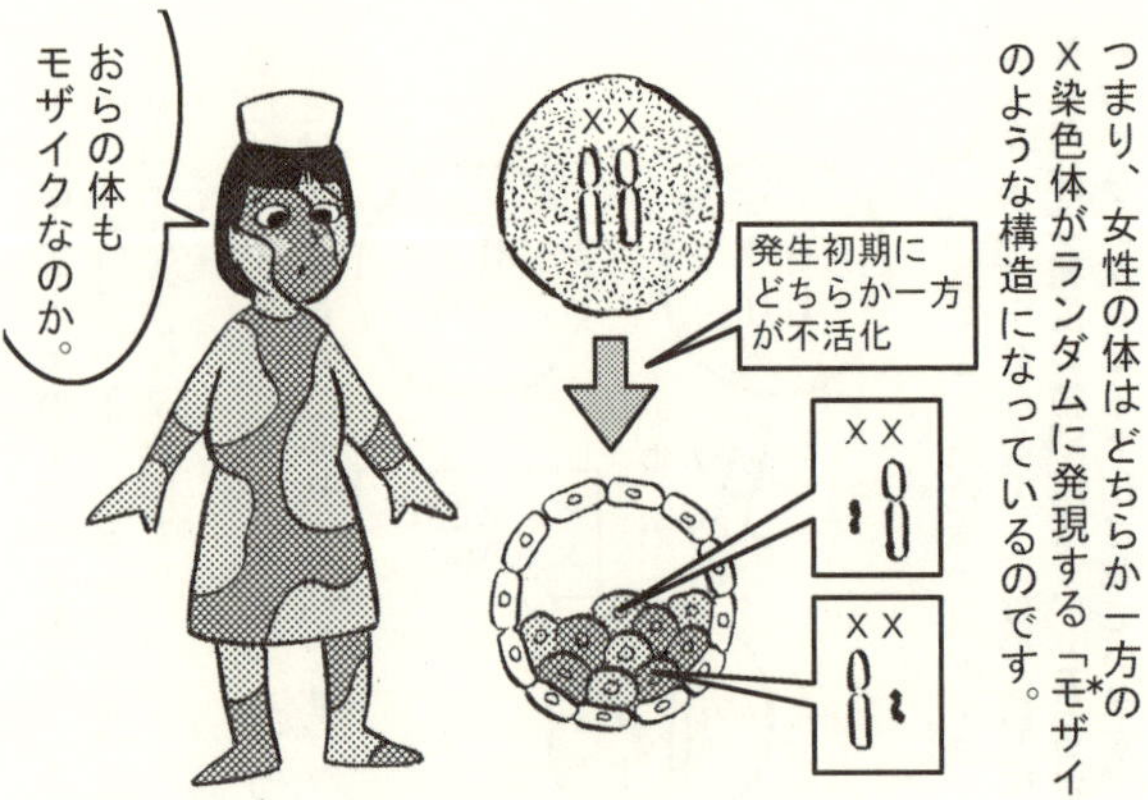
つまり、女性の体はどちらか一方の
X染色体がランダムに発現する「モザイク*」
のような構造になっているのです。
発生初期に
どちらか一方
が不活化
XX
XX
XX
おらの体も
モザイクなのか。

＊モザイク＝生物学用語では「ひとつの個体の中で、遺伝的に異なる細胞が混在すること」を指す。

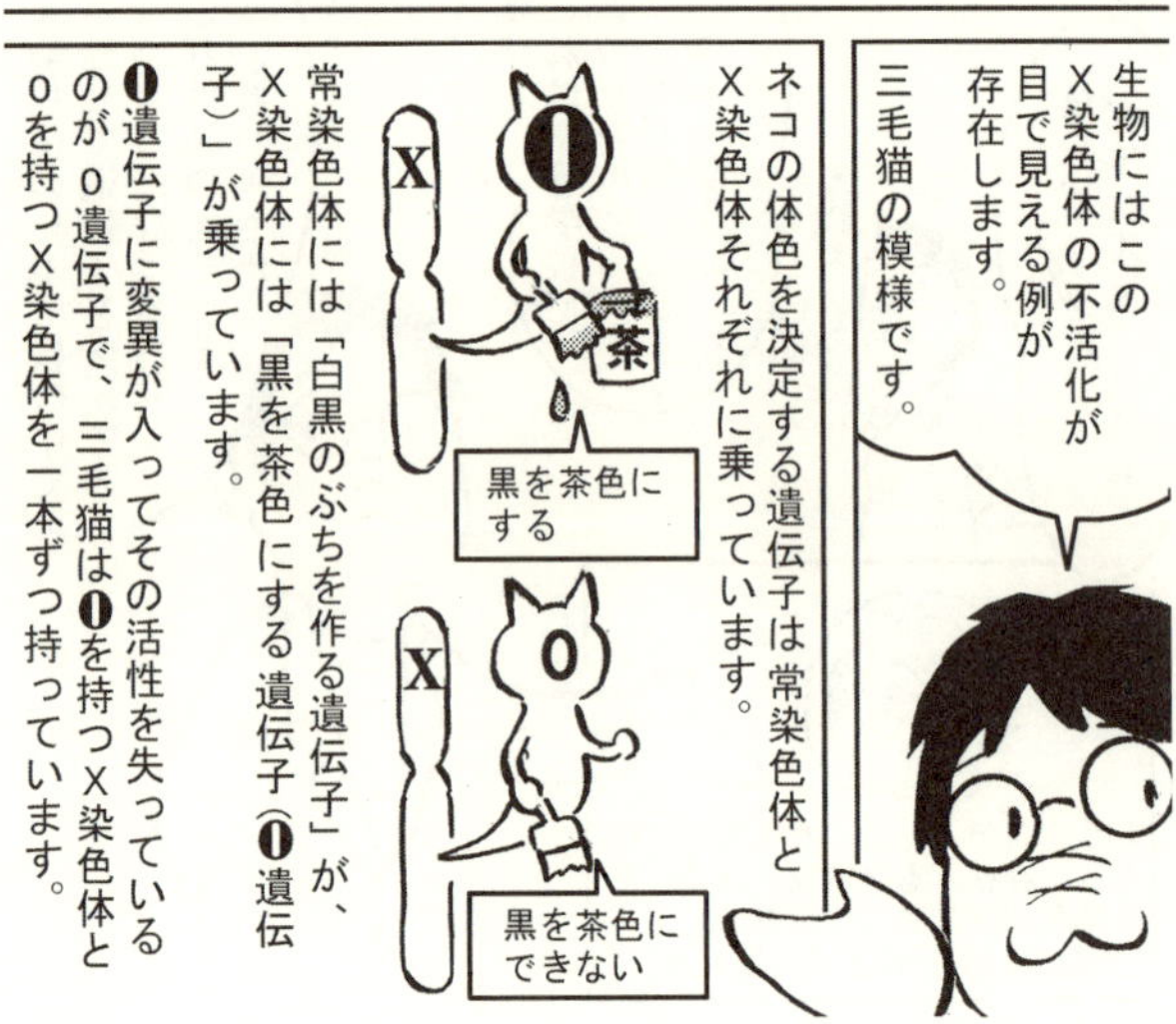
生物にはこの
X染色体の不活化が
目で見える例が
存在します。
三毛猫の模様です。
ネコの体色を決定する遺伝子は常染色体と
X染色体それぞれに乗っています。
常染色体には「白黒のぶちを作る遺伝子」が、
X染色体には「黒を茶色にする 遺伝子（O遺伝子）」が乗っています。
O
X
茶
黒を茶色に
する
o
X
黒を茶色に
できない
O遺伝子に変異が入ってその活性を失っている
のが o遺伝子で、三毛猫はOを持つX染色体と
oを持つX染色体を一本ずつ持っています。

メスの体ではX染色体が「モザイク状」になっているため、O遺伝子の発現している部分は茶色、o遺伝子の部分は黒の体色が現れます。

その結果、三毛の体色が生じるのです。

こうした体色決定因子の発現は発生初期の細胞内でランダムに決まるため、一卵性の多胎でも、ネコの体の模様は全く異なったものになります。

そして、この「瞳の中の三毛猫」が生み出すのが、

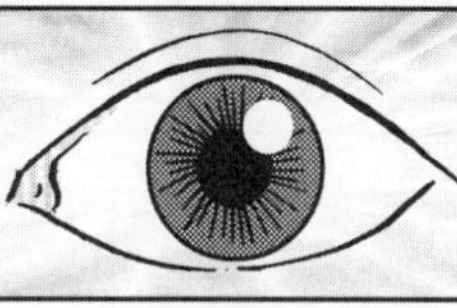

スーパー色覚です。

網膜には光と色の情報を受け取る視細胞がしきつめられています。

視細胞には光の三原色（赤、緑、青）それぞれに反応する物質（オプシン）を持つ視細胞（赤錐体、緑錐体、青錐体）が存在します。

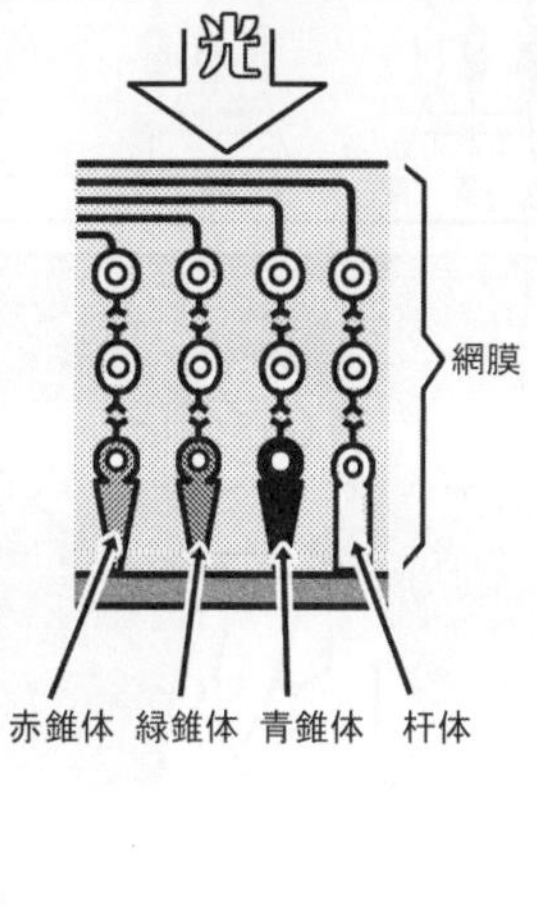

それぞれのオプシンを作る遺伝子は青が常染色体、赤と緑はX染色体にあります。

赤緑色盲が伴性遺伝（性別が関係する遺伝）をするのはこのためです。

このオプシン遺伝子には感受性の異なる「変異オプシン遺伝子」が存在しています。

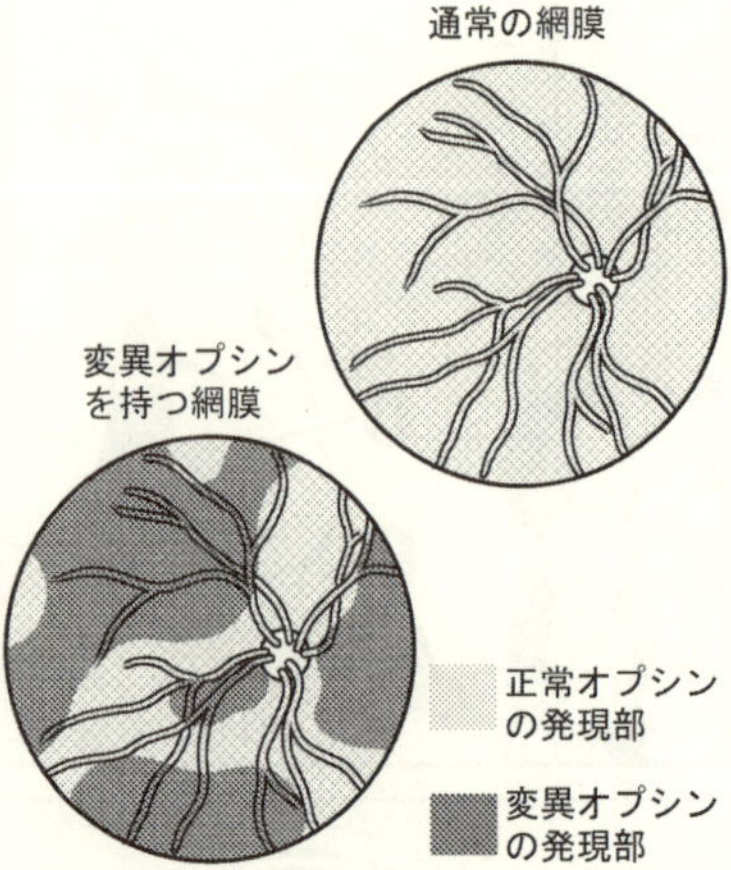
通常の網膜
変異オプシンを持つ網膜
正常オプシンの発現部
変異オプシンの発現部

そのため変異オプシン遺伝子を持つ女性の網膜には、正常なオプシンの三色に反応する部位と、変異したオプシンの三色に反応する部位が存在します。

ちょうど、三毛猫のまだらのように……

結果、普通のヒトは三色色覚、変異オプシンを持つ女性は四色色覚で物を見ているようなものになります。

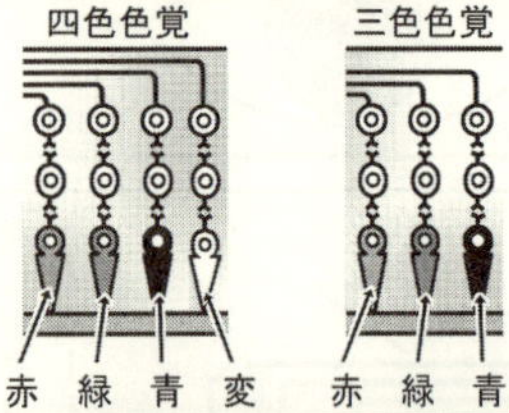
三色色覚
赤
緑
青
四色色覚
赤
緑
青
変

これがスーパー色覚なのです。

しかし色覚に限らず、様々な感覚でこうした現象は見られるのかもしれません。
いわゆる「女の勘」といった第六感も、こうした性染色体の作用が関与しているのではないかと、ボクは思います。

ですから、
女性の皆さん！
あなたの彼やご主人が
多少 鈍かった としても、
腹を立てないで下さい！
男が鈍いのでは
ないのです！
それは
あなたが、敏感、
すぎる のです!!
男は 悪く
ないのです!!
これ、ゼッタイ
奥さんへの言い訳
だよね。
んだな。
……
……

聴覚

耳は　外耳、　中耳、　内耳よりなります。
音は外耳道から鼓膜に伝えられ、鼓膜の振動はその奥の耳小骨で増幅され、内耳神経（聴神経）によって脳に伝えられます。

耳の構造

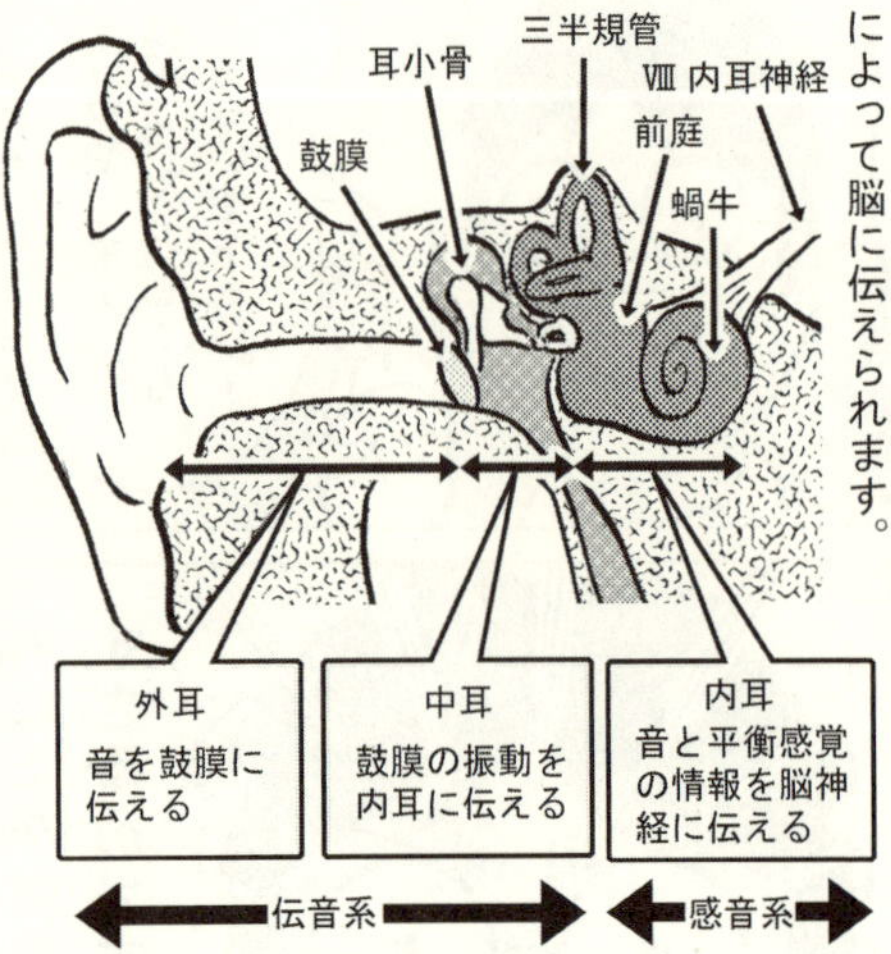

外耳、中耳を「伝音系」、内耳を「感音系」と呼びます。

耳小骨は、つち骨、きぬた骨、あぶみ骨の三つからなります。

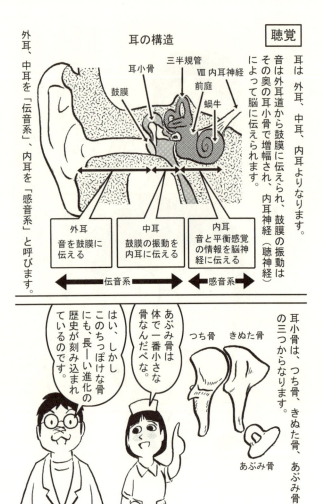

耳小骨の進化

我々哺乳類は魚類から進化しました。耳の構造も進化とともに複雑化し、耳小骨の数も増えていきました。

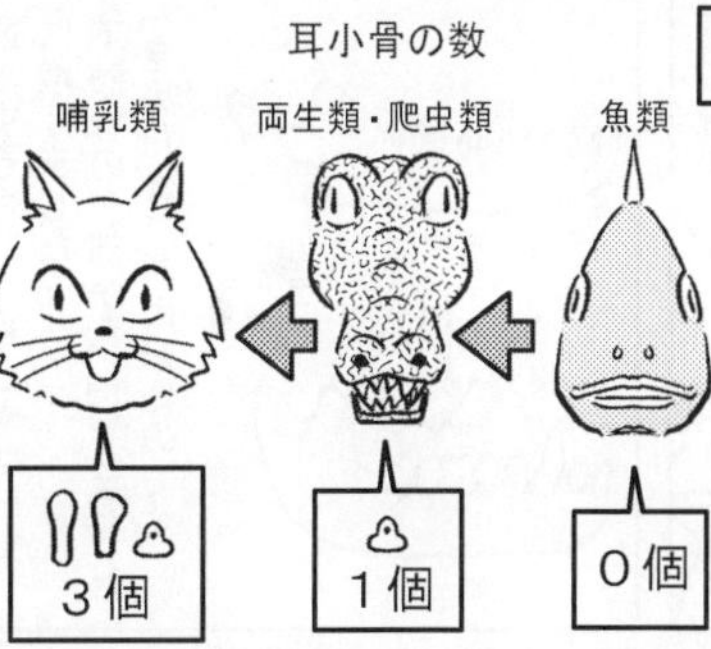

魚には鼓膜がなく、水中の振動をそのまま（あるいは種によっては、うきぶくろで増幅させて）頭部の内耳に伝えています。

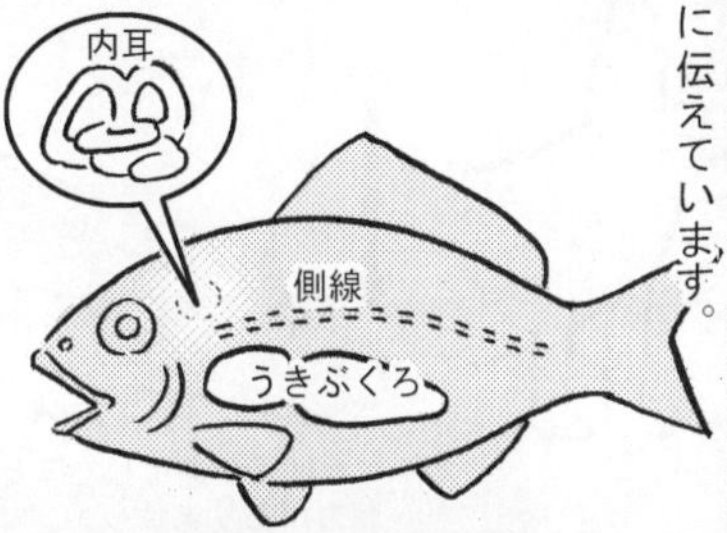

水流を感じる器官である「側線」も耳と同じような役目をします。

オタマジャクシは魚同様、鼓膜をもちません。しかしカエルになると、音を効率よく内耳に伝えるため、鼓膜と耳小骨が出来ます。

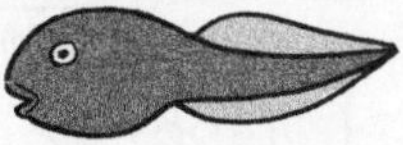

空気は水より音が伝わりにくいため、陸上生活に合わせて「進化」したのです。

＊２個に分かれている種もあります。

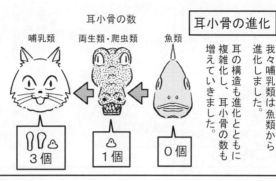

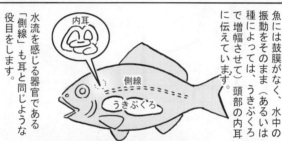

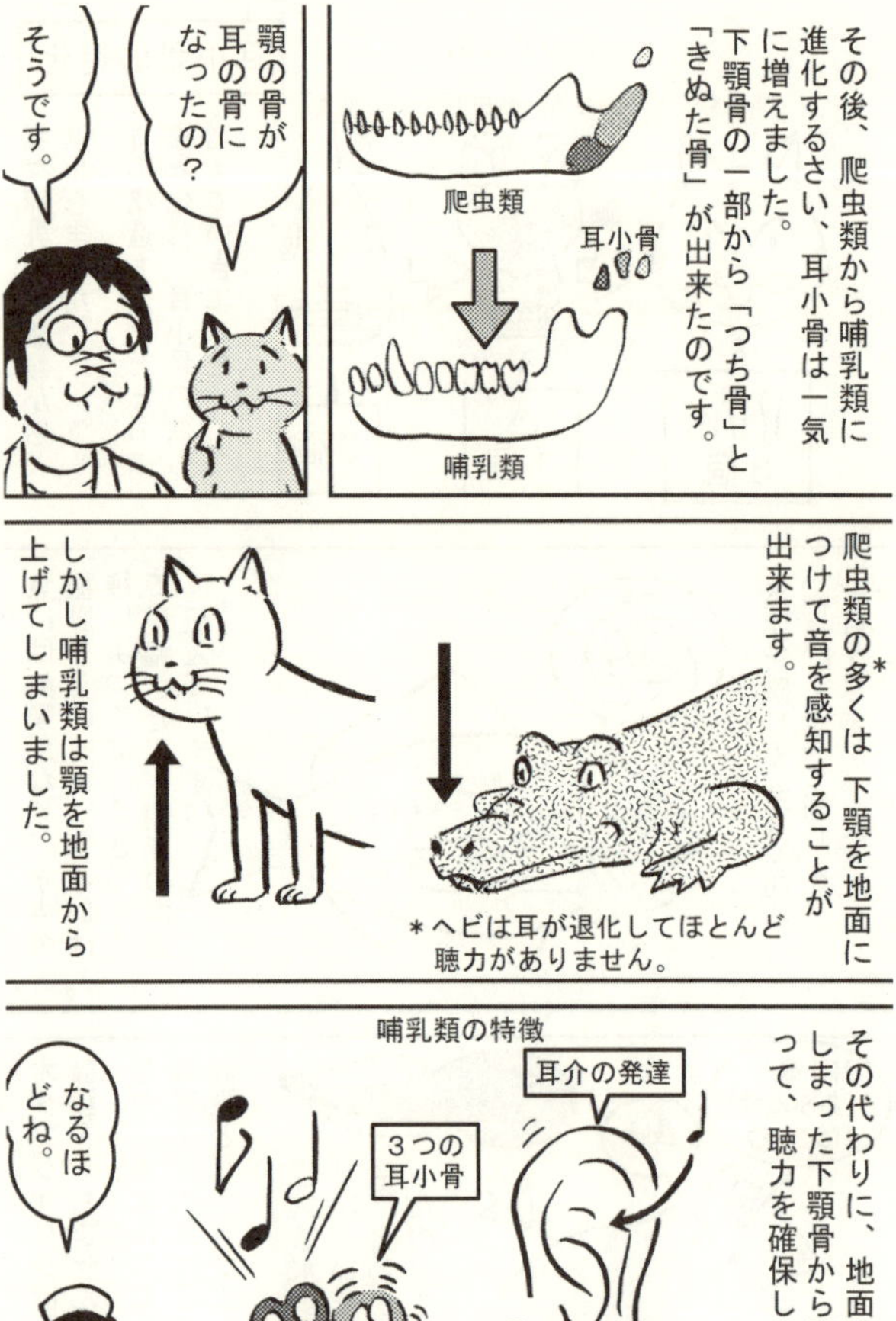
その後、爬虫類から哺乳類に進化するさい、耳小骨は一気に増えました。下顎骨の一部から「つち骨」と「きぬた骨」が出来たのです。
爬虫類
耳小骨
哺乳類
顎の骨が耳の骨になったの？
そうです。
爬虫類の多く＊は 下顎を地面につけて音を感知することが出来ます。
しかし哺乳類は顎を地面から上げてしまいました。
＊ヘビは耳が退化してほとんど聴力がありません。
その代わりに、地面から離してしまった下顎骨から耳小骨を作って、聴力を確保したのです。
哺乳類の特徴
耳介の発達
３つの耳小骨
なるほどね。

内耳

内耳は平衡感覚を感知する「半規管」と「前庭」および、聴覚を感知する「蝸牛《かぎゅう》」から成ります。体の傾きや動きをとらえる三半規管の、三つのループがそれぞれ九十度の角度になっているのは、三次元のＸＹＺ座標をとらえるためです。

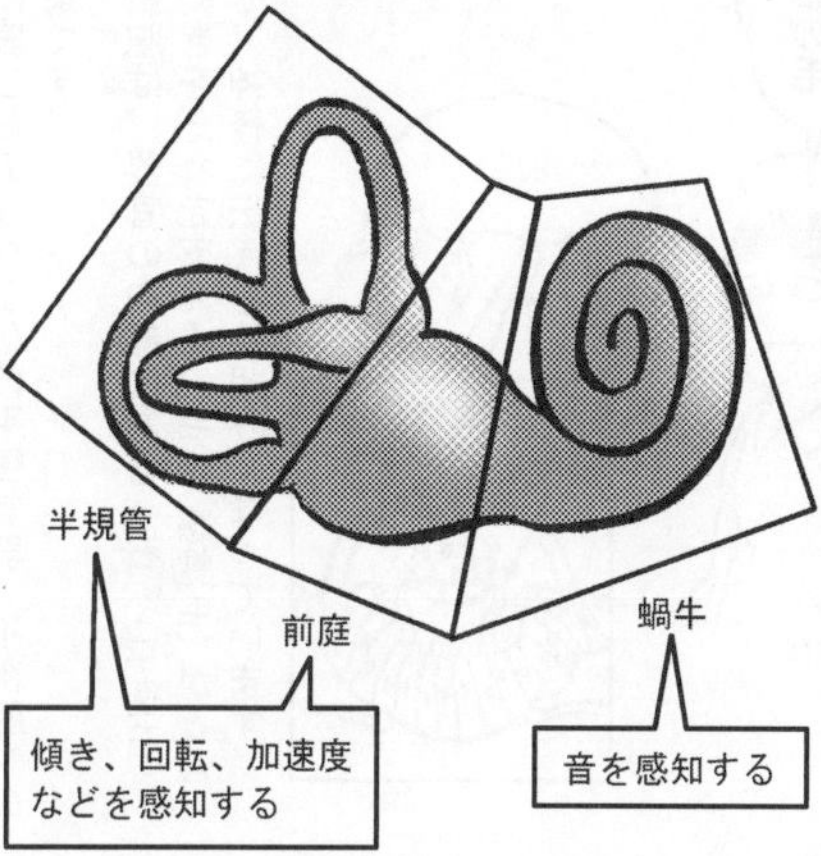
半規管
前庭
傾き、回転、加速度などを感知する
蝸牛
音を感知する

にしても「平衡覚」と「聴覚」って、全然違う感覚が、なして同じところにあるんだべ？

全然違わない！

え？

てゆーか、音も傾きも、本来同じものなのです！

どゆこと？

図に表したのはクラゲの平衡覚器（平衡胞）の構造です。

平衡胞は、器官の内部にある「石」（平衡石）の動きをそれを支える「毛」（感覚毛）がとらえて、神経に伝える仕組みになっています。

平衡胞
感覚毛
平衡石

細胞の毛かぁ。
ネコのヒゲみたいなもんだね。

しかし面白いことに、こうした平衡覚器の基本構造は、原始的な無脊椎動物から哺乳類に至るまでほとんど変わりません。
へー、
なして？
この地球に暮らす生物すべてが共通して負わねばならないモノとは何でしょう？
暑いところに住む者も寒いところに住む者も、
暗いところに住む者も明るいところに住む者も、
地球に住むかぎり逃れることのできないモノは？

……

……

……

税金?

はい、「重力」ですネ!

速攻スルーされたね。

悔しいべ…

地球に住む生物は皆、重力に縛られています。

地面はどちらにあるのか、上下の区別をつけることがこの世界で生活するためまず 身に着けないといけない感覚だったのです。

内耳は進化の過程で「平衡覚器の中に音を感じる部分が発達して出来たもの」です。

ここに示したのは脊椎動物の内耳ですが、平衡覚に関与する部分にはあまり大きな差はなく、聴覚に関与する部分蝸牛が進化とともに大きくなってきたことがわかるでしょう

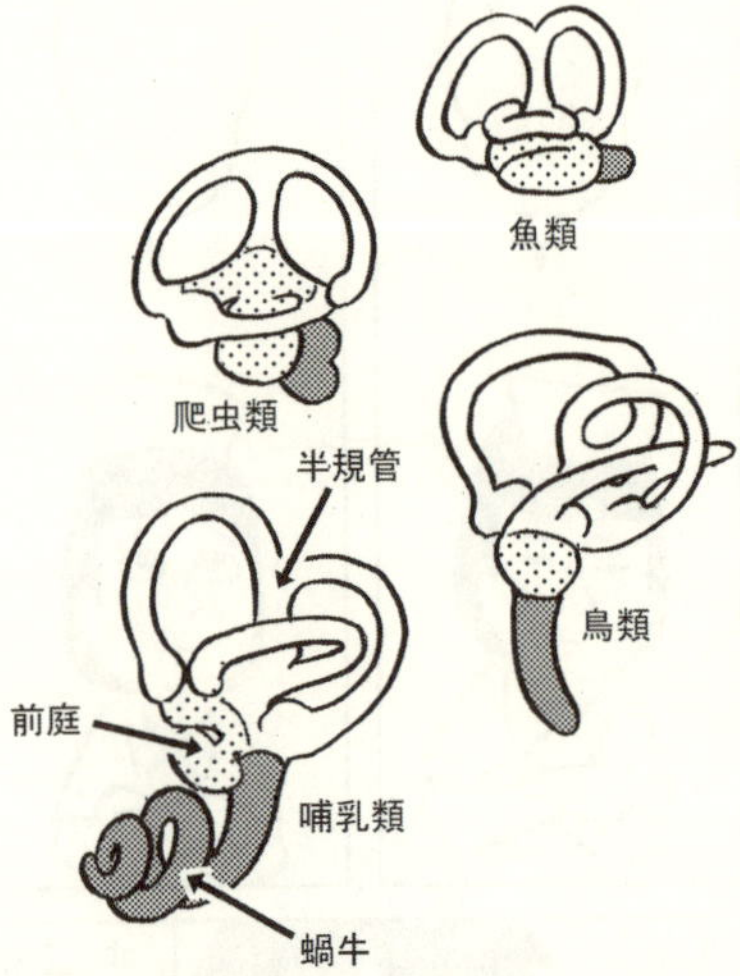
魚類
爬虫類
鳥類
半規管
前庭
哺乳類
蝸牛

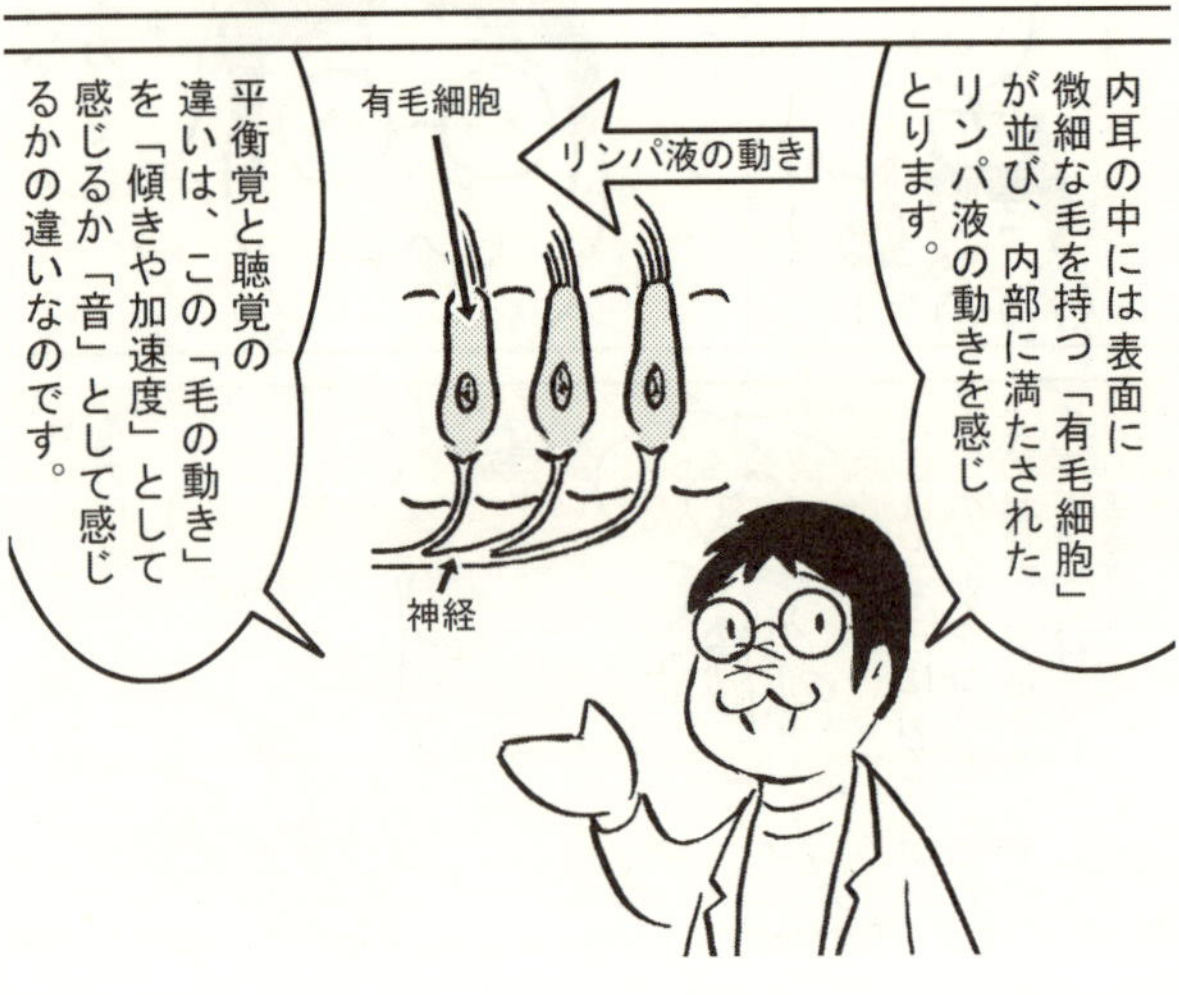
内耳の中には表面に微細な毛を持つ「有毛細胞」が並び、内部に満たされたリンパ液の動きを感じとります。
有毛細胞
リンパ液の動き
神経
平衡覚と聴覚の違いは、この「毛の動き」を「傾きや加速度」として感じるか「音」として感じるかの違いなのです。

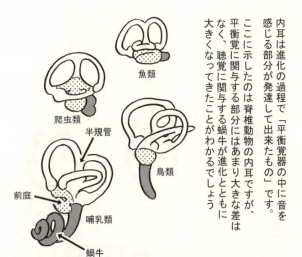

内耳や脳神経の機能を調べるため、昔から行われている臨床検査が「カロリックテスト」です。

カロリックテスト

これは耳に冷水や温水を注入して「眼振」*が誘発されるかどうかを調べる検査で、普通、冷水を注入すると反対方向への眼振、温水では同側に向かう眼振が起こります。

* 無意識に生じる律動的に反復する眼球運動。動きの速い方向が「眼振の方向」。

この検査を発明して、内耳の機能を解明したオーストリアの耳鼻科医バーラーニには一九一四年、ノーベル生理学・医学賞が与えられています。

ローベルト・バーラーニ
(1876〜1936)

カロリックテストで眼振がおこる理由は「温度の変化によって生じた半規管でのリンパ液の対流が体の回転運動として脳に認識され、それを補正するために眼球回転が起こるからだ」と、長らく説明されてきました。

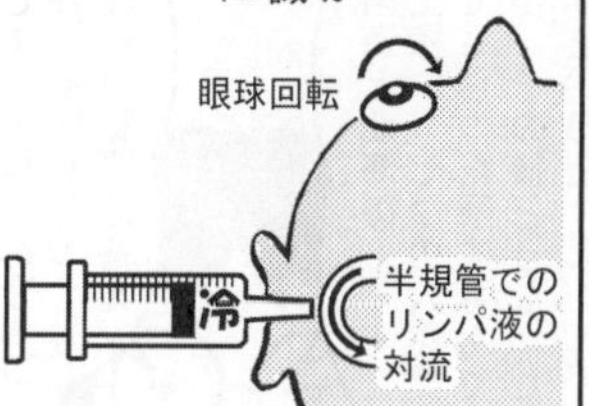

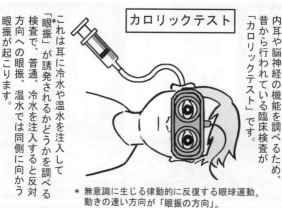

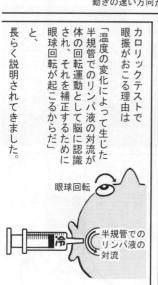

しかし一九八三年、宇宙飛行士がスペースシャトル内でカロリックテストをしたところ、
対流が起こらないはずの無重力状態でも 地上と同様の現象が起こることがわかりました。
あれ？出るじゃん眼振・・・
そんなわけで、この検査で眼振が起こる理由はいまだよくわかっていません。
地上の生命は四十億年間、重力に縛られて生きてきました。
しかしその呪縛が外れた時、ヒトはもっと多くのことを知るのかもしれませんネ。
さて、ではこの章を終えるにあたって、最初の質問の答え。
南海と北海の王様に、七つの穴を開けてもらった渾沌さんですが、その後どうなったかというと・・・
どうなったんだべ・・・

七日目に死んでしまいました。
えーっ！
なんでー!?
それはわかりません・・
彼にとってこの世の中は……
見ない方が、聞かない方が、よかったことが……
多すぎたのかもしれませんネ……

第十章 生殖器

さて、では最後の章の質問です！
ヒトの体には他の多くの哺乳類に見られない様々な特徴がありますが、
他の動物の「陰茎」にあって、ヒトには無いモノとは何でしょう？
んー？
……想像つかねぇべ。
答えは「骨」!!

えーっ!!
他の動物には骨があるのけーっ!?
はい、「陰茎骨」はイヌにもネコにもクジラにも、哺乳類全般に広く存在しています。
霊長類全般にも見られるのですが・・・
なぜか、ヒトには無いのです!
おめえにもあるのけ?
ぎゅっ
あるのけ・・・
だども、なしてヒトだけが「骨抜き」になってるんだべ?
その理由はわかりませんが、
「直立二足歩行」と関係があるのではないかと、ボクは思います。
どゆこと?

股間のヒーロー

これから徒競走をします。そこで条件として、この中のお菓子ひとつをパンツに入れて走らねばならないとすれば、

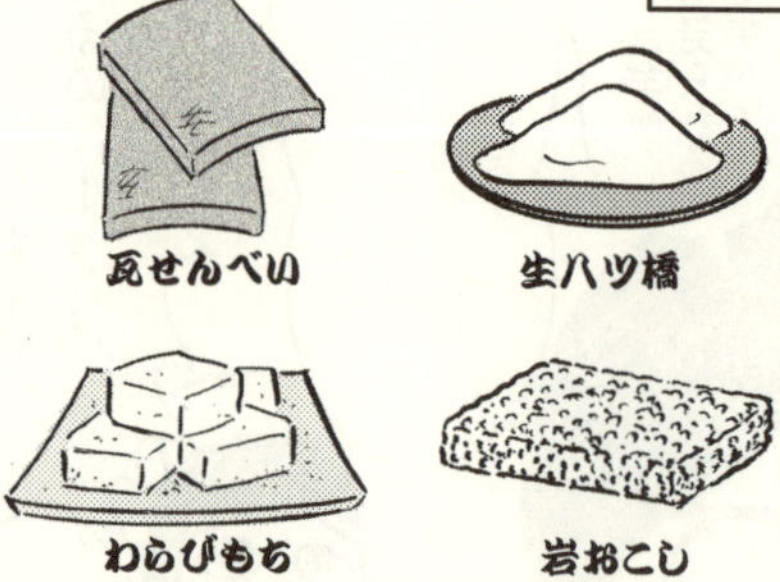
生八ツ橋
岩おこし
瓦せんべい
わらびもち

皆さんはどれを選びますか？

おらは生八ツ橋だべな。
ボクはわらびもち。
なんで瓦せんべいや岩おこしはダメなんですか？
だって硬いもん。
痛いべ。
そういうことです。

陰茎は下肢の付け根に存在する障害物のようなものです。

それを軟らかくすることはヒトが直立二足歩行を確立するにあたって、必要だったのではないでしょうか？

だども、骨抜きにされて陰茎さんは困らないのけ？
いいのです！陰茎なんぞ、
「いざ」という時だけ硬くなれば！
そのための海綿体です！
日ごろは柔和な好青年……
しかし、いざという時は鋼の体で大活躍……
それがヒーローの姿です！

そう！陰茎は、
あなたの股間の！
ヒーローなのです!!
あちょーっ!!
ブルース・リー
(1940〜1973)

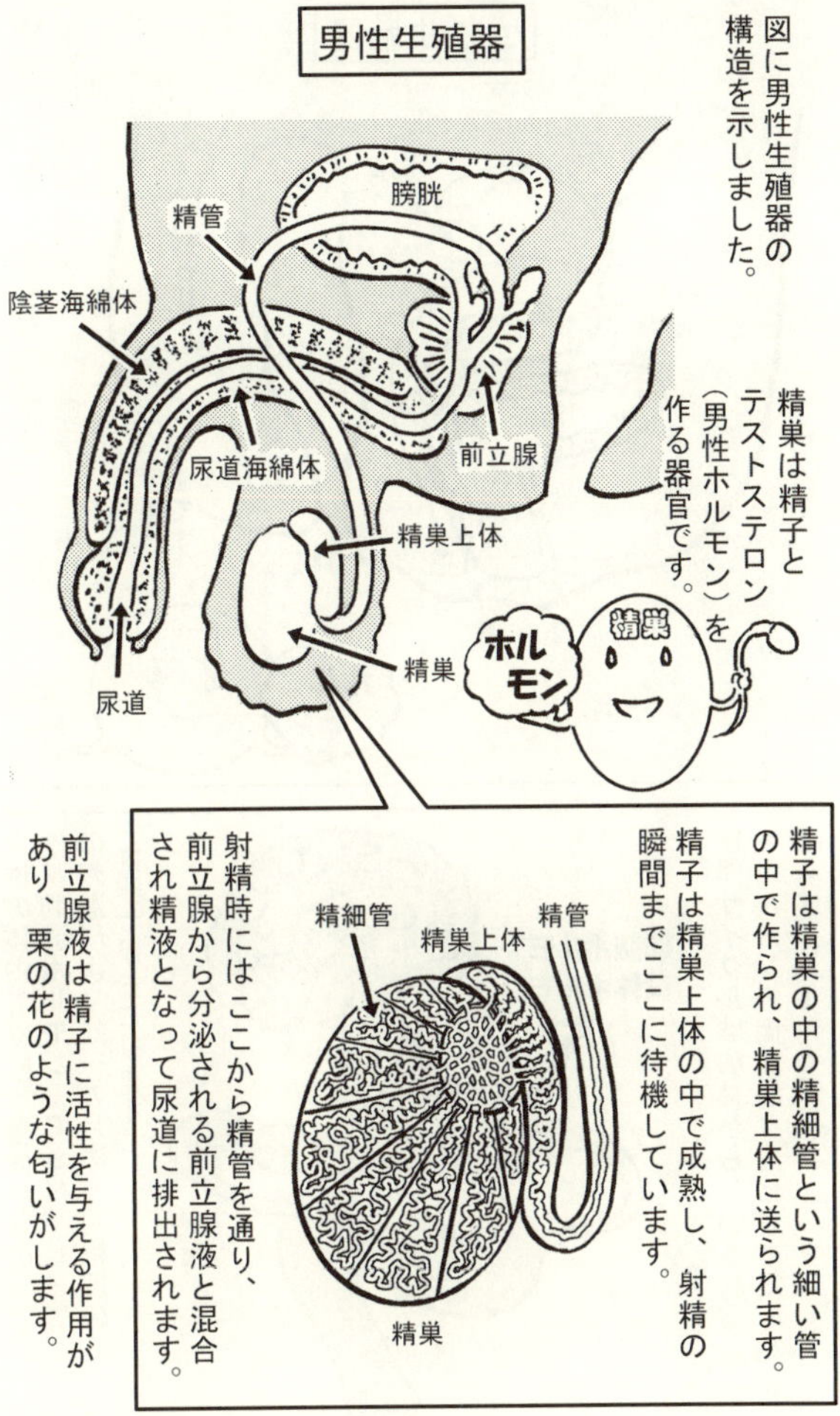

図に男性生殖器の構造を示しました。

精巣は精子とテストステロン（男性ホルモン）を作る器官です。

精子は精巣の中の精細管という細い管の中で作られ、精巣上体に送られます。精子は精巣上体の中で成熟し、射精の瞬間までここに待機しています。射精時にはここから精管を通り、前立腺から分泌される前立腺液と混合され精液となって尿道に排出されます。

前立腺液は精子に活性を与える作用があり、栗の花のような匂いがします。

続いて、女性生殖器の解剖図を示しました。

女性生殖器

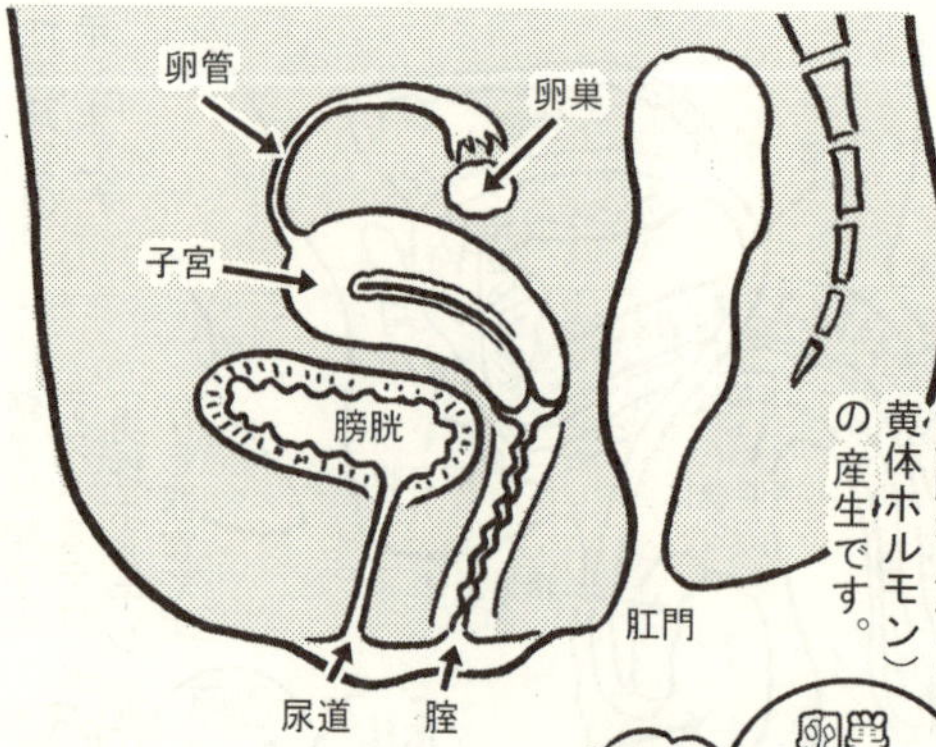

卵巣の役目は卵子と性ホルモン（卵胞ホルモン、黄体ホルモン）の産生です。

女性の体内では脳下垂体からの性腺刺激ホルモン（ＦＳＨ、ＬＨ）の刺激により、一カ月に一回程度の「排卵」がおこります。

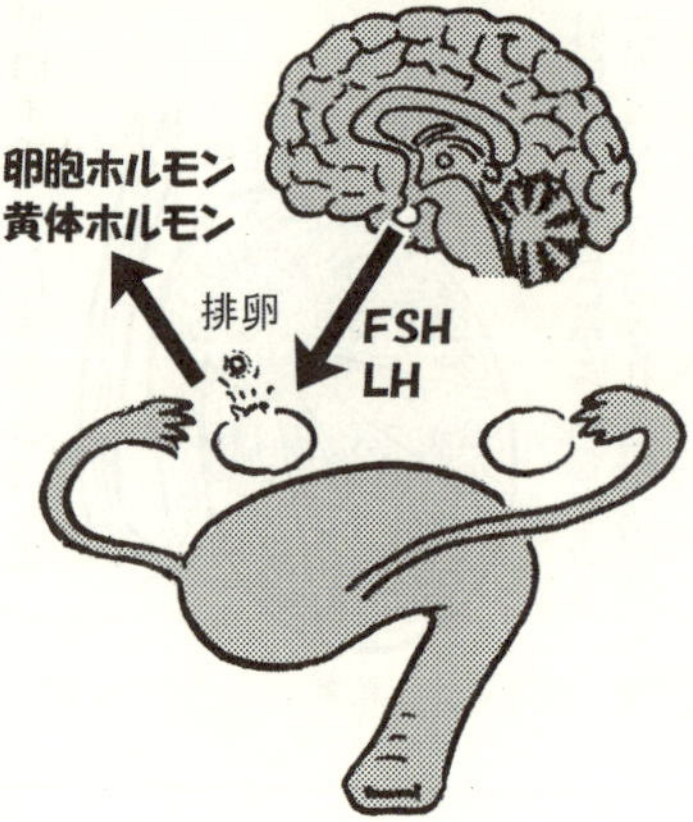

排卵サイクルは卵巣から分泌される性ホルモンの周期的な変化をもたらします（第七章参照）。

排卵と基礎体温

排卵の後、卵巣に生じる黄体から分泌される黄体ホルモンは間脳の体温調節中枢に働きかけて、基礎体温（朝、目が覚めたときに測った体温）を上昇させます。

基礎体温が低温相と高温相の「二相性」になっているということは、卵巣からきちんと排卵が起こっているということです。

受精卵が子宮に着床した時は、絨毛（胎盤のもとになる組織）からｈＣＧ（ヒト絨毛性ゴナドトロピン）というホルモンが分泌され、黄体を刺激して黄体ホルモンを分泌させます。

妊娠しなかった周期には黄体は約二週間で寿命がつきて「白体」となり、基礎体温が下がって月経が起こります。

妊娠が成立すると月経が止まり、基礎体温の高温期が続きます。

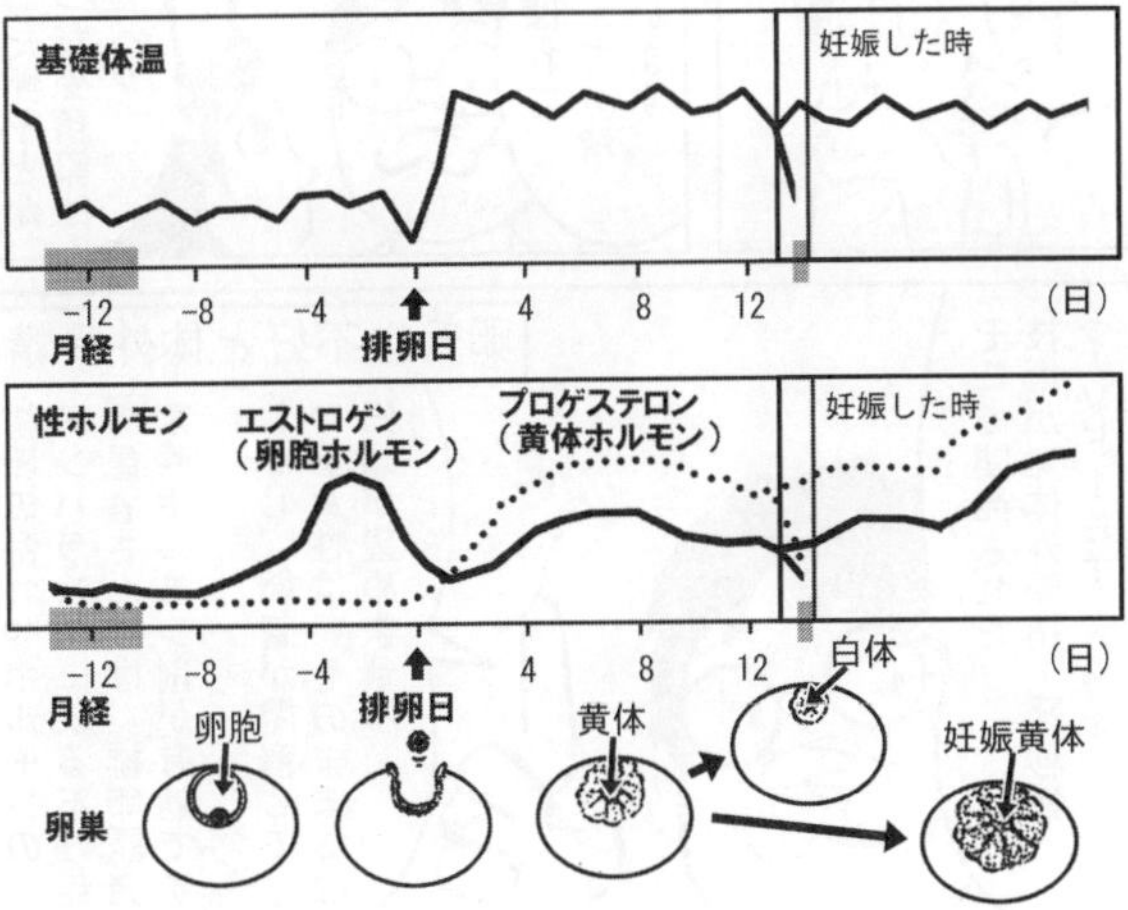

排卵によって卵巣から飛び出した卵子は卵管に飲み込まれ、ここで膣から遡上してきた精子と出会い、受精します。

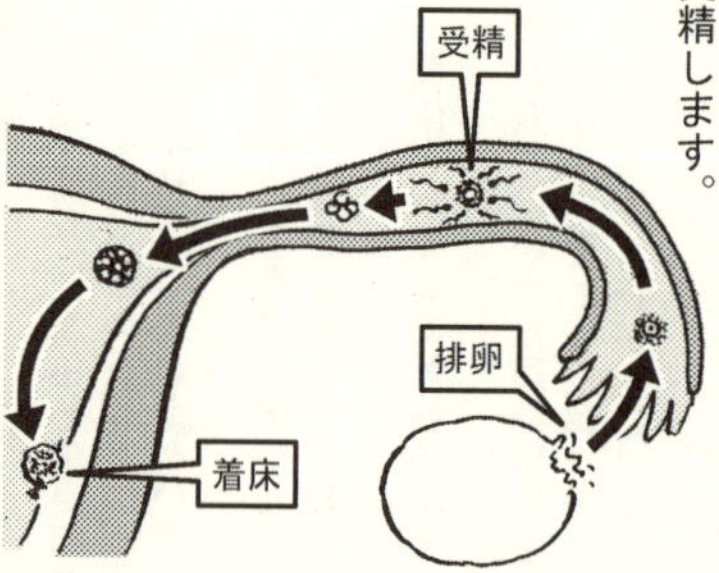
受精
排卵
着床

受精卵は分裂を続けながら子宮内に運ばれ、排卵後五～七日目頃に子宮内膜に着床します。

これが妊娠の成立です。

受精しなかった卵子とか着床しなかった受精卵はどうなるんだべ？
子宮内に運ばれて、そのまま死んで分解されてしまいます。
なんか…かわいそうだな。
せっかく排卵したのに…
それなら精子はもっとかわいそうだよ、ウニちゃん。

卵管性不妊と体外受精
排卵の乱れやホルモンのアンバランスによる不妊症の患者さんには、排卵誘発剤やホルモン剤が有効です。
しかし、卵管が閉塞している女性は、そのままでは妊娠が望めません。
そこで開発された技術が「体外受精・胚移植（IVF－ET）」です。

体外受精・胚移植は「卵巣から卵子を取り出して培養液の中で精子と受精させ、分裂した胚を子宮に戻す」技術です。

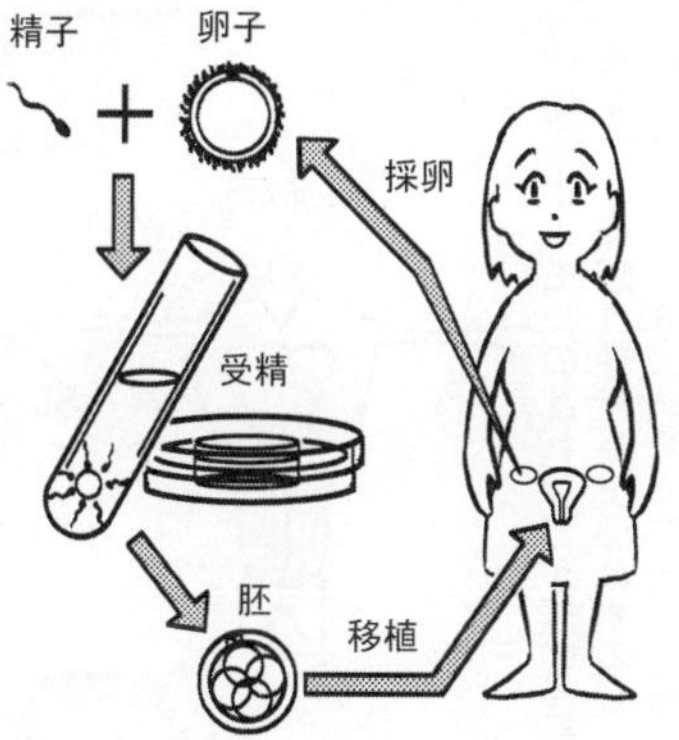

体外受精は現在、男性不妊や免疫性不妊、原因不明の不妊症などに幅広く用いられており、現在我が国の出生児のうち二十人に一人がこの方法による出生となっています。

体外受精の登場により、生殖医療は飛躍的に進みました。

この方法を開発し、一九七八年、世界初のヒトの体外受精に成功したイギリスの生物学者エドワーズには二〇一〇年、ノーベル生理学・医学賞が与えられています。

ロバート・エドワーズ
(1925～2013)

子宮

子宮は胎児を育てるための筋肉の袋です。

膣に近い子宮の口の部分を「子宮頸部」、上側の部分を「子宮体部」と呼びます。

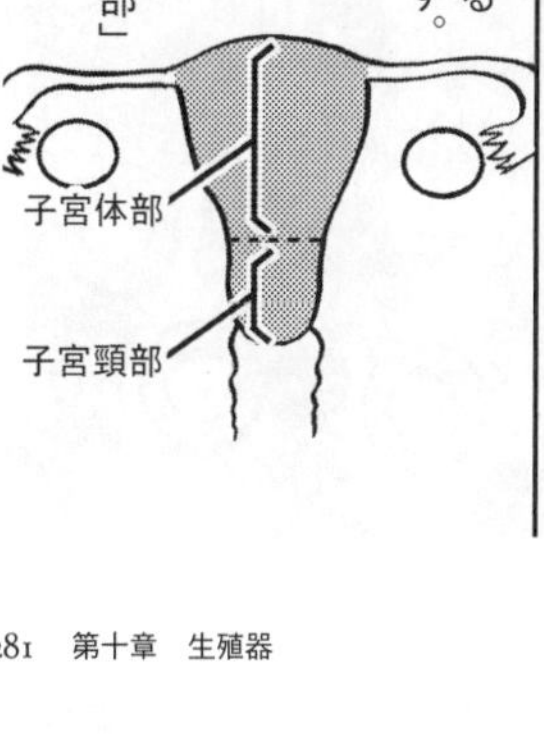

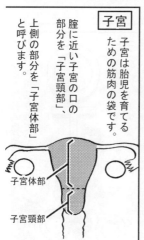

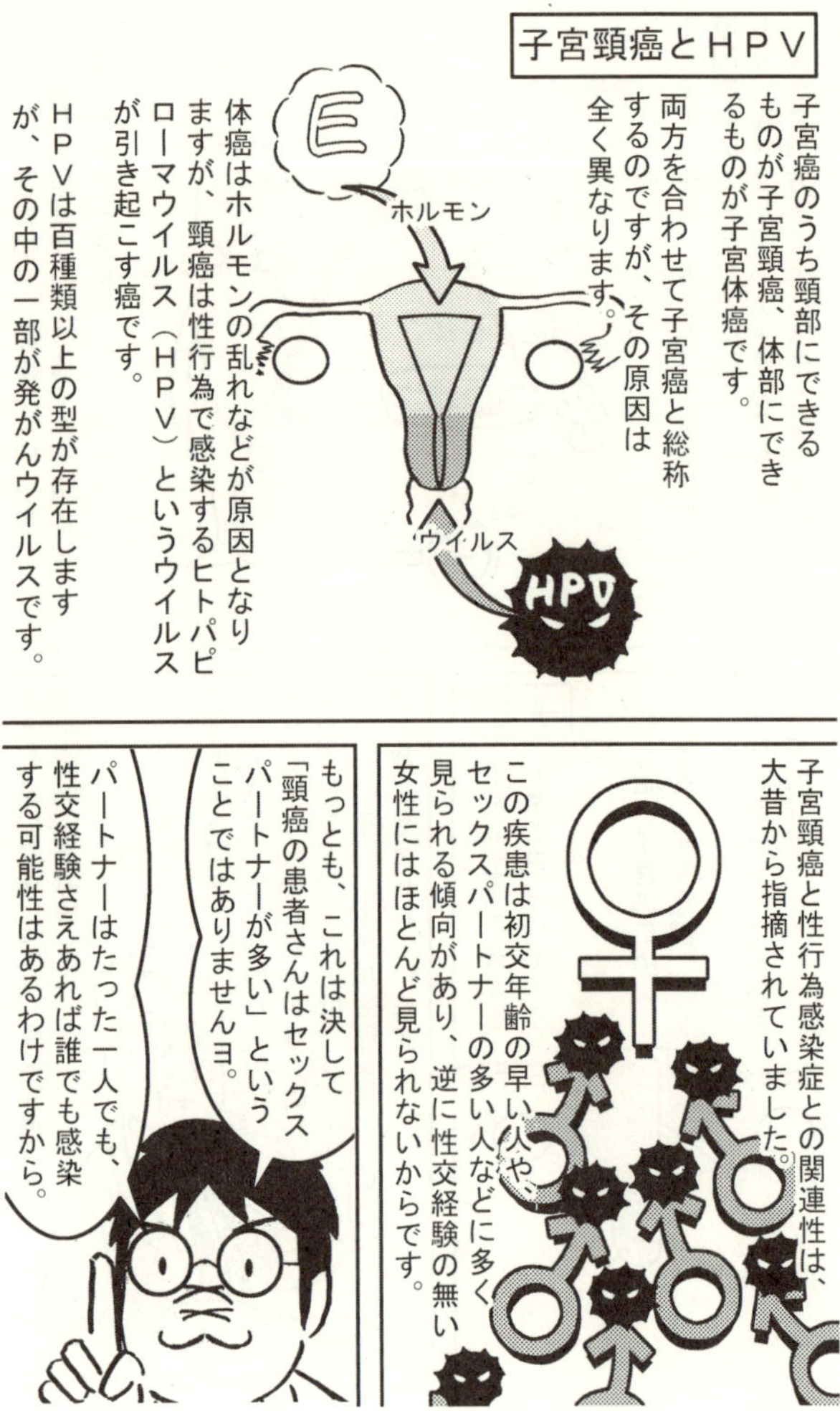
子宮頸癌とＨＰＶ
子宮癌のうち頸部にできるものが子宮頸癌、体部にできるものが子宮体癌です。
両方を合わせて子宮癌と総称するのですが、その原因は全く異なります。
E
ホルモン
ウイルス
HPV
体癌はホルモンの乱れなどが原因となりますが、頸癌は性行為で感染するヒトパピローマウイルス（ＨＰＶ）というウイルスが引き起こす癌です。
ＨＰＶは百種類以上の型が存在しますが、その中の一部が発がんウイルスです。
子宮頸癌と性行為感染症との関連性は、大昔から指摘されていました。
この疾患は初交年齢の早い人や、セックスパートナーの多い人などに多く見られる傾向があり、逆に性交経験の無い女性にはほとんど見られないからです。
もっとも、これは決して「頸癌の患者さんはセックスパートナーが多い」ということではありませんヨ。
パートナーはたった一人でも、性交経験さえあれば誰でも感染する可能性はあるわけですから。

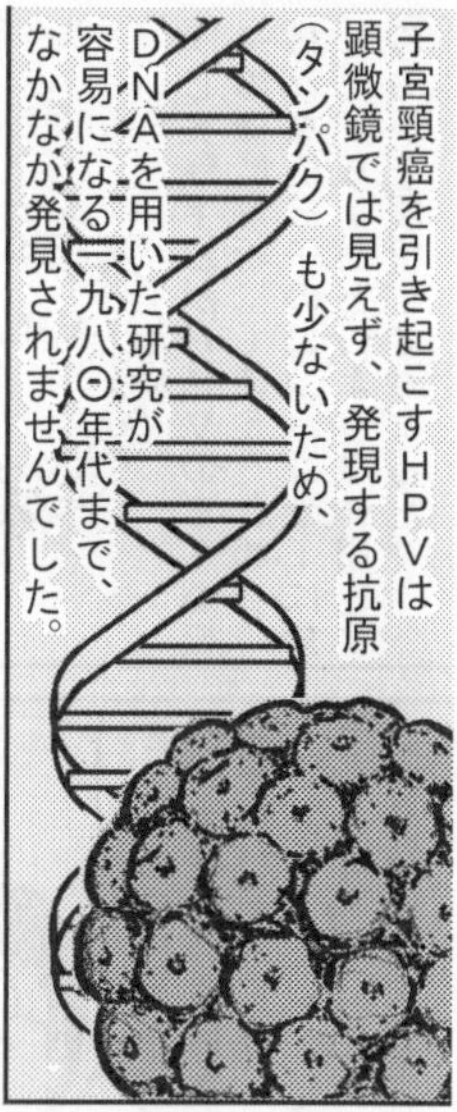

子宮頸癌を引き起こすＨＰＶは顕微鏡では見えず、発現する抗原（タンパク）も少ないため、ＤＮＡを用いた研究が容易になる一九八〇年代まで、なかなか発見されませんでした。

ハラルド・ツア・ハウゼン（1936〜）

ＨＰＶと子宮頸癌の因果関係が明らかになったことにより、子宮癌のウイルス学的検査やワクチンが可能になりました。

世界ではじめて子宮頸癌の組織からＨＰＶを分離・同定したドイツのウイルス学者ツア・ハウゼンには、二〇〇八年、ノーベル生理学・医学賞が与えられています。

ちなみに、ボクも医者になってからしばらく、このウイルスの研究をしていました。

当時はすでにＨＰＶの発がん遺伝子が、Ｅ６、Ｅ７と呼ばれるふたつのタンパク質であることがわかっており、Ｅ７に細胞内の他の遺伝子の発現を変化させる作用（トランスアクティング作用）があることも知られていました。

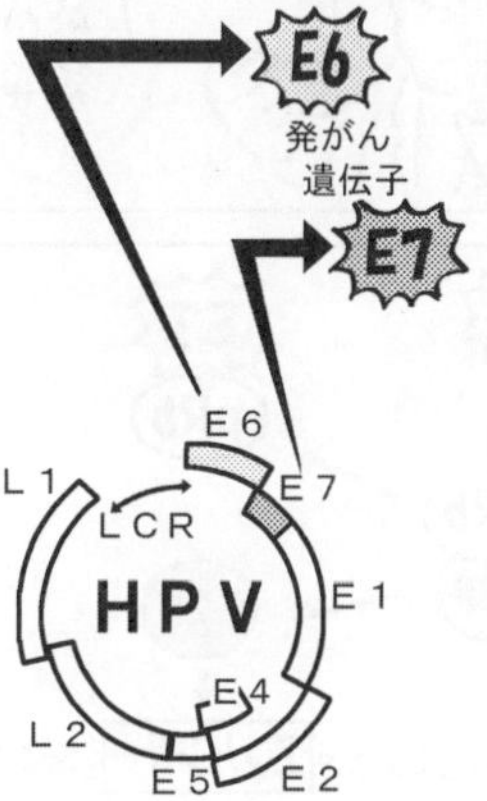

また、Ｅ６やＥ７が細胞内のがん抑制遺伝子タンパクと結合するということもわかりはじめた頃でした。

当時、ボクは動物の腫瘍ウイルスのエンハンサー（遺伝子の転写を促進する部分）の働きを研究していたのですが、

エンハンサー
転写調節因子
RNA
RNAポリメラーゼ
プロモーター

同じ実験手法がＨＰＶのＥ７遺伝子の機能解析にも使えたため、様々な遺伝子のエンハンサーに対して、Ｅ７がどのような作用をするのかを解析してみました。

その結果、面白いことにＥ７は、Ｅ２Ｆと呼ばれる転写調節因子（エンハンサーに結合して遺伝子の転写を調節する物質）が関与する塩基配列を持つエンハンサーだけを強く刺激することがわかり、

Ｅ７のターゲットはＥ２Ｆだ。
Ｅ７はこの作用を使って細胞の遺伝子発現をかく乱するんだな。

この発見を論文発表しました。

その後、Ｅ７が結合するがん抑制遺伝子タンパクはＥ２Ｆと結合しており、

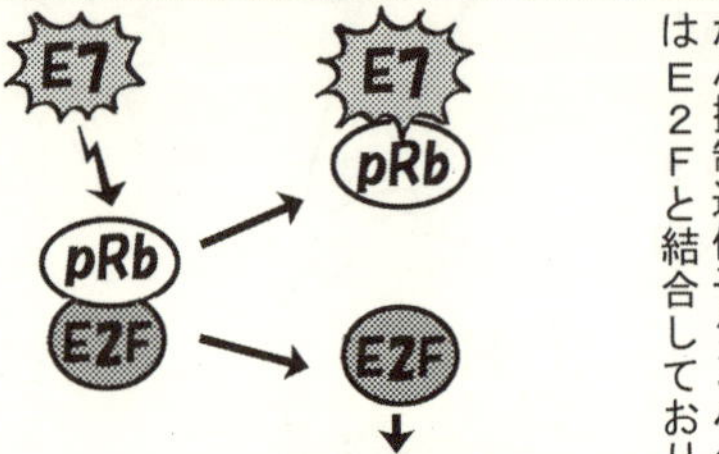
E7
pRb
E2F
E7
pRb
E2F
エンハンサー

Ｅ７が、がん抑制遺伝子に結合して分解・不活化することで、Ｅ２Ｆが活性化されるのだということが、他のグループの研究によって明らかにされました。

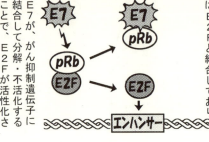

現在、分子生物学の本にはＨＰＶの発がん能のひとつは、このＥ７のトランスアクティング作用によるものだと書かれています。

しかしボク*は、この作用の強さを様々な型のＨＰＶ間で比較して、その発がん性と相関しないことも見出しました。

実際のＨＰＶによる発がんにはＥ７の持つ他の作用やＥ６、さらにがん抑制遺伝子などとの複雑な相互作用が関与しているのだと思います。

＊ Ibaraki,T., M.Satake, N.Kurai, M.Ichijo, andY.Ito. Transacting Activities of the E7 Genes of Several Types of Human Papillomavirus. VIRUS GENES 7:2, 187-196, 1993

一九七〇年代以降、遺伝子工学の進歩によって、たくさんのがん遺伝子やがん抑制遺伝子が発見されてきました。そうした遺伝子はそのほとんどが細胞内の「情報伝達」に関係するものであることがわかっています。

がん遺伝子の働きと細胞内のシグナル伝達

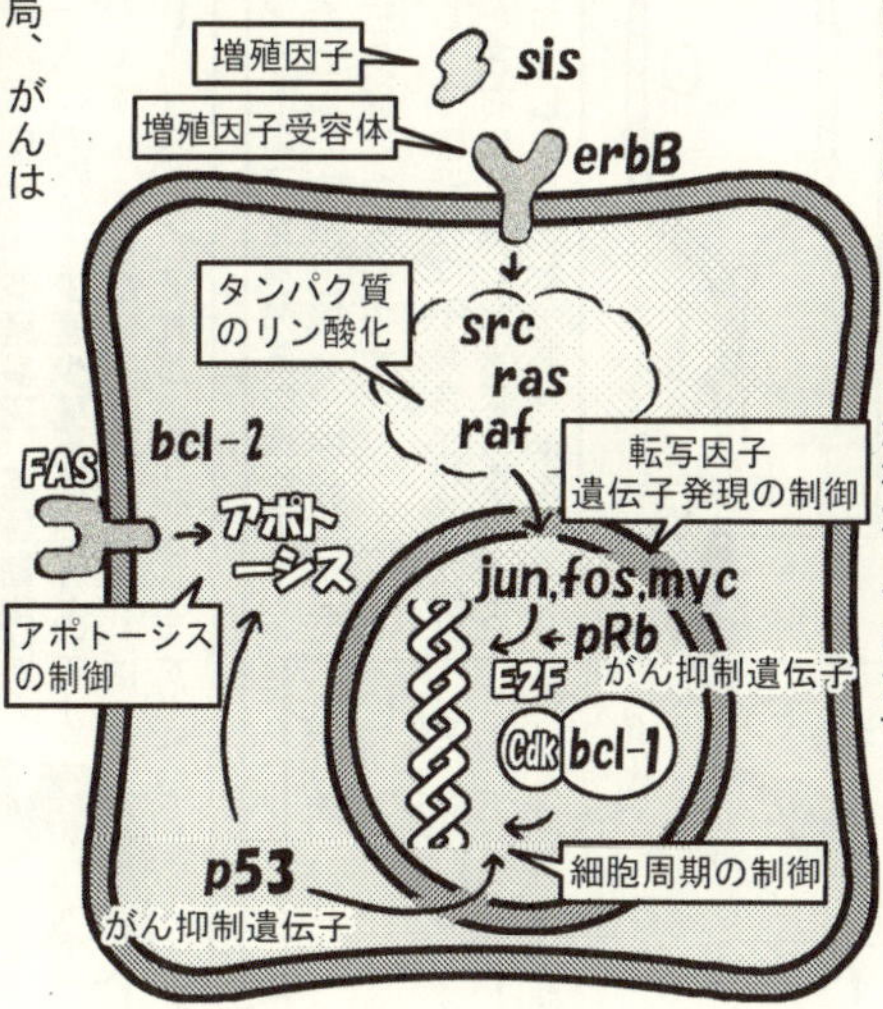

結局、がんは**「細胞内の情報の乱れが生み出す病気」**なのです。

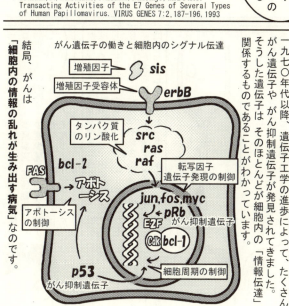

子宮の形と少産少死

子宮は哺乳類が進化の過程で進化させた独自の臓器です。原始的な哺乳類の子宮は二本の管が並んだような形です。

図に示したのはマウスの子宮ですが、こうした形の子宮は一度に多くの胎児を宿すことができます。

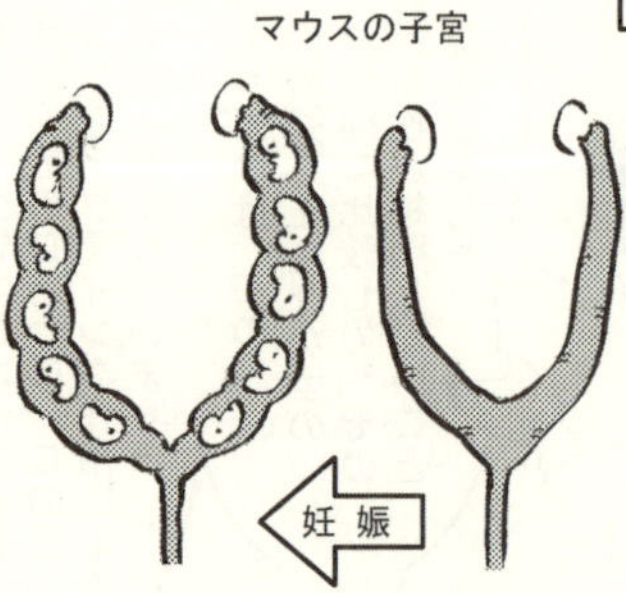

一方、ヒトの子宮は胎児一人に対応した形です。

一般に**原始的な動物は多産多死、高等動物は少産少死**の傾向なのですが、子宮の形を見ればそれがよくわかります。

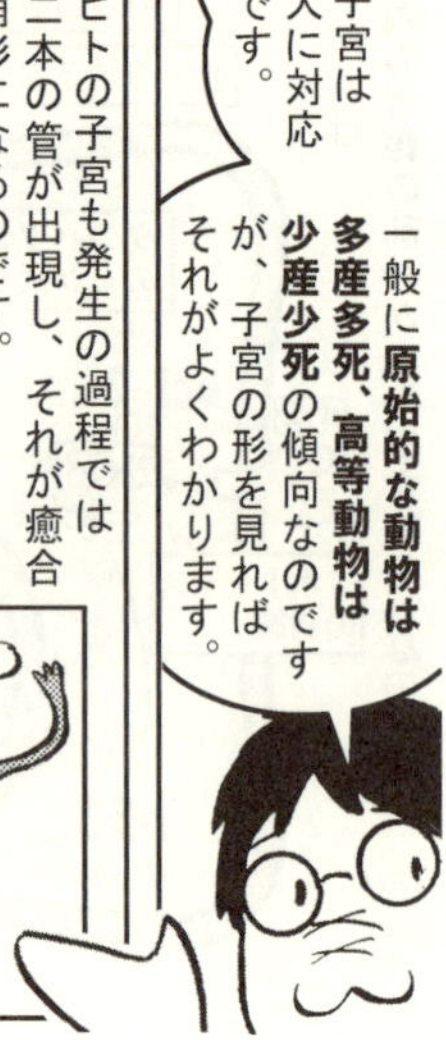

なお、ヒトの子宮も発生の過程でははじめ二本の管が出現し、それが癒合して三角形になるのです。

しかし、その過程に不具合が生じた際、子宮が左右に分離したまま（重複子宮）になってしまうことがあります。

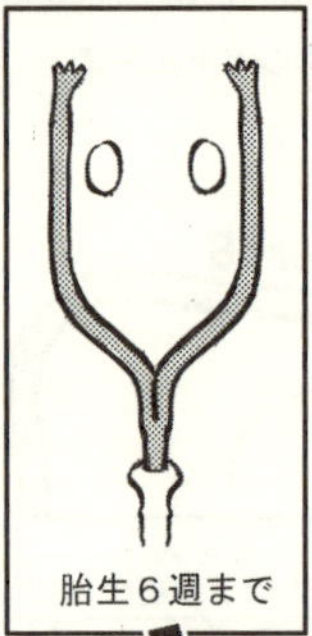

こうした子宮奇形は日常よく見られるものですが、多産ではなく、逆に不妊症の原因となることがあります。

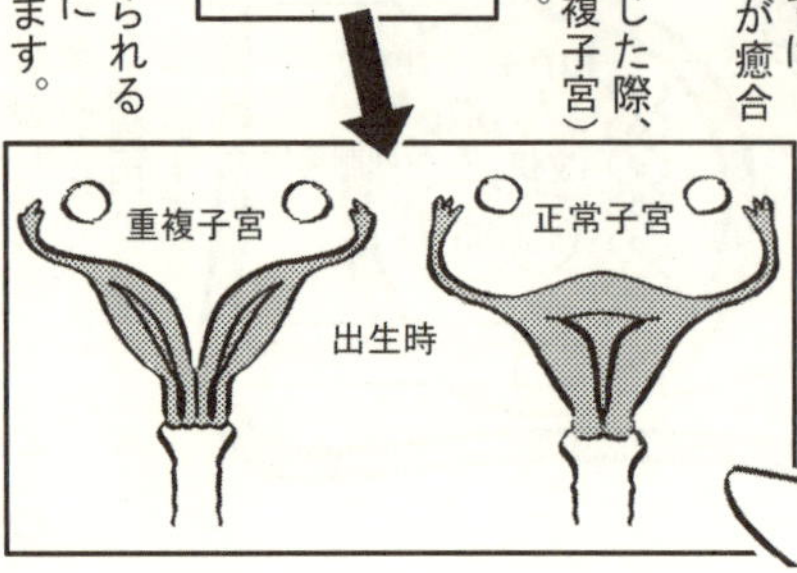

生理的早産
ヒトは他の動物に比べてきわめて「未熟」な状態で産み落とされます。

これを「生理的早産」と言います。

「生理的」って？

「病的」の反対の意味だべ。

ウマは生まれてすぐに歩きますが、ヒトは歩くのに一年かかります。その間、母親は子供の世話をせねばなりません。

「少ない子供を大切に育てる」のが、ヒトの特徴なのです。

ヒトがなぜ未熟な状態で産み落とされるのか、それは産道のサイズに比べて頭が大きすぎるからです。

子宮の中で十分育つのを待っていると、胎児の頭が大きくなりすぎて経腟分娩ができなくなるのです。

「生理的早産」と「少産少死」はヒトが進化の過程で選んだ合理的な策略なのです。

アダムはエヴァから分化した

男性と女性を分ける根源は性染色体です。男性はX染色体とY染色体を一本ずつ持ち、女性はX染色体を二本持ちます。

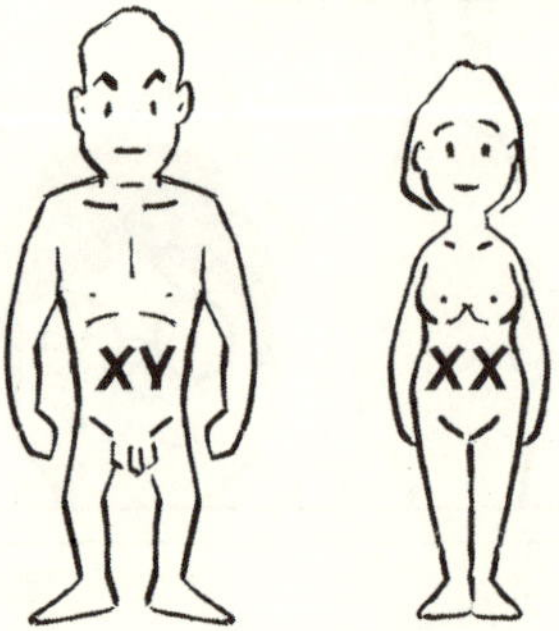

この違いが性差を作るのです。

三毛猫は基本的にメスです。前章でお話ししたように、ネコが三色の体色を持つにはX染色体が二本必要です。

しかし、まれにオスの三毛猫が生まれることがあります。

その場合、ネコの性染色体型はXXY、つまりX染色体が二本、Yが一本の染色体異常です。

ヒトにおいて、このような染色体異常はクラインフェルター症候群と呼ばれます。

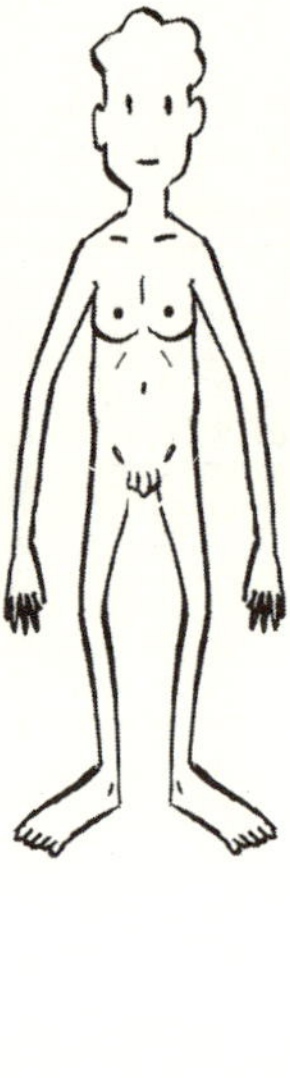

クラインフェルター症候群の患者さんは男性の表現型をとり、長い手足や女性化乳房などの外表的特徴や不妊症などの障害を呈します。

こうした性染色体異常では性の表現型は「X染色体の数」ではなく、「Y染色体の有無」で決まります。

つまり、**Yが一本あればX染色体が何本あっても男性になる**のです。

染色体の形がXO（性染色体がX一本だけ）のヒトはターナー症候群と呼ばれますが、卵巣の形成不全はみられるものの、体は女性です。XXXのヒトも女性です。

一方、XYYやXXYYでは男性になります。

ちなみに、X染色体は生命維持に必須なため、X染色体を持たないヒトは存在しません。

ヒトの体は、ほうっておけば女性型に発生するように作られています。

そこに胎児期、Y染色体から性分化を誘導する遺伝子が発現することによって、男性型に変化していくのです。

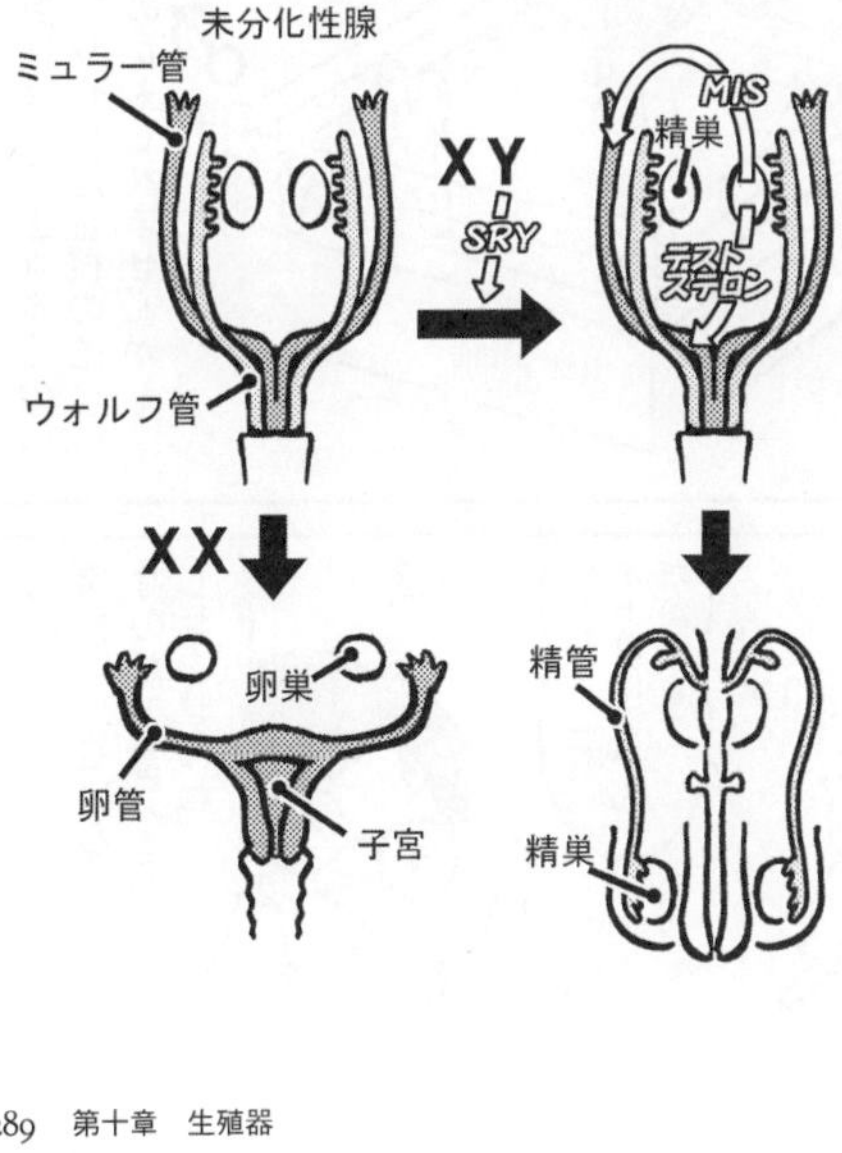

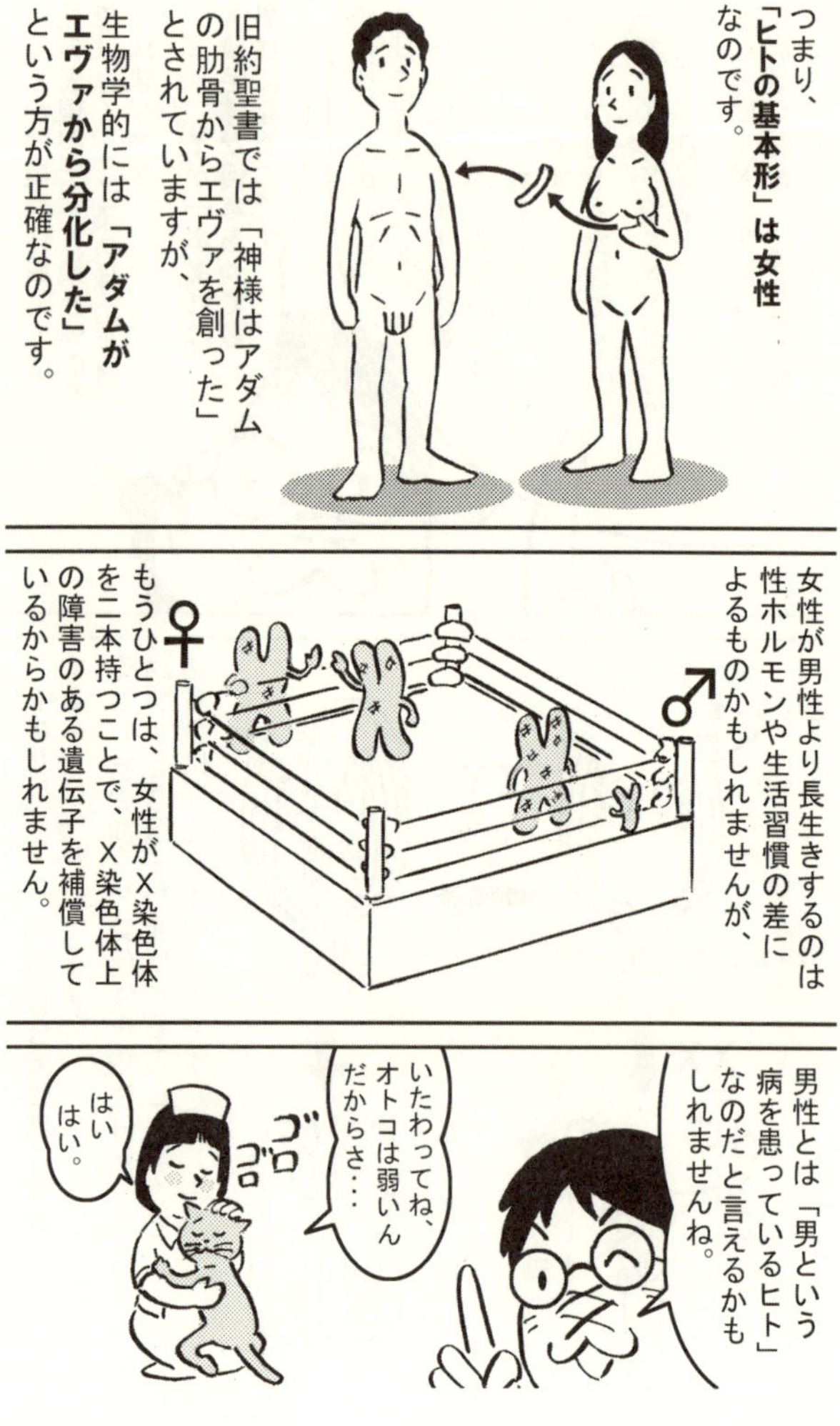

つまり、「ヒトの基本形」は女性なのです。
旧約聖書では「神様はアダムの肋骨からエヴァを創った」とされていますが、
生物学的には「アダムがエヴァから分化した」という方が正確なのです。
女性が男性より長生きするのは性ホルモンや生活習慣の差によるものかもしれませんが、
♂
♀
もうひとつは、女性がX染色体を二本持つことで、X染色体上の障害のある遺伝子を補償しているからかもしれません。
男性とは「男というヒト」病を患っているのだと言えるかもしれませんね。
いたわってね、オトコは弱いんだからさ…
ゴロゴロ
はいはい。

処女懐胎とゲノムインプリンティング

魚類や両生類などの卵はある種の物理的・科学的刺激を与えると、受精しなくても分裂をはじめ、成体まで成長します。

こうした「有性生殖によらない発生」を「単為発生（単為生殖）」と呼びます。

カエルの卵
ガラス針で刺す
でも、お腹の中にひとりでに赤ちゃんが出来てしまうと困りますよね。

そ…それは、やだべ…。

やだべ！やだべ！

勝手に未婚の母は困るべ！

おら、どうしたらええだー！

落ち着いてよ、ウニちゃん。

でも大丈夫、哺乳類にはこうした単為発生を防ぐプログラムがあって、
卵子だけ、精子だけでは成体になれないしくみになっているのです。
ホ、
よかったね。

では、その仕組みについて解説しましょう。

ウマとロバのハーフは、父親がロバ、母親がウマの場合は「ラバ」、父親がウマ、母親がロバの場合は「ケッテイ」と呼ばれますが、両者は生物学的に異なった特徴を持つことが昔から知られています。

ラバ（♂ロバ×♀ウマ）
体は頑丈で性格温順。
粗食に耐えてよく働く。
家畜として優秀。

ケッテイ（♂ウマ×♀ロバ）
体は華奢で、干し草など
美味しい物しか食べない
のに怠け者。頭部やたて
がみ、尻尾はウマに似る。

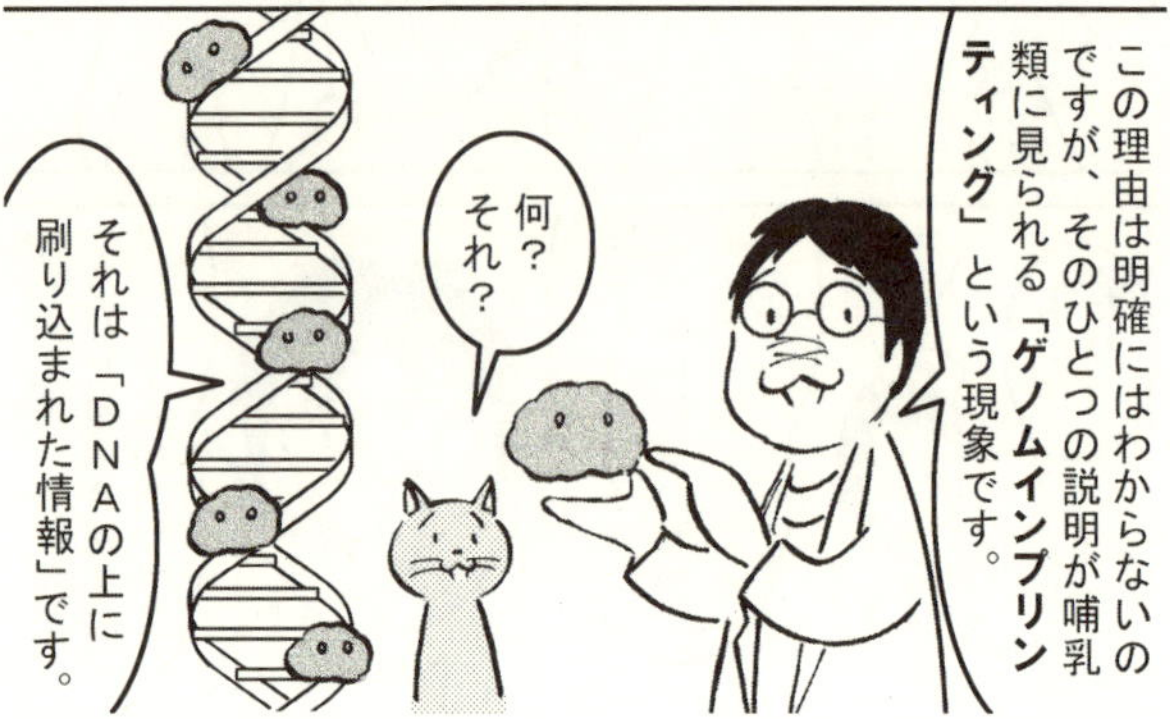

この理由は明確にはわからないのですが、そのひとつの説明が哺乳類に見られる「**ゲノムインプリンティング**」という現象です。
何？それ？
それは「DNAの上に刷り込まれた情報」です。

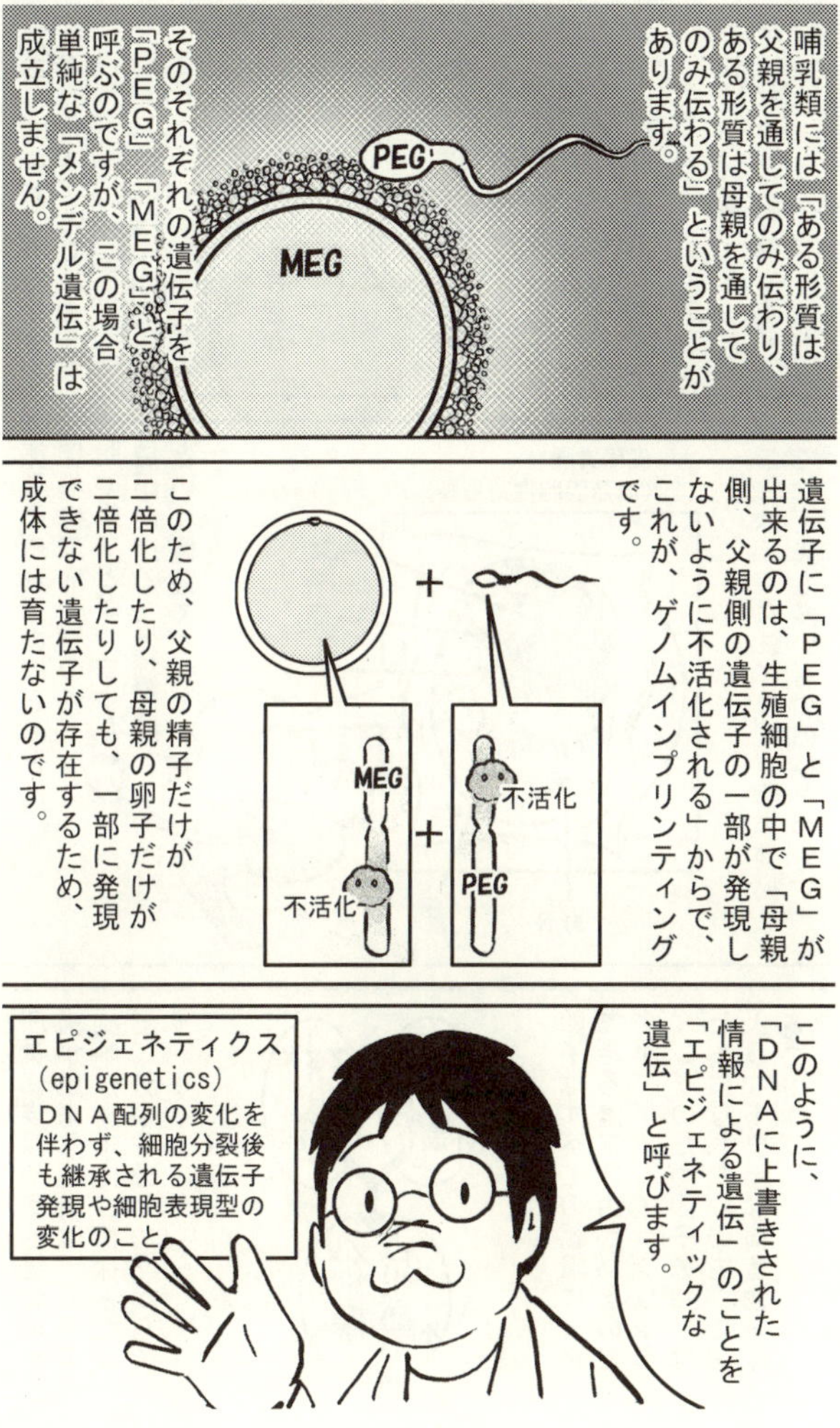
哺乳類には『ある形質は父親を通してのみ伝わり、ある形質は母親を通してのみ伝わる』ということがあります。
PEG
MEG
そのそれぞれの遺伝子を「PEG」「MEG」と呼ぶのですが、この場合単純な『メンデル遺伝』は成立しません。
遺伝子に「PEG」と「MEG」が出来るのは、生殖細胞の中で「母親側、父親側の遺伝子の一部が発現しないように不活化される」からで、これが、ゲノムインプリンティングです。
+
MEG
不活化
+
不活化
PEG
このため、父親の精子だけが二倍化したり、母親の卵子だけが二倍化したりしても、一部に発現できない遺伝子が存在するため、成体には育たないのです。
このように、「DNAに上書きされた情報による遺伝」のことを「エピジェネティックな遺伝」と呼びます。
エピジェネティクス
(epigenetics)
DNA配列の変化を伴わず、細胞分裂後も継承される遺伝子発現や細胞表現型の変化のこと皆さんはヒトの単為発生を見る機会はないでしょう。

しかし我々産婦人科医にとって、それはさほど珍しいものではありません。

その結果、起こる疾患があるからです。

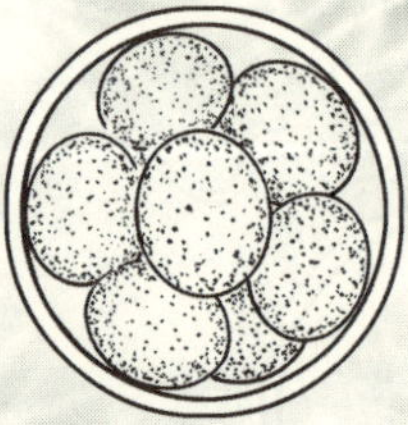

それは「奇形腫」と呼ばれる卵巣腫瘍です。

卵巣の奇形腫のほとんどは、卵巣に皮膚や髪の毛、脂や歯などがつまった袋が出来る「皮様嚢腫」という腫瘍です。

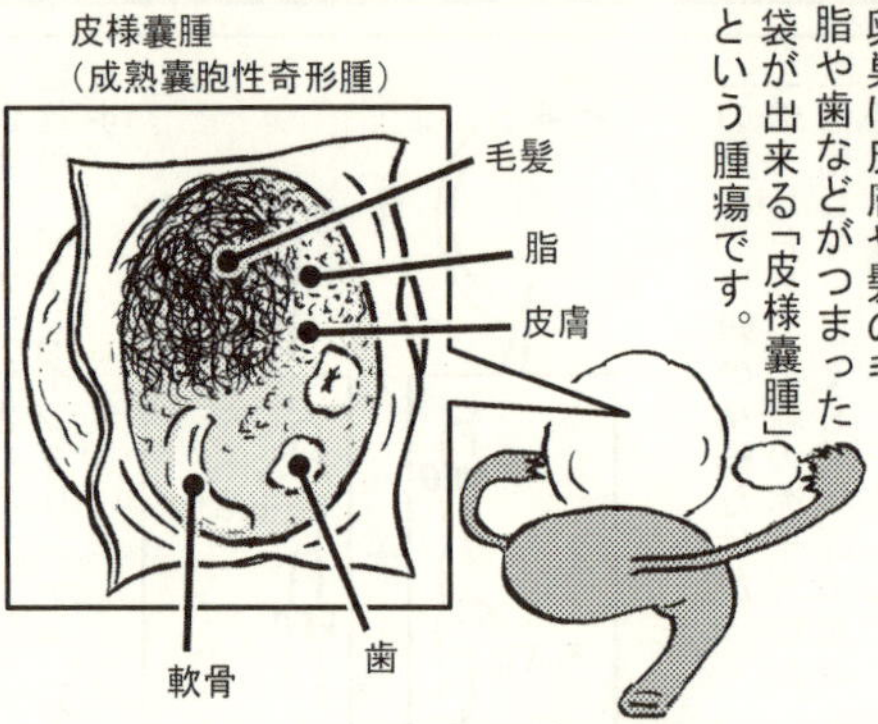
皮様嚢腫
（成熟嚢胞性奇形腫）
毛髪
脂
皮膚
歯
軟骨

これは若年女性に生じる卵巣腫瘍では、最も多いもののひとつです。

卵巣に皮膚や脂や髪の毛や歯が出来る理由は、卵子の細胞が勝手に二倍体となって、分裂をはじめたからです。

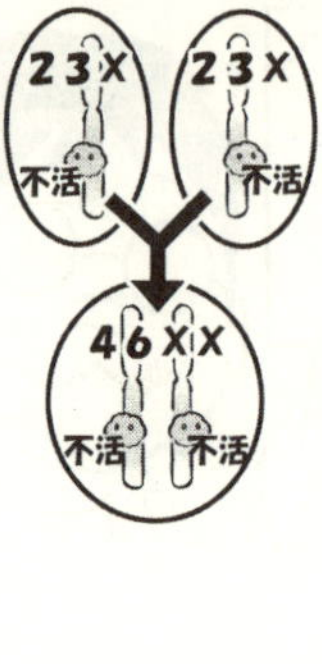
23X
23X
不活
不活
46XX
不活
不活

卵子はすべての組織に分化できる潜在能力があるのですが、ゲノムインプリンティングのため卵子単独ではヒトになれないので、このような不思議な構造物を作るのです。

ゲノムインプリンティングが作るもうひとつの疾患は「全胞状奇胎」です。

これは胎盤の元になる絨毛の組織が「ぶどうの房」のように水腫状に増殖し、胎児は形成されない異常妊娠で、俗に「ぶどう子」と呼ばれます。

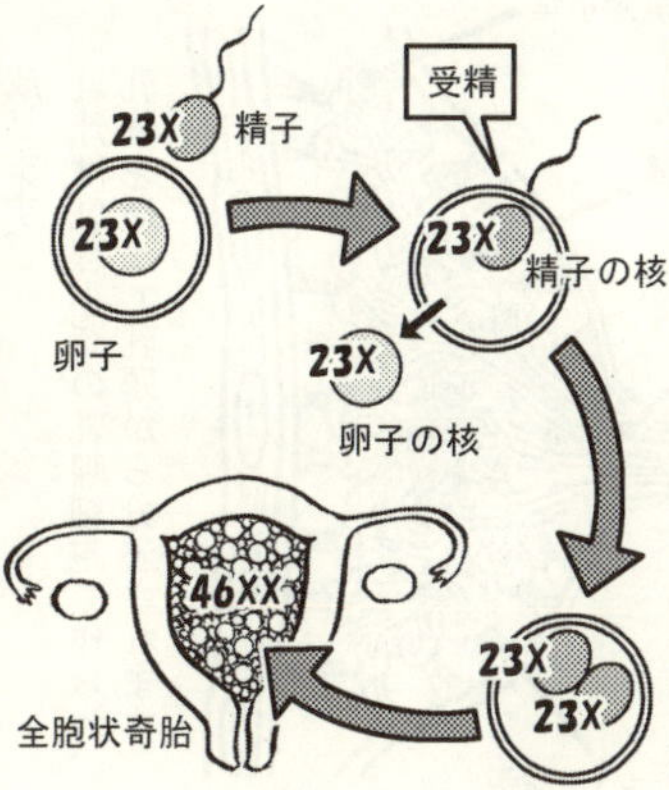
受精
23X
精子
23X
卵子
23X
精子の核
23X
卵子の核
46XX
全胞状奇胎
23X
23X

全胞状奇胎は精子と卵子が受精した後、卵子の核が失われて、精子の核が二倍体となって分裂することで生じます。

なお、Y染色体を持つ精子の二倍体である「46YY」の染色体型の奇胎は存在しません。

細胞の生命維持のためにはX染色体の存在が必須だからです。

このように、ゲノムインプリンティングはやっかいな疾患を作るのですが、
ヒトの単為発生が起こらないのはこうした制御が我々を守ってくれているおかげなのです。

なるほどね。

乳腺

「乳房」は哺乳類の特徴である授乳のための器官です。
乳房は主に、脂肪組織と「乳腺」から成ります。
乳汁は乳腺小葉の乳腺細胞で作られ、乳管を通って乳頭から分泌されます。

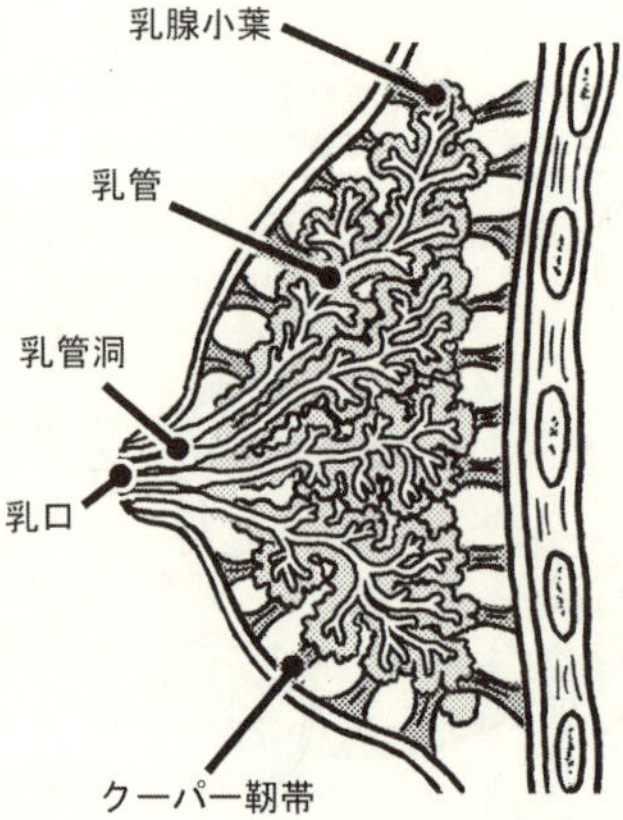

正解は汗腺です!!

えー!?

卵生哺乳類のカモノハシやハリモグラは、汗腺を変化させて、栄養のある体液を分泌する器官を作りました。

授乳中のカモノハシ
それが我々の乳腺の原型となったのです。

へー、
おっぱいはお母さんの汗だったんだね。

我々ヒトの乳腺は、発生の時期に「ミルクライン」と呼ばれる線に沿って、その原基が作られます。

この線は動物の乳腺が並んでいる部位に相当しますが、ヒトの乳腺は左右一対の乳房だけが発育し、残りは萎縮しています。

ただ、乳腺組織のなごりは腋の下などに残っていることも多く、妊娠中や産後にしこりを作ることがあります。

これが「副乳」と呼ばれるものです。

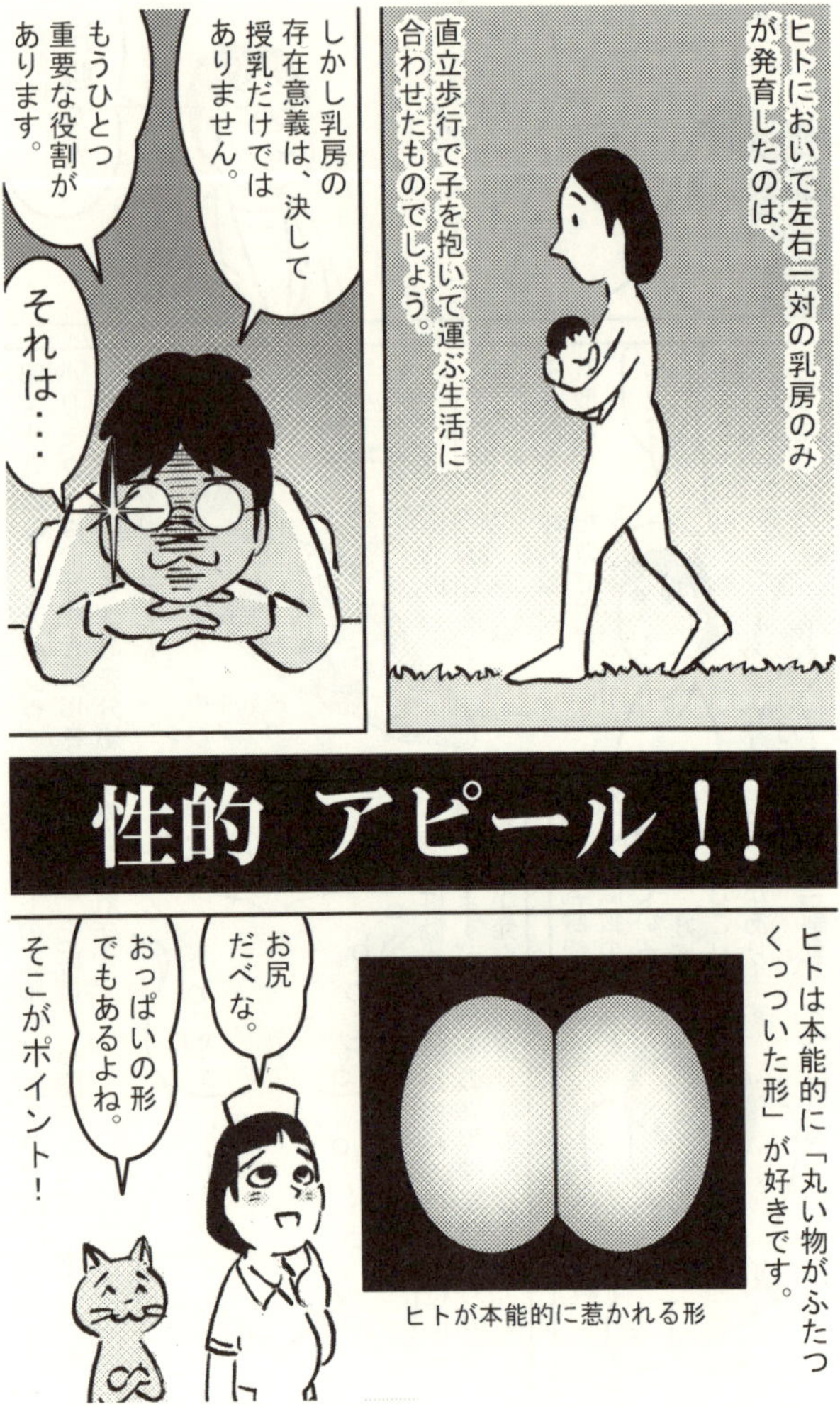

ヒトにおいて左右一対の乳房のみが発育したのは、
直立歩行で子を抱いて運ぶ生活に合わせたものでしょう。
しかし乳房の存在意義は、決して授乳だけではありません。
もうひとつ重要な役割があります。
それは・・・
性的 アピール!!
ヒトは本能的に「丸い物がふたつくっついた形」が好きです。
ヒトが本能的に惹かれる形
お尻だべな。
おっぱいの形でもあるよね。
そこがポイント!

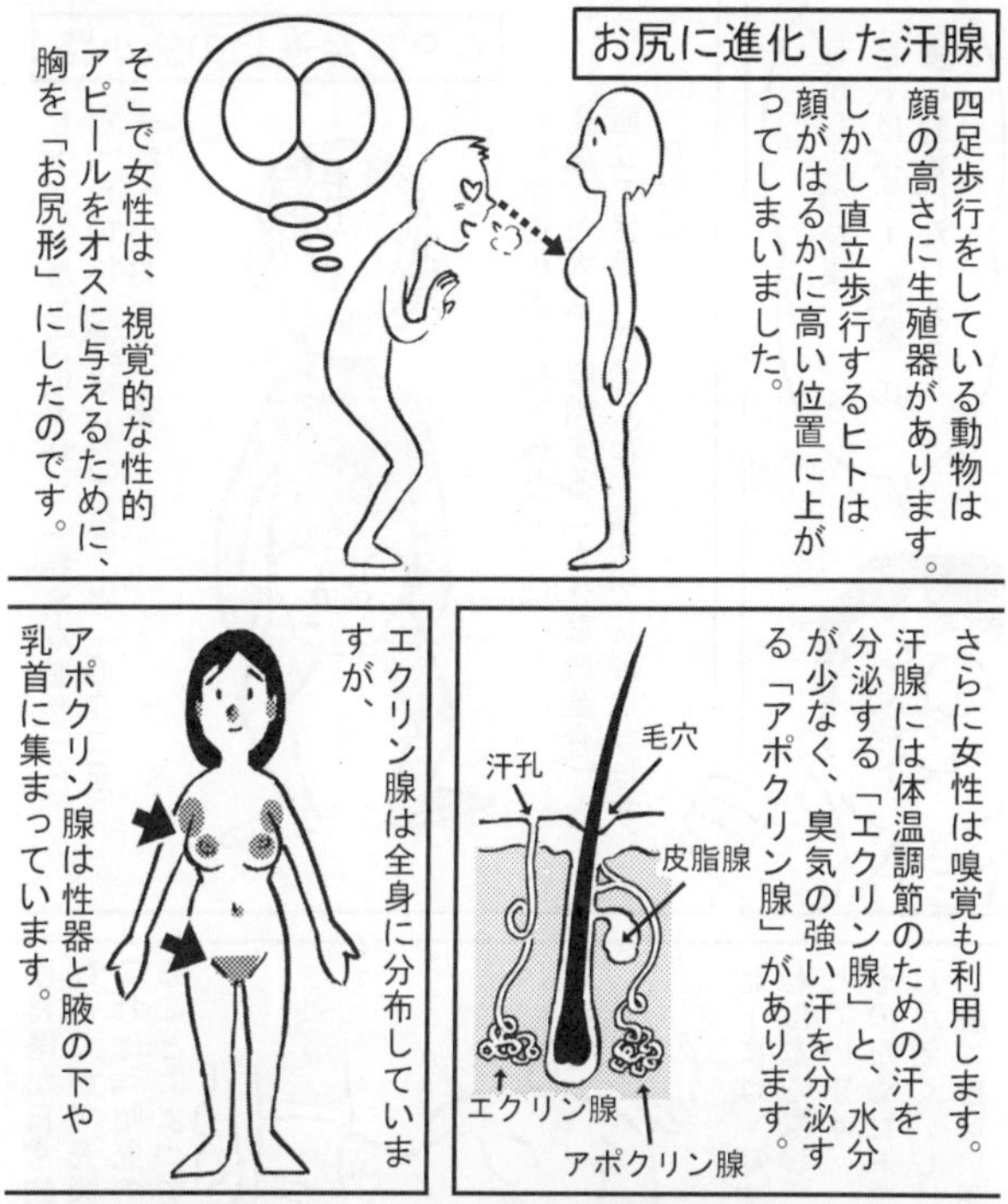
お尻に進化した汗腺
四足歩行をしている動物は顔の高さに生殖器があります。
しかし直立歩行するヒトは顔がはるかに高い位置に上がってしまいました。
そこで女性は、視覚的な性的アピールをオスに与えるために、胸を「お尻形」にしたのです。
さらに女性は嗅覚も利用します。
汗腺には体温調節のための汗を分泌する「エクリン腺」と、水分が少なく、臭気の強い汗を分泌する「アポクリン腺」があります。
毛穴
汗孔
皮脂腺
エクリン腺
アポクリン腺
エクリン腺は全身に分布していますが、
アポクリン腺は性器と腋の下や乳首に集まっています。
腋臭《わきが》の原因ともなるアポクリン腺の臭気は性的興奮も刺激します。いわばフェロモンの様な作用です。
つまりヒトの乳房は視覚と嗅覚を刺激してオスを誘惑するための道具なのです。
ヒトの乳腺は「**お尻に進化した汗腺**」といえるかもしれませんね。

ＣＰＤ＝進化の袋小路

ヒトが高度な文明を持つ「特別な動物」になったのは「発達した大脳」と「直立二足歩行」のおかげです。

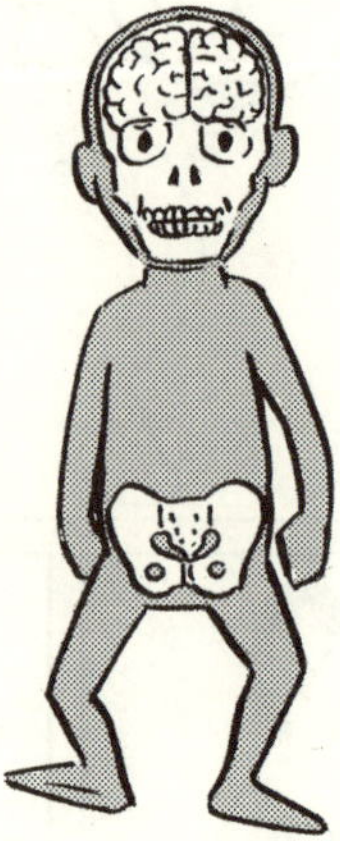

我々が進化の過程で得たものは発達した大脳を収納する「大きな頭蓋骨」と直立二足歩行に適した「頑丈で杯形にすぼまった骨盤」です。

しかしこの結果、ヒトは極めて**難産**の多い動物になりました。

産科医が日常的に遭遇するトラブルのひとつが、児頭骨盤不均衡（ＣＰＤ）です。これは「胎児の頭にくらべて骨盤が狭すぎることによっておこる難産」です。

骨盤の断面
産道の一番狭いところ

ヒトには「頑丈な骨盤を大きな頭が通らねばならない」という二律背反が与えられています。そのためヒトの産道にはギリギリの余裕しか無く、しばしば帝王切開をせねば出産できない事態が発生するのです。

また、児頭が骨盤をくぐれる大きさでも、ちょっとした「回旋（産道をくぐる時の胎児の回り方）の異常」で、経腟分娩が不可能になることもしばしばです。

回旋異常
生物学的に見ても、ヒトほど難産の多い動物は、なかなか見当たりません。

ＳＦ映画などに出てくる未来人はしばしば、現代人より頭が大きく体のなえた姿で描かれますが、
産科的に見るとそれはありえない話です。

ＣＰＤの症例を見るたび、我々ホモ・サピエンスはすでに**「進化の袋小路」**に入っているのがよくわかります。

進化の袋小路・・・？

そう、これ以上発展の余地が無い、まさに**どんづまり**ということです!!

新人類 その1
産道が骨盤の外に形成される

新人類 その2
頭蓋骨の外に第二、第三の脳が出来る

もっとも、知能の進化に大脳容量の増大が必ずしも必要というわけではないかもしれません。

アルベルト・アインシュタイン
(1879〜1955)

相対性理論の発見者である天才アインシュタイン博士の脳も、*平均的な成人の脳より小さかったことがわかっています。

＊男性の脳重量は平均1400ｇ、アインシュタインは1230ｇしかなかった。

コンピューターに無駄なプログラムをインストールすると動きが遅くなるように、ヒトの脳も不要になったバグのような部分を除けば、情報の処理速度がもっと速くなるのかもしれません。

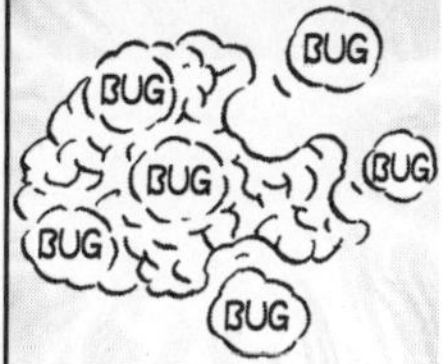

パソコンがどんどん小型化したように、将来、頭部がもっと小さくて知能の高い人類が登場すれば、

我々ホモ・サピエンスにとってかわる存在になるかもしれませんね。

新人類 その3
脳が小さくなる

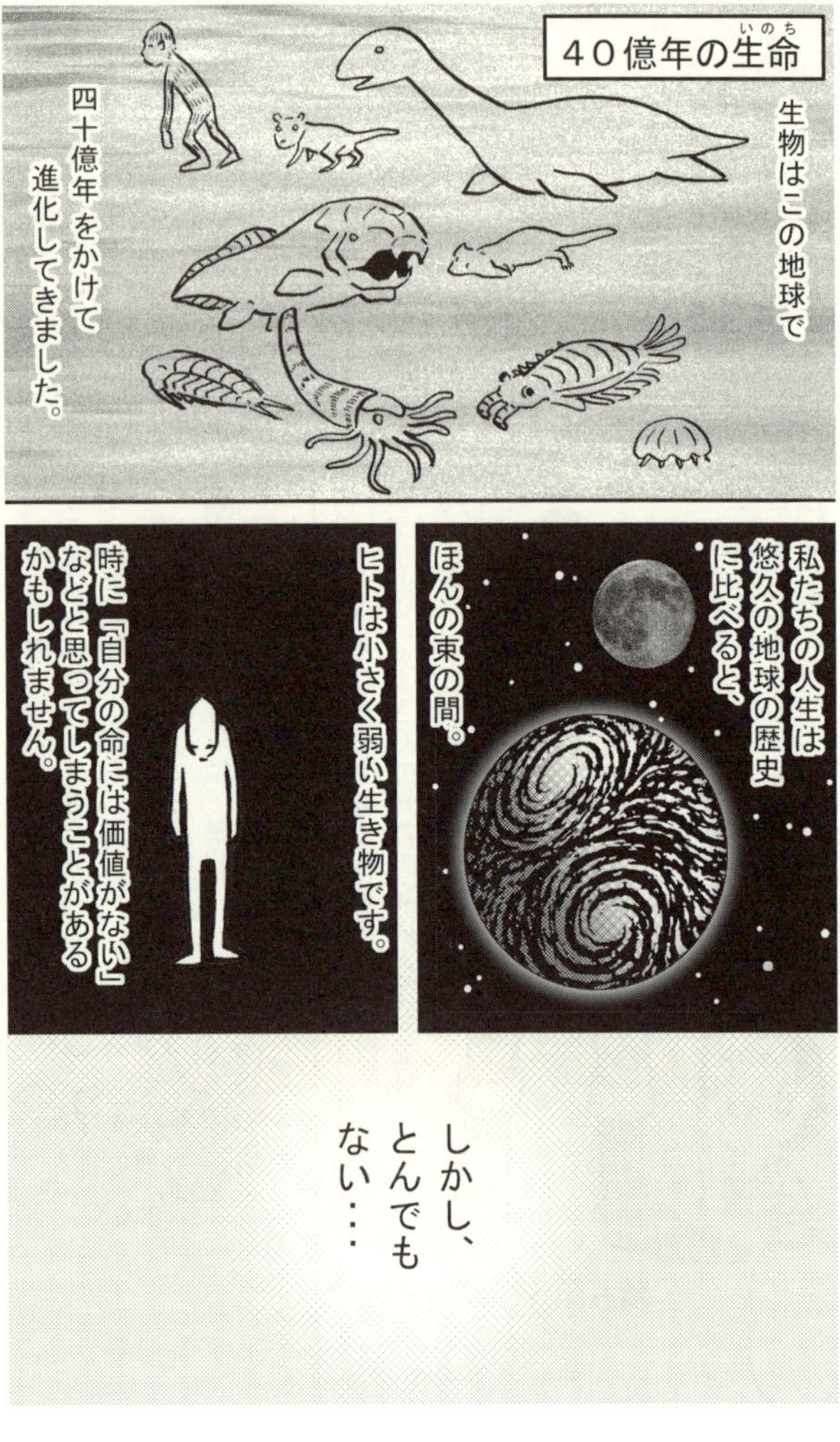
40億年の生命《いのち》
生物はこの地球で
四十億年をかけて進化してきました。
私たちの人生は悠久の地球の歴史に比べると、ほんの束の間。
ヒトは小さく弱い生き物です。
時に「自分の命には価値がない」などと思ってしまうことがあるかもしれません。
しかし、とんでもない・・・

我々の体は四十億年もの時をかけて完成された芸術品です。
我々の体の中には頭の先から足の先まで膨大な進化の歴史が堆積しています。
あなたもわたしも「四十億年の生命《いのち》」を生きているのです。
生きるということはそれだけで、とてもとてもすごいことなのです。
そうか・・・おらもおめぇも
みんなすごいんだな!
そのとーり!!
ですから、どうか皆さん、
あなたの体をいつくしんで、大切にしてあげて下さいネ。
体、ありがたやだね。
んだなあ。

体・・・
ありがたや・・・

まんが　人体の不思議

おしまい

あとがき

本書ではこれまでヒトの体のしくみについて解説してきましたが、では最後に「体」とは一体何なのか、もう一度考えてみましょう。

細胞が集まって組織を作り、組織が集まって器官（臓器）を作り、器官の集合がヒトの体を作る……これはすでに紹介しましたね。では、その根源にあるものは何でしょう？

我々の体を作ったのは、元を正せば、核酸（DNA）です。ヒトの体はヒトのDNA、ネコの体はネコのDNA……生物はみな核酸に支配され、その設計図を元に体を作っています。この原則は細菌からヒトに至るまで変わりません。

核酸は、地球上に誕生した時から、自らを効率的に複製・増殖させていくためのシステムを作り続けてきました。そして、自らを変化させ、「生物という器」に乗って地球全体に広がっていきました。我々の体は六十兆個の細胞で構成されていますが、それは、「ヒトのDNAに六十兆個の部屋を与えているアパート」のようなものです。細胞の発見者であるフックが、細胞を「Cell（小部屋）」と名付けたのははけだし卓見です。事実、「細胞はDNAが住むための小部屋」なのですから。

生物の定義は、二十一世紀の現代にあってもいまだあやふやなものです。しかしそれを仮に「遺伝情報物質を複製・増殖させる性質を持った、独立した構造体」と定義した場合、細胞というものを持たないウイルスも、生物だと言えるのでしょうね。

DNAの二重らせん構造を発見したジェームズ・ワトソン（一九二八〜）は、進化論の意義を「ダーウィンが入って、神が出ていった」と評しています。チャールズ・ダーウィン（一八〇九〜一八八二）が進化論を発表した十九世紀は、パスツールによる「自然発生説の否定」とともに、造物主である神の存在が、科学にとって必要なくなった時期でした。

しかし、二十一世紀の現代でも、多くの人は、神様を信じていますし、中には進化論さえ否定する人がいます。何故でしょう。それは結局のところ、科学を信じることも、聖書を信じることも、「何を信じるか」が違うだけで、本質的には同じものだからです。そして、また、科学が解決できない救いを、宗教が与えうるからなのでしょう。

生きるということは不安なこと、死ぬということはもっと不安なことです。ヒトの心の中には、自分の精神が危機に瀕した時に、それを防御する働きが備わっており、これを「防衛機制」と呼びます。防衛機制は、ヒトが進化の中で獲得した免疫機構のようなもので、神様というモノもまた、ヒトの心が恐怖から逃れるために生み出した防衛機制なのかもしれませんね。

発達と退化は、進化の観点から言えば同義です。同じ意味で、生物が子孫を残すことと残さないことも、等しい重さで種の進化に貢献しています。

たとえば、ルックスは抜群、学業成績は優秀、仕事もバリバリこなすA君は、「家庭にしばられたくない」といつまでたっても結婚しません。一方、ルックスも勉強も仕事もダメなB君は、貧乏人の子沢山……こうした場合、世間の人はしばしば、「A君のDNAが後世に伝えられないのはもったいない」と嘆きます。しかし、それは余計なお世話です。ヒトのDNAは、B君を増殖させる道を選んだのですから……そしてA君はまた、自らのDNAを後世に伝えるのを堰き止めることで、ヒトの進化に貢献したのですから……

また、ヒトが後世に伝えていくものは決してDNAだけではありません。ヒトという生物の大きな特徴のひとつは、他の動物に比べ、生殖年齢をすぎた後にも、長い寿命が与えられているということです。この理由のひとつは、ヒトがあまりに未熟な状態で産み落とされてしまうことにあります。

「ヒト」は教育を通して「人」になります。父母や祖父母の智慧、先人たちが残した文化、学問や芸術を学び成長していきます。年寄りも、自分たちの経験を伝えることで、子どもたちを育てます。これは発達した大脳を持ち、言葉を発達させ、智慧を伝える術を持ったヒトの特徴です。その意味で言うと、「生殖年齢を過ぎてからの生き方が、ヒトの真骨頂」と言えるのかもしれませんね。

ヒトが後世に伝えるものは「ジーン」と「ミーム」だと言われています。ジーンとは遺伝子、つまりDNAの情報、ミームとは心から心へ伝達される文化の情報のことです。後に続く世代の範となり、良質のミームを後世に伝える……それが、ヒトが死ぬまで続けねばならない仕事なのでしょう。ですから、皆さんも体を大切にして長生きして、良い年寄りになってくださいね……偉そうに言ってるボクは、「良い」年寄りになる自信ありませんけど……スイマセン（苦笑）。

筑摩書房さんから本書の企画をいただいたのは、三年前のこと。はじめは「漫画を使った医学系の新書」というざっくりとしたお話だったように思います。ちくま新書の歴史でも、漫画は初めての試みということでした。折角初めての物を作るのなら、「ヒトとは何か」という大きなテーマを中心に据えて、「漫画で理解する人体のしくみ」というコンセプトの物を作ろうと制作を始めたのが二〇一四年の暮れ。結局、完成までは二年以上かかってしまいました。その間、遅々とした原稿の進行にお付き合いいただき、制作の全過程を通して貴重なご助言をいただいた担当編集の橋本陽介さんには、この場を借りて深くお礼を述べたいと思います。ありがとうございました。

本書は難しい解剖学や生理学のエッセンスを漫画でわかりやすく、面白く理解していただけるように描きました。しかし、漫画表現には基本、デフォルメや誇張が伴います。それは教科書の持つ生真面目さと相反するものです。本書においても、基本、内容は正確性を期したつもりではありますが、各所に作者の独断や偏見、なかばトンデモな主張なども含まれています。また男目線の下ネタ、時に男尊女卑や女尊男卑の表現などもあり、読者の皆さまの中には不快な思いをされた方もおられたかもしれませんが、なにぶん「ギャグ漫画のご愛敬」ということで、お許しねがえればと。

最後に、この本には灰色の猫のキャラが登場しますが、これは飼い猫だったアスカ(♀)という猫がモデルです。「だった」……というのは、本書の制作中に彼女は死んでしまったからです。十六年の寿命を全うしての老衰なので、仕方のないことなのですが、今でも時々、部屋の隅などに灰色の影が見える気がしてしんみりします。そんなわけで、今は天国にいる彼女にも、この本を見て喜んでほしいにゃあ……と、思っています。

平成二十九年四月

茨木　保

おもな参考文献（著者名の五十音順）

青木国夫・板倉聖宣・市場泰男・鈴木善次・立川昭二・中山茂『思い違いの科学史』朝日文庫、二〇〇二年
池谷裕二『進化しすぎた脳』講談社ブルーバックス、二〇〇七年
岩堀修明『図解　感覚器の進化』講談社ブルーバックス、二〇一一年
岩堀修明『図解　内臓の進化』講談社ブルーバックス、二〇一四年
医療情報科学研究所編『ビジュアルノート　第5版』メディックメディア、二〇一六年
遠藤秀紀『人体　失敗の進化史』光文社新書、二〇〇六年
太田邦史『エピゲノムと生命』講談社ブルーバックス、二〇一三年
堺章『新訂　目でみるからだのメカニズム』医学書院、二〇〇〇年
シュレーディンガー著、岡小天・鎮目恭夫訳『生命とは何か』岩波文庫、二〇〇八年
寺田春水、藤田恒夫『解剖実習の手びき』南山堂、一九六二年

南淵明宏『心臓は語る』PHP新書、二〇〇三年
ニール・シュービン著、垂水雄二訳『ヒトのなかの魚、魚のなかのヒト』ハヤカワ・ノンフィクション文庫、二〇一三年
櫛島次郎『精神を切る手術』岩波書店、二〇一二年
福岡伸一『生物と無生物のあいだ』講談社現代新書、二〇〇七年
レスリー・デンディ、メル・ボーリング著、梶山あゆみ訳『自分の体で実験したい』紀伊國屋書店、二〇〇七年

ちくま新書
1256

まんが 人体《じんたい》の不《ふ》思《し》議《ぎ》

二〇一七年五月一〇日 第一刷発行
二〇一七年六月一五日 第三刷発行

著者 茨木保（いばらき・たもつ）
発行者 山野浩一
発行所 株式会社 筑摩書房
東京都台東区蔵前二-五-三 郵便番号一一一-八七五五
振替〇〇一六〇-八-四一二三
装幀者 間村俊一
印刷・製本 三松堂印刷 株式会社

乱丁・落丁本の場合は、左記宛にご送付ください。
送料小社負担でお取り替えいたします。
ご注文・お問い合わせも左記へお願いいたします。
〒三三一-八五〇七 さいたま市北区櫛引町二-六〇四
筑摩書房サービスセンター 電話〇四八-六五一-〇〇五三

ISBN978-4-480-06964-1 C0245

ちくま新書

361
統合失調症
――精神分裂病を解く
森山公夫
精神分裂病の見方が大きく変わり名称も変わった。発病に至る経緯を解明し、心・身体・社会という統合的視点から、「治らない病」という既存の概念を解体する。

677
解離性障害
――「うしろに誰かいる」の精神病理
柴山雅俊
「うしろに誰かいる」という感覚を訴える人たちがいる。高じると自傷行為や自殺を図ったり、多重人格が発症することもある。昨今の解離の症状と治療を解説する。

762
双極性障害
――躁うつ病への対処と治療
加藤忠史
精神障害の中でも再発性が高いもの、それが双極性障害（躁うつ病）である。患者本人と周囲の人のために、この病気の全体像と対処法を詳しく語り下ろす。

668
気まぐれ「うつ」病
――誤解される非定型うつ病
貝谷久宣
夕方からの抑うつ気分、物事への過敏な反応、過食、過眠……。今、こうした特徴をもつ「非定型うつ病」が増えつつある。本書はその症例や治療法を解説する一冊。

940
慢性疼痛
――「こじれた痛み」の不思議
平木英人
本当に運動不足や老化現象でしょうか。家族から大袈裟といわれたり、未知の病気じゃないかと心配していませんか。さあ一緒に「こじれた痛み」を癒しましょう！

1134
大人のＡＤＨＤ
――もっとも身近な発達障害
岩波明
近年「ＡＤＨＤ（注意欠如多動性障害）」と診断される大人が増えている。本書は、症状、診断・治療方法、他の精神疾患との関連などをわかりやすく解説する。

674
ストレスに負けない生活
――心・身体・脳のセルフケア
熊野宏昭
ストレスなんて怖くない！　脳科学や行動医学の知見を援用、「力まず・避けず・妄想せず」をキーワードに自分でできる日常的ストレス・マネジメントの方法を伝授する。

982
「リスク」の食べ方
――食の安全・安心を考える
岩田健太郎
この食品で健康になれる！　危険だから食べるのを禁止する？　そんなに単純に食べ物の良い悪いは決められない。食品不安社会・日本で冷静に考えるための一冊。

1109
食べ物のことはからだに訊け！
――健康情報にだまされるな
岩田健太郎
○○を食べなければ病気にならない！　似たような話はたくさんあるけど、それって本当に体によいの？　巷にあふれる怪しい健康情報を医学の見地から一刀両断。

919
脳からストレスを消す食事
武田英二
バランスのとれた脳によい食事「ブレインフード」が脳のストレスを消す！　老化やうつに打ち克ち、脳の健康を保つための食事法を、実践レシピとともに提示する。

844
認知症は予防できる
米山公啓
適度な運動にバランスのとれた食事。脳を刺激するゲーム？　いまや認知症は生活習慣の改善で予防できる！　認知症の基本から治療の最新事情までがわかる一冊。

1004
こんなに怖い鼻づまり！
――睡眠障害・いびきの原因は鼻にあり
黄川田徹
睡眠障害、慢性的疲労、集中力低下、運動能力低下、睡眠時無呼吸症候群……個人のＱＯＬにとって大問題である鼻づまりの最新治療法を紹介！

1118
出生前診断
西山深雪
出生前診断とはどういう検査なのか、何がわかるのか。最新技術を客観的にわかりやすく解説。診断を受けるべきかを迷う人々に、出産への考え方に応じた指針を示す。

1140
がん幹細胞の謎にせまる
――新時代の先端がん治療へ
山崎裕人
人類最大の敵であるがん。ｉＰＳ細胞に代表される進歩著しい幹細胞研究。両者が出会うことでうまれた「がん幹細胞理論」とは何か。これから治療はどう変わるか。

ちくま新書

998
医療幻想
――「思い込み」が患者を殺す
久坂部羊
点滴は血を薄めるだけ、消毒は傷の治りを遅くする、抗がん剤ではがんは治らない……。日本医療を覆う、根拠のない幻想の実態に迫る！

1025
医療大転換
――日本のプライマリ・ケア革命
葛西龍樹
無駄な投薬や検査、患者のたらい回しなどのシステム不全を解決する鍵はプライマリ・ケアにある。家庭医という「あなた専門の医者」が日本の医療に革命を起こす。

1089
つくられる病
――過剰医療社会と「正常病」
井上芳保
高血圧、メタボ、うつ――些細な不調が病気と診断されてしまうのはなぜか。社会に蔓延する「正常病」にその原因を見出し、過剰な管理を生み出す力の正体を探る。

1155
医療政策を問いなおす
――国民皆保険の将来
島崎謙治
地域包括ケア、地域医療構想、診療報酬改定。2018年に大転機をむかえる日本の医療の背景と動向を精細に分析し、医療政策のあるべき方向性を明快に示す。

1208
長生きしても報われない社会
――在宅医療・介護の真実
山岡淳一郎
長期介護の苦痛、看取りの場の不在、増え続ける認知症……。多死時代を迎える日本において、経済を優先して人間をないがしろにする医療と介護に未来はあるのか？

1172
知っておきたい感染症
――21世紀型パンデミックに備える
岡田晴恵
エボラ出血熱、鳥インフルエンザ、SARS、MERS、デング熱……。高速大量輸送、人口増大により様々な感染症の大流行が危惧される21世紀に、必読の一冊。

541
内部被曝の脅威
――原爆から劣化ウラン弾まで
肥田舜太郎
鎌仲ひとみ
劣化ウラン弾の使用により、内部被曝の脅威が世界中に広がっている。広島での被曝体験を持つ医師と気鋭の社会派ジャーナリストが、その脅威の実相に斬り込む。